Python编程
基础教程

[印度] H.巴辛（H.Bhasin）著　　李军 译

人民邮电出版社
北京

图书在版编目（CIP）数据

Python编程基础教程 /（印）H.巴辛（H. Bhasin）
著；李军译. -- 北京 : 人民邮电出版社，2020.5
ISBN 978-7-115-53391-3

Ⅰ. ①P… Ⅱ. ①H… ②李… Ⅲ. ①软件工具—程序
设计 Ⅳ. ①TP311.561

中国版本图书馆CIP数据核字(2020)第017871号

版 权 声 明

◆ 著　　　　[印度] H.巴辛（H.Bhasin）

译　　　　李 军

责任编辑　陈冀康

责任印制　王 郁　焦志炜

◆ 人民邮电出版社出版发行　　北京市丰台区成寿寺路 11 号

邮编　100164　　电子邮件　315@ptpress.com.cn

网址　https://www.ptpress.com.cn

三河市君旺印务有限公司印刷

◆ 开本：787×1092　1/16

印张：21.25

字数：500 千字　　　　　　　　2020 年 5 月第 1 版

印数：1 – 2 500 册　　　　　　　2020 年 5 月河北第 1 次印刷

著作权合同登记号　图字：01-2019-3825 号

定价：69.00 元

读者服务热线：(010)81055410　　印装质量热线：(010)81055316

反盗版热线：(010)81055315

广告经营许可证：京东工商广登字 20170147 号

内 容 提 要

　　本书是 Python 编程方面的入门教程。全书共 20 章，通过浅显易懂的语言和丰富实用的示例，介绍了对象、条件语句、循环、函数、迭代器、生成器、文件处理、字符串处理、面向对象范型、类、继承、运算符重载、异常处理、数据结构、栈、队列、链表、二叉搜索树等编程知识，并介绍了 NumPy、Matplotlib 等库的应用。

　　本书不仅适合 Python 初学者阅读，也适合高等院校计算机相关专业的学生参考。

前　　言

如今，Python 已经是非常热门的编程语言。实际上，Python 语言已经有三十多年的历史了。Python 是吉多·范·罗苏姆（Guido Van Rossum）在 20 世纪 80 年代后期开发的一种功能强大的、过程式的、面向对象的编程语言。Python 之所以很流行，主要归功于它的简单性和健壮性，当然，还有很多其他的因素，本书也会详细介绍。

在作者看来，Python 是一种值得学习的语言。学习 Python 不仅会激发你去用最简单的方式完成高度复杂的任务，而且还会打破传统编程范型的藩篱。Python 是能够改变你的编程方式，进而改变你看问题的角度的一种语言。

本书是面向初学者的一本 Python 基础教程。全书共 20 章和 5 个附录。各章的主要内容如下。

第 1 章介绍了 Python 语言的历史，阐述了学习 Python 编程的重要性及特点、Python 的应用领域，并且介绍了 Anaconda 的安装步骤。

第 2 章介绍了变量、运算符、关键字和对象，说明了如何使用数字和分数，讨论了字符串、列表和元组，以及它们的相关操作。

第 3 章介绍了如何在程序中使用条件语句。

第 4 章分别介绍了 while 和 for 循环及用法。

第 5 章介绍了模块化编程的思想以及如何定义函数，还讲解了作用域和递归的概念。

第 6 章主要介绍迭代器、生成器和列表解析。

第 7 章介绍文件的处理，讲解了 Python 中用于文件操作的各种函数。

第 8 章介绍了字符串的概念及其重要性，讲解了字符串运算符、操作字符串的内建函数，展示了如何使用字符串解决问题。

第 9 章介绍并比较了过程式范型、模块式范型和面向对象范型，引入了类的概念，介绍了类的设计和面向对象编程的基础知识。

第 10 章进一步介绍了类和对象的关系，讲解了在 Python 中如何创建类、继承类和使用对象，还涉及成员函数、实例、类变量、构造函数和析构函数等概念。

第 11 章重点介绍继承的概念，包括继承和组合之间的差异、继承的类型、self 和 super 的作用，以及抽象类的概念。

第 12 章介绍了重载的概念，包括运算符重载、构造函数重载以及实现运算符重载的各种方法，展示了对复数和分数实现运算符重载的方法。

第 13 章介绍了异常处理，涉及 try/except 的用法、手动抛出异常等。

第 14 章介绍了数据结构的概念，介绍了栈、队列、树和图等典型的数据结构，以及算法、迭代算法、递归算法等概念，说明了冒泡排序、选择排序和合并排序等各种排序方法。

第 15 章主要讲解栈和队列这两种数据结构，介绍了如何使用动态表来实现栈，介绍了后缀表达式、前缀表达式和中缀表达式，以及各种表达式之间的转换，还展示了栈和队列的应用。

第 16 章介绍了链表，涉及如何向给定的链表插入项以及从中删除项，展示了如何使用链表实现栈和队列。

第 17 章主要介绍二叉搜索树的特征，并且实现了一个 BST 的插入、搜索和遍历。

第 18 章介绍 Python 用于数学计算的 NumPy 库，讲解了如何使用 Numpy 创建一维和多维数组以及实现数组的各种操作。

第 19 章介绍了 Matplotlib 库，展示了如何用它创建线图、曲线图以及绘制三维图形。

第 20 章关注图像处理，介绍了图像处理、裁剪等概念，讲解如何从图像提取信息，以及执行旋转、变换和缩放等操作。

附录 A 介绍了 Python 中的多线程。附录 B 介绍了正则表达式在 Python 中的用法。附录 C 给出了实践练习和编程问题。附录 D 给出了实践练习的选择题。附录 E 给出了各章练习的选择题的答案。

本书适合 Python 编程的初学者学习，也适合高等院校计算机专业的师生参考、阅读。在异步社区（epubit.com）本书的网页上，提供了本书的配套代码，供读者下载和使用。

资源与支持

本书由异步社区出品，社区（https://www.epubit.com/）为您提供相关资源和后续服务。

配套资源

本书为读者提供源代码。要获得以上配套资源，请在异步社区本书页面中单击 配套资源 ，跳转到下载界面，按提示进行操作即可。注意：为保证购书读者的权益，该操作会给出相关提示，要求输入提取码进行验证。

提交勘误

作者和编辑尽最大努力来确保书中内容的准确性，但难免会存在疏漏。欢迎读者将发现的问题反馈给我们，帮助我们提升图书的质量。

如果读者发现错误时，请登录异步社区，按书名搜索，进入本书页面，单击"提交勘误"，输入勘误信息，单击"提交"按钮即可。本书的作者和编辑会对读者提交的勘误进行审核，确认并接受后，将赠予读者异步社区的 100 积分（积分可用于在异步社区兑换优惠券、样书或奖品）。

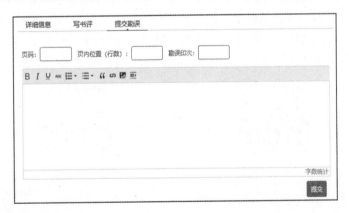

扫码关注本书

扫描下方二维码，读者会在异步社区微信服务号中看到本书信息及相关的服务提示。

与我们联系

我们的联系邮箱是 contact@epubit.com.cn。

如果读者对本书有任何疑问或建议，请发邮件给我们，并请在邮件标题中注明本书书名，以便我们更高效地做出反馈。

如果读者有兴趣出版图书、录制教学视频，或者参与图书翻译、技术审校等工作，可以发邮件给我们；有意出版图书的作者也可以到异步社区在线提交投稿（直接访问 www.epubit.com/selfpublish/submission 即可）。

如果读者来自学校、培训机构或企业，想批量购买本书或异步社区出版的其他图书，也可以发邮件给我们。

如果读者在网上发现有针对异步社区出品图书的各种形式的盗版行为，包括对图书全部或部分内容的非授权传播，请将怀疑有侵权行为的链接发邮件给我们。这一举动是对作者权益的保护，也是我们持续为读者提供有价值的内容的动力之源。

关于异步社区和异步图书

"异步社区" 是人民邮电出版社旗下 IT 专业图书社区，致力于出版精品 IT 技术图书和相关学习产品，为作译者提供优质出版服务。异步社区创办于 2015 年 8 月，提供大量精品 IT 技术图书和电子书，以及高品质技术文章和视频课程。更多详情请访问异步社区官网 https://www.epubit.com。

"异步图书" 是由异步社区编辑团队策划出版的精品 IT 专业图书的品牌，依托于人民邮电出版社近 30 年的计算机图书出版积累和专业编辑团队，相关图书在封面上印有异步图书的 LOGO。异步图书的出版领域包括软件开发、大数据、AI、测试、前端、网络技术等。

异步社区

微信服务号

目　　录

第 1 章　Python 简介

学完本章，你将能够
- 了解 Python 的历史；
- 理解 Python 的重要性及特点；
- 知道在哪些领域可以使用 Python；
- 安装 Anaconda。

1.1　简介

艺术是人类创造力的一种表现，因此编程也是一种艺术。因此，编程语言的选择非常重要。本书介绍 Python，这是一种能够帮助你成为伟大的艺术家的语言。图灵奖获得者、美国普度大学教授艾伦·佩利（A. J. Perlis）曾经说过："如果一种语言不能对你思考编程的方式产生影响，那么这种语言是不值得学习的。"

Python 是一种值得学习的语言。学习 Python 不仅会激发你用最简单的方式完成高度复杂的任务，还会打破传统编程范型的藩篱。Python 是能够改变你的编程方式进而改变你看问题的角度的一种语言。

Python 是吉多·范·罗苏姆（Guido Van Rossum）在 20 世纪 80 年代后期开发的一种功能强大的、过程式的、面向对象的编程语言。Python 这个名字来自一个名为 Monty Python 的戏剧团体。Python 当前应用于各种开发领域，包括软件开发、Web 开发、桌面 GUI 开发、教育和科学计算应用开发。因此，它实际上涉足了所有的开发领域。Python 之所以很流行，主要归功于它的简单性和健壮性。当然，还有很多其他的因素，本章也会介绍这些。

很多第三方的模块可以完成上述的任务。例如，基于 Python 的 Django 是一款非常流行的 Web 开发框架，追求干净而快速的开发，加上支持 HTML、Emails、FTP 等，Django 因此成为 Web 开发的不错选择。

第三方库也可以用于软件开发。其中，最典型的例子就是用于构建控件的 Scions。结合第三方库的功能和支持，Python 也可以大量用于 GUI 开发和移动应用开发，例如，Kivy 可以用于开发多触点的应用程序。

Python 还用于科学计算和分析。SciPy 用于工程和数学，IPython 用于并行计算。从事统计和机器学习领域的读者将会发现这些库非常有用并且易于使用。SciPy 提供了和 Matlab 类似的功能，并且能够用于处理多维数组。图 1.1 概括了 Python 的应用领域。

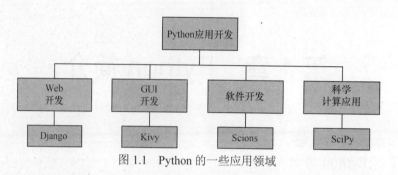

图 1.1　Python 的一些应用领域

　　本章介绍 Python 编程语言。本章按照如下的顺序讲解：1.2 节介绍 Python 的特点，1.3 节介绍编程范型，1.4 节介绍 Python 的发展历史和应用前景，1.5 节介绍 Anaconda 的安装，1.6 节是本章小结。

1.2　Python 的特点

　　如前所述，Python 是一种简单但功能强大的编程语言。Python 是可移植的。它拥有内置的类型和功能众多的库，并且它是免费的。本节将简单介绍 Python 的特点和功能。

1.2.1　容易

　　Python 很容易学习和理解。实际上，如果你有某种语言的编程背景，你会发现，Python 优雅而简洁。去掉了花括号和圆括号使 Python 代码更加简短易懂。此外，Python 中的一些任务很容易实现。例如，要交换两个数字，用 Python 语句(a, b) = (b, a)很容易实现。

　　学习某种新的东西可能是一项耗费精力且复杂的任务。然而，Python 的简单性大大降低了学习它的难度。虽然学习 Python 中的高级功能可能会有点复杂，但是这值得投入精力。用 Python 实现的项目也很容易理解。Python 代码简洁而高效，因此易于理解和管理。

1.2.2　输入并运行

　　在大多数的项目中，测试新的技术要进行很多修改，并且要重新编译和重新运行。这使测试代码成为一项困难而耗时的任务。在 Python 中，很容易运行代码。实际上，我们在 Python 中运行的是脚本。

　　在本章稍后，你将会看到，Python 还为用户提供了一种可交互的编程环境，可以在其中独立地运行命令。

1.2.3　语法

　　Python 的语法很简单，这使得学习和理解编程很容易。根据大多数人的经验，Python 最吸引人的 3 个特点就是简单、短小和灵活。

1.2.4　混合性

如果你从事一个较大的项目，可能会有一个较大的团队，那么可能某些团队成员擅长其他的编程语言。这可能会导致在核心的 Python 代码中要嵌入一些以其他语言编写的模块。Python 允许甚至支持这么做。

1.2.5　动态类型

对于管理和对象相关的内存，Python 有自己的方式。当在 Python 中创建一个对象的时候，把内存动态地分配给它。当对象的生命周期结束的时候，其占用的内存会被收回。Python 的内存管理使程序更加高效。

1.2.6　内置对象类型

在后面的各章中，我们将会看到，Python 拥有内置的对象类型。这使任务很容易完成并且易于管理。此外，Python 可以很好地处理这些和对象相关的问题。

1.2.7　大量的库和工具

在 Python 中，完成任务变得很容易。这是因为大多数常见的任务（实际上，有些任务并不是太常见）已经用 Python 中内置的库完成了。例如，Python 拥有能够帮助用户开发 GUI 的库、编写移动应用程序的库、实现安全功能的库，甚至有读取 MIR 图像的库。在后面的各章中，我们将会看到，库和辅助工具甚至能够使得模式识别这样的复杂任务很容易完成。

1.2.8　可移植性

用 Python 编写的程序可以在几乎所有已知的平台上运行，如 Windows、Linux 或 Mac 平台。Python 自身就是用 C 编写的。

1.2.9　免费

Python 并不是专有的软件。任何人都可以下载各种各样可用的 Python 编译器。此外，在发布用 Python 开发的代码的时候，不会有任何的法律问题。

1.3　编程范型

1.3.1　过程式编程

在过程式编程语言中，程序实际上是按照顺序执行的一组语句。程序所拥有的唯一的可选择性（术语叫作可管理性），就是将其划分为较小的模块。例如，C 就是一种过程式编程语言。Python 支持过程式编程。本书前 8 章将介绍过程式编程。

1.3.2　面向对象编程

Python 主要关注一个类的实例。类的实例叫作对象。类是对要解决的问题有重要意义的一个现实的或虚拟的实体，它具有鲜明的边界。例如，在负责学生管理的一个程序中，"student" 可能是一个类。我们可以通过方法来创建类的实例并完成要实现的任务。Python 是一种面向对象的语言。本书第 9～13 章将介绍面向对象编程。

1.3.3　函数式编程

Python 也支持函数式编程。此外，Python 支持数据不可变性、尾调用优化等。拥有函数式编程背景的开发人员应该听说过这些术语。函数式编程超出了本书的讨论范围。然而，本书后面各章会讨论上面提到的这些特性。

1.4　Python 的发展历史和应用前景

介绍完 Python 的特点，我们现在来看看 Python 的发展历史和应用前景。本节简短地介绍 Python 的发展历史和应用前景，并且激励读者去学习和使用这门语言。

1.4.1　发展历史

Python 是使用 C 编写的。它是由吉多·范·罗苏姆（Guido Van Rossum）发明的。这里提醒一下读者，Python 这门语言和蟒蛇或蛇没有任何关系。这种语言的名字来自一部名为 *Monty Python's Flying Circus* 的喜剧，而这是吉多·范·罗苏姆最喜欢的喜剧之一。许多人认为 Python 有趣的地方在于富有灵感。

Python 之所以易于学习，是因为其核心相当精练。Python 之所以如此简单，也是因为开发者期望能够发明一种简单的、易于学习而功能强大的语言。

由于一群专业人士致力于为世界提供一种容易而强大的语言，Python 得到了持续的改进和完善。随着这门语言的发展，出现了很多 Python 兴趣团体和论坛。Python 的修改可通过 Python 增强项目（Python Enhancement Project，PEP）的形式来提出。Python 软件基金会（Python Software Foundation，PSF）具体负责这项工作。

1.4.2　应用前景

Python 用于完成很多的任务，其中，最重要的一些任务如下所示：
- 图形用户界面（Graphical User Interface，GUI）开发；
- Web 页面脚本编程；
- 数据库编程；
- 原型设计；

- 游戏开发；
- 基于编程的组件开发。

如果你使用的是 UNIX 或 Linux 系统，那么你不需要安装 Python。这是因为在 UNIX 和 Linux 系统中，Python 通常是预先安装好的。然而，如果你使用的是 Windows 系统，那么你需要下载 Python。一旦决定下载 Python，请查找它的最新版本。读者需要注意确保所下载的版本不是 alpha 版或 beta 版。下一节将简单介绍下载开源的发布版软件 Anaconda 的步骤。

很多针对 Python 的开发环境可供使用，其中的一些如下：

- PyDev with Eclipse；
- Emacs；
- Vim；
- TextMate；
- Gedit；
- Idle；
- PIDA（Linux 版，基于 Vim）；
- NotePad++（Windows 版，基于 Vim）；
- BlueFish（Linux 版，基于 Vim）。

1.5 安装 Anaconda

要安装 Anaconda，请先访问其官方网站并选择相应的安装程序（Windows 或 Mac OS 或 Linux 版）。本节将介绍在 Windows 系统上安装 Anaconda 的步骤。

首先，必须选择安装程序（32 位的或 64 位的）。然后，在所选的安装程序上单击并下载 .exe 文件。安装程序会要求你将其安装到默认的位置。你也可以提供一个新的位置。在安装的过程中，你可能需要关闭防病毒软件。图 1.2 到图 1.6 展示了详细的安装步骤。

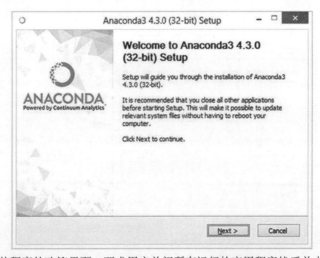

图 1.2 安装程序的欢迎界面，要求用户关闭所有运行的应用程序然后单击 Next 按钮

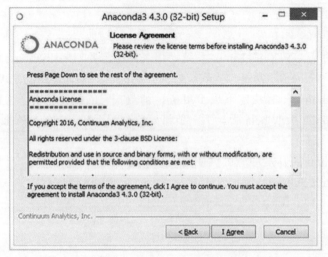

图 1.3   同意 Anaconda3 4.3.0 (32-bit)的许可协议

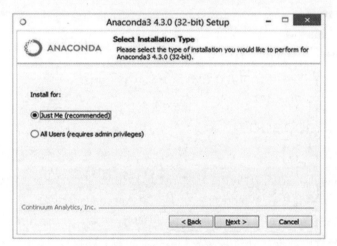

图 1.4   选择要为个别用户还是所有用户安装 Anaconda

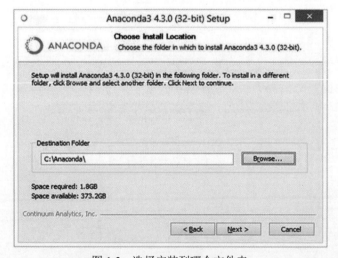

图 1.5   选择安装到哪个文件夹

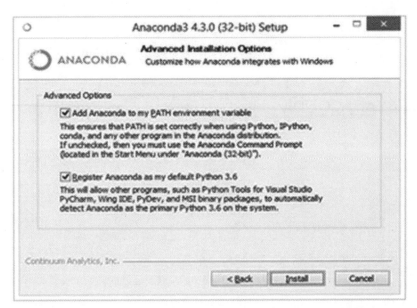

图 1.6 决定是否要将 Anaconda 添加到 path 环境变量中，以及是否要将 Anaconda
注册为默认的 Python 3.6 版本

接下来，安装过程就开始了。安装结束后，会出现图 1.7 和图 1.8 所示的界面。

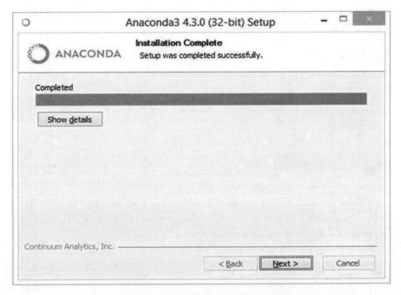

图 1.7 安装完成后出现此界面

一旦安装了 Anaconda，就可以打开 Anaconda 并运行脚本了。图 1.9 展示了 Anaconda
的导航界面。从各种可用的选项中，可以选择适合你的选项。例如，可以打开 QtConsole 并
运行命令/脚本。图 1.10 展示了 QtConsole 的界面。这里写入的命令你现在可能还看不懂，
等到学习后面几章的时候就一目了然了。

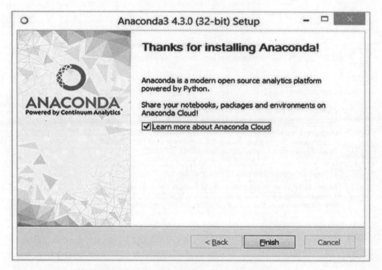

图 1.8 用户可以选择在云上共享笔记本

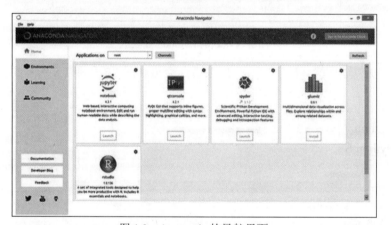

图 1.9 Anaconda 的导航界面

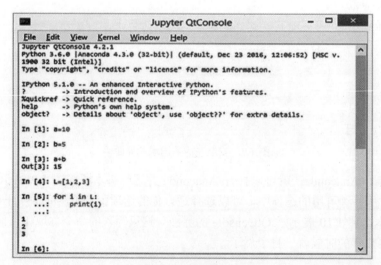

图 1.10 QtConsole

1.6 小结

在继续学习之前，你必须先记住 Python 和其他语言的一些不同之处。以下几点可以帮助你避免混淆。

- 在 Python 中，语句并不是以任何特殊字符而结束的。在 Python 中以换行符表示语句的结束。如果一条语句跨越多行，那么下一行必须以一个斜杠（\）开头。
- 在 Python 中，缩进用来表示循环的开始。Python 中的循环并不会以分隔符或关键字开始或结束。
- 用 Python 编写的文件通常另存为.py 文件。
- 在 Python 程序中，不需要声明一个变量的类型。

Python 语言的核心内容很少，因此很容易学习。此外，有些内容几乎是所有语言中都有的，如 if/else、循环和异常处理等。

本章介绍了 Python 及其特点。Python 支持 3 种编程范型，即过程式编程、面向对象编程和函数式编程。本章为学习后面的内容打下了一个基础。本章还明确了本书中的代码需要在 Python 3.X 上运行。

1.6.1 术语

PEP（Python Enhancement Project）：表示 Python 增强项目。
PSF（Python Software Foundation）：表示 Python 软件基金会。

1.6.2 知识要点

- Python 是一种功能强大的、过程式的、面向对象的、函数式的编程语言，它是由吉多·范·罗苏姆（Guido Van Rossum）在 20 世纪 80 年代晚期发明的。
- Python 是开源的。
- Python 的应用领域包括软件开发、Web 开发、桌面 GUI 开发、教育和科学计算应用开发等。
- Python 由于其简单性和健壮性而受欢迎。
- Python 很容易与 C++和 Java 交互。
- SciPy 用于工程和数学计算，IPython 用于并行计算等，Scions 用于构建控件。
- Python 的各种开发环境包括 PyDev with Eclipse、Emacs、Vim、TextMate、Gedit、Idle、PIDA（Linux 版，基于 Vim）、NotePad++（Windows 版）和 BlueFish（Linux 版）。

1.7 练习

选择题[①]

1. Python 可以继承如下____语言创建的类。
   - （a）只有 Python
   - （b）Python、C++
   - （c）Python、C++、C#和 Java
   - （d）以上都不对
2. ____发明了 Python。
   - （a）Monty Python
   - （b）Guido Van Rossum
   - （c）Dennis Richie
   - （d）以上都不对
3. Monty Python 是____。
   - （a）Python 编程语言的创始人
   - （b）英国的喜剧团体
   - （c）美国乐队
   - （d）Dosey Howser 的兄弟
4. 在 Python 中，____库和工具。
   - （a）不支持
   - （b）支持但并不鼓励
   - （c）支持并鼓励
   - （d）支持（只有 PSF 的那些才支持）
5. Python 拥有____。
   - （a）内置的对象
   - （b）数据类型
   - （c）以上都对
   - （d）以上都不对
6. Python 是一种____。
   - （a）过程式语言
   - （b）面向对象语言
   - （c）函数式语言
   - （d）以上都对
7. 由于没有数据类型，因此一段 Python 代码适用于各种对象。这称为____。
   - （a）动态绑定
   - （b）动态类型
   - （c）动态领导
   - （d）以上都不对
8. ____是自动内存管理。
   - （a）自动给对象分配内存
   - （b）在生命周期结束的时候收回内存
   - （c）以上都对
   - （d）以上都不对
9. PEP 的全称是____。
   - （a）Python Ending Procedure
   - （b）Python Enhancement proposal
   - （c）Python Endearment Project
   - （d）以上都不对
10. PSF 的全称是____。
    - （a）Python Software Foundation
    - （b）Python Selection Function
    - （c）Python Segregation Function
    - （d）以上都不对

---

① 部分选择题的正确答案不止一个。——编辑注

11．Python 能用于＿＿＿＿开发。

 （a）GUI   （b）Web 脚本

 （c）游戏   （d）以上都对

12．使用 Python 能够进行＿＿＿＿。

 （a）系统编程   （b）基于编程的组件开发

 （c）科学计算编程   （d）以上都对

13．Python 用在＿＿＿＿中。

 （a）Google   （b）Raspberry Pi

 （c）Bit Torrent   （d）以上都对

14．Python 用在＿＿＿＿中。

 （a）App Engine   （b）YouTube 共享

 （c）实时编程   （d）以上都对

15．PyPy 和 IDLE 两种程序中更快的是＿＿＿＿。

 （a）PyPy   （b）IDLE

 （c）两者一样快   （d）取决于任务

1.8　理论回顾

1．写出使用 Python 的 3 个项目的名称。

2．说明 Python 的几种应用领域。

3．Python 是什么类型的编程语言（过程式、面向对象或函数式）？

4．什么是 PEP？

5．什么是 PSF？

6．谁负责管理 Python？

7．Python 是开源软件还是专有软件？

8．Python 能够支持什么语言？

9．说明 Python 的发展历史。

10．说出几种 Python 编辑器。

11．Python 有哪些特点？

12．和其他语言相比，使用 Python 的优势有哪些？

13．什么是动态类型？

14．Python 有数据类型吗？

15．Python 和 Java 有何不同？

第 2 章　Python 对象

学完本章，你将能够
- 理解变量、运算符、关键字和对象的含义与重要性；
- 在程序中使用小数和分数；
- 理解字符串的重要性；
- 理解字符串中的分片和索引；
- 使用列表和元组；
- 理解元组的重要性。

2.1　简介

为了能够用 Python 编写程序，程序员可以使用 Anaconda（1.5 节介绍了其安装过程），也可使用 IDLE，还可以从网上下载并安装它。IDLE 有一个专门为编写 Python 程序而设计的编辑器。

如前所述，Python 是一种解释类型的语言，因此我们并不需要编译每一段代码。程序员可以在命令提示符后输入命令并且查看输出。例如，当在命令行中输入 2+3 的时候，将会得到

```
>>2+3
5
```

实际上，我们可以在命令行中执行加法、减法、乘法、除法和求幂运算。可以使用*运算符执行乘法运算，使用/运算符执行除法运算，使用**运算符进行求幂运算，使用%运算符来进行模除运算。如果前一个数字比后一个数字大，模除运算符将求得余数；否则，它返回前一个数字作为输出。这些运算符的计算结果如下所示。

```
>>> 2*3
6
>>> 2/3
0.6666666666666666
>>> 2**3
8
>>> 2%3
2
>>> 3%2
1
>>>
```

在上面的示例中，Python 解释器用来执行命令。这称为**脚本模式**（script mode），用于代码较少的情况。尽管在命令行中可以执行简单的命令，但是复杂的程序要在文件中编写。

可以按照下面的步骤，创建一个文件（如图 2.1 所示）。

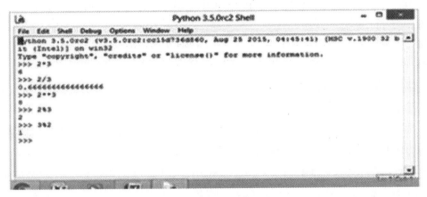

图 2.1　Python 程序文件

（1）在 Python 主界面中，选择 File→New。

（2）将文件另存为 calc.py。

（3）在文件中写入代码（见程序清单 2.1）。

程序清单 2.1　calc.py

```
print(2+3)
print(2*3)
print(2**3)
print(2/3)
print(2%3)
print(3/2)
```

（4）进行调试并运行程序。将会显示如下输出。

```
>>>
5
6
8
0.6666666666666666
2
1.5
>>>
```

相反，我们要在命令提示符后写入 Python calc.py 来执行这个脚本。要退出 IDLE，选择 File→Exit，或者在命令提示符后输入 exit() 函数。

为了保存值，需要使用**变量**（variable）。Python 赋予用户操作变量的能力。随后，这些变量将帮助我们使用这些值。实际上，Python 中的一切都是一个**对象**（object）。本章将重点介绍对象。每个对象都有一个**标识**（identity）、一个**类型**（type）和一个**值**（value，由用户给定的值或默认值）。在 Python 中，标识指向地址并且是不能够修改的。类型可以是如下的任何一种。

- None：表示没有值。
- 数字：Python 有 3 种类型的数字，分别如下。
  - 整数：表示没有任何小数部分。
  - 浮点数：可以存储带有小数部分的数字。

　　　　■ 复数：可以存储实部和虚部。
　　● 序列：表示元素的有序集合。Python 中有 3 种类型的序列：
　　　　■ 字符串；
　　　　■ 元组；
　　　　■ 列表。
后面的各节将会介绍这些类型。
　　● 集合：这是元素的无序集合。
　　● 关键字：这些是具有特殊含义的单词，并且解释器能够识别它们。例如，本书中
　　　常用的一些关键字是 and、del、from、not、while、as、elif、global、
　　　else、if、pass、yield、break、except、import、class、raise、continue、
　　　finally、return、def、for 和 try。
　　● 运算符：这些是特殊符号，它们帮助用户执行各种运算，如加法、减法等。Python
　　　提供了如下几类运算符。
　　　　■ 算术运算符：包括+、-、*、/、%、**和//。
　　　　■ 赋值运算符：包括=、+=、-=、*=、/=、%=、**=和//=。
　　　　■ 逻辑运算符：包括 or、and 和 not。
　　　　■ 比较运算符：包括<、<=、>、>=、!=或< >，以及==。
　　本章介绍 Python 中的基本数据类型。本章按照如下顺序讲解：2.2 节介绍 Python 编程
和基本数据类型，2.3 节介绍字符串，2.4 节介绍列表和元组，2.5 节是本章小结。

2.2　基本数据类型

　　前面已经介绍了数据类型的重要性。要理解和处理内置数据类型还有一个原因，通常，
内置数据类型是用户自己所开发的较大的类型的一个固有的部分。
　　Python 提供的数据类型不但功能强大，而且能够嵌套到其他的类型之中。本章后面将
会介绍嵌套列表的概念，它实际上是列表中的一个列表。Python 为用户提供了字典数据类
型，它使映射更加容易且高效，这也证明了数据类型的强大。
　　数字是最简单的数据类型。Python 中的数字包括整数、浮点数、分数和复数。表 2.1
给出了数字的类型及其说明。数字所支持的运算如表 2.2 所示。

表 2.1　数字

数字的类型	说　明
整数	没有任何小数部分
浮点数	有小数部分
复数	拥有实部和虚部的数字
小数	具有固定的精度
分数（有理数）	有一个分子和一个分母
集合	数学集合的抽象

表 2.2	数字所支持的运算符
数字的类型	说　　明
+	加法
−	减法
*	乘法
**	求幂
%	模除

除了上面的这些之外，Python 实际上还解决了 C 和 C++的问题，并且能够计算非常大的整数。现在，让我们来看一下如何使用这些运算符。例如，假设需要计算一个数的平方根，那么导入 math 并使用 math.sqrt()是一种解决方案。下面一节介绍了一些最重要的函数。

2.2.1　先睹为快

1.　ceil

ceil 用于将一个给定的数字向上取整到大于或等于这个数字的、最近的整数。例如，2.678 向上取整的结果是 3。

```
>>> import math
>>>math.ceil(2.678)
3
That of 2 is 2.
>>>math.ceil(2)
2
>>>
```

2.　copysign

copysign 用于将第 2 个参数的符号赋给第 1 个参数，作为执行该函数的结果返回。

```
math.copysign(x, y)
//返回以带有 y 的符号的 x 的值
```

在支持带符号的 0 的平台上，copysign (1.0, − 0.0)将返回−1.0。

3.　fabs

fabs 用于求一个数的绝对值。也就是说，如果这个数是正数，就返回它自身；如果这个数是负数，就返回它的相反数。

$$|x| = \begin{cases} x, & x \geqslant 0 \\ -x, & x < 0 \end{cases}$$

在 Python 中，fabs (x)函数负责完成这个任务。fabs (x)返回 x 的绝对值。

```
>>>math.fabs(-2.45)
2.45
>>> math.fabs(x)
//返回 x 的绝对值
```

4.　factorial

x 的阶乘定义为从 1 到这个数值的数字的连乘。也就是说，

```
factorial(x) = 1 × 2 × 3 × … × x
```

在 Python 中,这个任务通过 factorial 函数 math.factorial(x) 来完成。
它返回数值 x 的阶乘。此外,如果给定的数字不是一个整数或者是一个负数,将会触发一个异常。

5. floor

floor 用于将一个给定的数字向下取整到小于或等于这个数字的、最近的整数。例如,2.678 向下取整的结果是 2,2 向下取整的结果也是 2。

```
>>> import math
>>>math.floor(2.678)
2
>>>math.floor(2)
2
>>>
```

2.2.2　分数和小数

Python 还为程序员提供了处理分数和小数的能力。程序清单 2.2 展示了分数和小数的用法。

程序清单 2.2　Fraction.py

```
from fractions import Fraction
print(Fraction(128, -26)) print(Fraction(256))
print(Fraction())
print(Fraction('2/5'))
print(Fraction(' -5/7'))
print(Fraction('2.675438 '))
print(Fraction('-32.75'))
print(Fraction('5e-3'))
print(Fraction(7.85))
print(Fraction(1.1))
print(Fraction(2476979795053773, 2251799813685248))
from decimal import Decimal
print(Fraction(Decimal('1.1')))
```

输出如下。

```
-64/13
256
0
2/5
-5/7
1337719/500000
-131/4
1/200
4419157134357299/562949953421312
2476979795053773/2251799813685248
2476979795053773/2251799813685248
11/10
```

2.3　字符串

在 Python 中,字符串是包含了字符的一个预定义的对象。Python 中的字符串是不可变的。也就是说，一个字符串的值一旦确定就是不能修改的。然而，随着我们深入学习，还将会介绍上述假设的例外情况。首先，让我们来看包含了值"Harsh"的一个字符串。

```
name = 'Harsh'
```

通过在命令提示符后输入这个对象的名称（在这里是 name），可以显示字符串的值。

```
>>>name
Harsh
```

也可以使用前面提到的 print 函数来显示这个值。

```
print(name)
```

可以使用索引来显示字符串中一个特定位置的值，语法如下所示。

```
<name of the String>[index]
```

这里要说明的是，第一个位置的索引是 0。因此，name[0]将会输出该字符串的第 1 个字母，也就是"H"。

```
print(name[0]) H
```

负值的索引将会指向位于字符串末尾之前的第 n 个位置的字符。以上面的字符串为例，name[-2]将会得到"s"。

```
print(name[-2])
s
```

通过调用 len 函数，可以得到字符串的长度。len(str)将会返回字符串 str 的长度。例如，len(name)将会返回 5，因为'Harsh'有 5 个字符。

也可以使用如下方式输出一个给定字符串的最后一个字符。

```
print(name[len(name)-1])
```

当对字符串使用+运算符的时候，它会将字符串拼接起来。例如，"Harsh"+"arsh"将会返回"Harsharsh"：

```
name = name + 'arsh'
print(name) Harsharsh
```

在连接之后，如果要输出第 1 个字母和倒数第 2 个字母，可以使用如下代码：

```
print(name[0])
print(name[-2])
print(name)[len(name)-1-2]
H
s
s
```

字符串的+运算符将一个给定的字符串拼接第一个参数指定的次数。例如，3+name 将会返回"HarsharshHarsharshHarsharsh"。完整的代码如程序清单 2.3 所示。

程序清单 2.3　String.py

```
name = 'Harsh'
print(name)
print(name[0])
print(name[-2])
print(name[len(name)-1])
```

```
name = name + 'arsh'
print(name)
print(name[0])
print(name[-2])
print(name[len(name)-1])
```

输出如下。

```
H s h
Harsharsh
H s h
>>>
```

2.3.1　分片

字符串的分片指的是删除一个字符串的某一部分。例如：

```
>>>name = 'Sonam'
>>>name
'Sonam'
```

在这里，如果要提取出第 1 个字符之后的部分，可以使用[1:]。

```
>>> name1=name[1:]
>>> name1
'onam'
```

以相同的方式，可以像下面这样来提取该字符串前两个字母之后的部分。

```
>>>name = name[2:]
>>>name
'nam'
```

现在，通过在前面添加“man”来修改该字符串。

```
>>>name = "man"+name
>>>name
'mannam'
```

注意，我们无法按照提取前两个字母之后的部分相同的方式，来提取最后两个字母之前的部分。观察如下的输出，就理解这里所说的意思了。

```
>>>name = name[:2]
>>>name
'ma'
>>>name = "man manam"
```

要完成提取最后两个字母之前的部分这个任务，应该在分片的时候使用负值索引。

```
>>>name
'manmanam'
>>> name2 = name[:-2]
>>> name2
'man man'
>>>
```

2.3.2　字符串的不可变性

注意，当我们写下如下的代码的时候，我们实际上没有修改这个字符串。

```
name = 'Hello' + name
```

实际上，我们创建了一个新的字符串，它将'Hello'和 name 中存储的值拼接了起来。当我们试图修改字符串中一个特定字符的值的时候，将会产生一个错误，把这一点联系起来看，就能够理解字符串的不可变性了。

```
>>>name='Anupam'
>>>name
'Anupam'
>>>name[2]='p'

Traceback (most recent call last):
File "<pyshell#17>", line 1, in <module>
name[2]='p'
TypeError: 'str' object does not support item assignment
>>>
```

2.4　列表和元组

2.4.1　列表

在 Python 中，列表是对象的集合。正如 Mark Lutz（*Learning Python, Fifth Edition* 的作者）所说的："列表是 Python 语言所提供的最通用的序列。"和字符串不同，列表是可变的。也就是说，列表中一个特定位置的元素是可以修改的。在处理同构和异构的序列的时候，列表很有用。

列表可以是如下几种情况之一。

- 列表可以是相似元素（同构的）的一个集合，如[1, 2, 3]。
- 它也可以包含不同的元素（异构的），如[1, "abc," 2.4]。
- 列表可以是空的([])。
- 列表可以包含一个列表（即列表可以嵌套，第 4 章将会介绍）。

例如，如下 authors 列表拥有元素 "Harsh Bhasin" "Mark Lutz" 和 "Shiv"。可以使用通用的 print 函数输出这个列表。在程序清单 2.4 中，第 2 个列表包含一个数字、一个字符串、一个浮点数和一个字符串。"list 3" 是一个空列表，"listoflist" 包含一个列表作为其元素。

程序清单 2.4　Lists.py

```
authors = ['Harsh Bhasin', 'Mark Lutz', 'Shiv']
print(authors)
combined =[1, 'Harsh', 23.4, 'a']
print(combined)
list3= []
print(list3)
listoflist = [1, [1,2], 3]
print(listoflist)
```

输出如下。

```
=========== RUN C:/Python/Chapter 2/Lists.py ===========
['Harsh bhasin', 'Mark Lutz', 'Shiv']
[1, 'Harsh', 23.4, 'a']
[]
```

```
[1, [1, 2], 3]
>>>
```

可以使用索引来访问列表的一个元素。如代码清单 2.5 所示，例如，如果 list1 包含[1, 2, 3]，那么 list 1[1]包含"2"，且 list 1[−1]包含"3"。

程序清单 2.5　List2.py

```
list1 = [1, 2, 3]
print(list1[1])
print(list1[-1])
```

输出如下。

```
=========== RUN C:/Python/Chapter 2/List2.py ============
2
3
>>>
```

列表也可以包含其他的列表。第 4 章将介绍这一主题。列表也支持分片操作。

2.4.2　元组

元组包含可以单独处理或作为一组处理的元素。可以使用标准的 print() 函数输出元组（如(x, y)）。通过将元组赋值给一个元组，可以访问这个**元组**的元素，如程序清单 2.6 所示。元组也可以包含异构的元素。例如，在程序清单 2.6 中，tup2 与 tup3 包含一个字符串和一个整数。

程序清单 2.6　tuple.py

```
tup1= (2, 3)
print(tup1)
(a, b) = tup1
print('The first element is ',a)
print('The second element is ',b)
tup2=(101, 'Hari')
tup3=(102,'Shiv')
(code1, name1)=tup1
(code2, name2)=tup2
print('The code of ', name1,' is ',code1,'\nThe code of ',name2, ' is ',code2)
```

输出如下。

```
(2, 3)
The first element is 2
The second element is 3
The code of 3 is 2
The code of Hari is 101
```

在处理诸如交换这样的操作的时候，元组特别有用。Python 中的交换就像是把 (a, b) 赋值给 (b, a) 那样简单。下面通过示例介绍如何使用元组来交换两个数字。

示例 2.1：编写一个程序，使用元组交换两个数字。

解答：具体代码如程序清单 2.7 所示。

程序清单 2.7　swap.py

```
print('Enter the first number\t:')
num1= int(input())
```

```
print('Enter the second number\t:')
num2= int(input())
print('\nThe numbers entered are ',num1,' & ', num2)
(num1, num2) = (num2, num1)
print('\nThe numbers now are ',num1,' & ', num2)
>>>
```

输出如下。

```
2
Enter the second number :
3
The numbers entered are 2& 3
The numbers now are 3& 2
>>>
```

2.4.3 元组的特点

元组的两个特点如下。

● 元组是不可变的——一旦设置了元组的一个元素，就不能再给它赋不同的值。例如：

```
tup1 = (2, 3)
tup1[1] = 4
would raise an exception.
```

● 对元组使用"+"运算符，会把两个元组拼接起来。例如：

```
>>> tup1= (1,2)
>>> tup2=(3,4)
>>> tup3= tup1+tup2
>>> tup3
(1, 2, 3, 4)
>>>
```

2.5 小结

在程序中，指令是发送给计算机让其执行一项任务的。为了能够做到这一点，运算符要在所谓的"对象"上进行运算。本章介绍了 Python 中的各种对象，并且概述了能够作用于对象的运算符。对象可以是内置的，或者是用户定义的。实际上，可以对其进行操作的任何内容都是对象。

本章第 1 节介绍了 Python 中的各种内置对象。熟悉 C 语言的读者一定已经对过程式语言有一定的认识了。在 C 中，程序划分为可管理的模块，每个模块执行一项具体的任务。将较大的任务划分为较小的部分，这使各个部分更容易管理，并且更容易调试 Bug。使用模块还有很多的好处，其中的一些好处在第 1 章中介绍过。

这些模块包含一组语句，而这些语句等同于指令（或者是注释而不是指令）。这些语句可能包含表达式，在表达式中是运算符作用于对象。如前所述，Python 允许用户定义自己的对象。第 10 章会讨论这些内容。本章则重点介绍内置的对象。

在 C（或者 C++）中，我们不但需要小心地使用内置类型，而且要留意与分配内存、数据结构等相关的问题。然而，Python 让用户不必担心这些问题，因此可以专注要完成的任务。使用内置数据类型使事情变简单了，而且效率更高。

2.5.1　术语

None：表示没有值。
数字：Python 有 3 种类型的数字，分别是整数、浮点数和复数。
序列：表示元素的有序集合。Python 中有 3 种类型的序列，分别是字符串、元组和列表。

2.5.2　知识要点

● 　为了存储值，需要使用变量。
● 　Python 中的一切都是对象。
● 　每一个对象都拥有一个标识、一个类型和一个值。

2.6　练习

选择题

1. 以下程序的输出是＿＿。
```
>>> a = 5
>>> a + 2.7
>>> a
```
（a）7.7　　　　　　（b）7　　　　　　（c）以上都不对　　（d）抛出一个异常

2. 以下程序的输出是＿＿。
```
>>> a = 5
>>> b = 2
>>> a/b
```
（a）2　　　　　　（b）2.5　　　　　　（c）3　　　　　　（d）以上都不对

3. 以下程序的输出是＿＿。
```
>>> a = 5
>>> b = 2
>>> c = float (a)/b
>>> c
```
（a）2　　　　　　（b）2.5　　　　　　（c）3　　　　　　（d）抛出一个异常

4. 以下程序的输出是＿＿。
```
>>> a = 2
>>> b = 'A'
>>> c = a + b
>>> c
```
（a）67　　　　　　（b）60　　　　　　（c）以上都不对　　（d）抛出一个异常

5. 以下程序的输出是＿＿。
```
>>> a = 'A'
>>> 2*A
```
（a）'AA'　　　　　　（b）2A　　　　　　（c）A2　　　　　　（d）以上都不对

6. 以下程序的输出是____。

```
>>> a = 'A'
>>> b = 'B'
>>> a + b
```

　(a) A + B 　　　　　(b) AB 　　　　　(c) BA 　　　　　(d) 以上都不对

7. 以下程序的输出是____。

```
>>> (a, b) = (2, 5)
>>> (a, b) = (b, a)
>>> (a, b)
```

　(a) (2, 5) 　　　　　(b) (5, 2) 　　　　　(c) (5, 5) 　　　　　(d) 以上都不对

8. 以下程序的输出是____。

```
>>> a = 5
>>> b = 2
>>> a = a + b
>>> b = a - b
>>> a = a - b
>>> a
```

　(a) 5 　　　　　(b) 2 　　　　　(c) 以上都不对 　　(d) 抛出一个异常

9. 以下程序的输出是____。

```
>>> a = 5
>>> b * b = a
>>> b
```

　(a) 2.7 　　　　　(b) 25 　　　　　(c) 以上都不对 　　(d) 抛出一个异常

10. 以下程序的输出是____。

```
>>> (a, b) = (2, 3)
>>> (c, d) = (4, 5)
>>> (a, b) + (c, d)
```

　(a) (6, 8) 　　　　(b) (2, 3, 4, 5) 　　(c) (8, 6) 　　　　(d) 以上都不对

11. 在选择题 10 给出的条件下，$(a, b) - (c, d)$的结果是____。

　(a) (6, 8) 　　　　(b) (2, 3, 4, 5) 　　(c) (8, 6) 　　　　(d) 以上都不对

12. 在选择题 10 给出的条件下，$(a, b)*(c, d)$的结果是____。

　(a) (6, 8) 　　　　(b) (2, 3, 4, 5) 　　(c) (8, 6) 　　　　(d) 以上都不对

13. 以下程序的输出是____。

```
>>> a = 'harsh'
>>> b = a[1: len(a)]
>>> b
```

　(a) arsh 　　　　　(b) hars 　　　　　(c) harsh 　　　　　(d) 以上都不对

14. 以下程序的输出是____。

```
>>>a = 'harsh'
>>>b = [-3, len (a)]
```

　(a) a[-3: len(a)] 　　(b) arsh 　　　　　(c) harsh 　　　　　(d) 以上都不对

15. 以下程序的输出是____。

```
>>>a = 'tar'
>>>b = 'rat'
>>>2*(a + b)
```

　(a) tarrattarrat 　　(b) rattarrattar 　　(c) tarratrattar 　　(d) 以上都不对

2.7 编程实践

1. 编写一个程序来交换两个数字。

2. 要求用户输入一个点的坐标，求这个点和原点之间的距离。

3. 要求用户输入两个点的坐标（x 坐标和 y 坐标），求这两个点之间的距离。

4. 要求用户输入 3 个点的坐标，判断它们是否在一条线上。

5. 在编程实践 4 中，如果这 3 个点不在一条直线上，那么判断它们构成的三角形的类型（等边三角形、等腰三角形或非等边三角形）。

6. 在编程实践 5 中，判断三角形是否是直角三角形。

7. 在编程实践 4 中，求出三角形中各个角的角度。

8. 要求用户输入两个点的坐标，判断这两个点到原点的距离是否相等。

9. 在编程实践 8 中，计算两个点与原点的连线之间的夹角。

10. 要求用户输入 4 个点的坐标，并且按照它们到原点之间的距离升序排列。

11. 在编程实践 10 中，按照 4 个点的 x 坐标升序排列它们。

第 3 章 条件语句

学完本章，你将能够

● 在程序中使用条件语句；
● 理解 if-else 结构的重要性；
● 使用 if-elif-else 阶梯；
● 使用三元运算符；
● 理解&和|的重要性；
● 使用 get 结构处理条件语句。

3.1 简介

第 2 章介绍了 Python 中的基本数据类型和简单语句。到目前为止，我们学习了如何执行一个没有分支的程序。然而，程序员很少会遇到不使用分支就能够解决的问题。

在继续深入学习之前，让我们先花一点时间思考人生。如果不做出选择，你的人生能够进步吗？答案是否定的。同样，只有增加了选择的功能之后，以同样的方式解决问题才能产生结果。这就是为什么我们必须要理解选择和循环的实现。本章介绍选择这个概念，要编写带分支的程序必须使用选择。选择使得我们能够修改程序的流程控制。在 C、C++、Java、C#等语言中，可以通过两种主要的方式来完成上述任务。一种是"if"结构，另一种是"switch"结构。在程序中，如果"test"条件为真，就会执行"if"语句块；否则，不会执行该语句块。"switch"用于实现有很多个"test"条件的场景，并且当一个特定的"test"条件为真的时候，执行其相应的语句块。

本章首先介绍条件语句、复合语句、if-elif-else 阶梯判断等概念，最后介绍 get 语句。本章的一个前提是，条件语句在编程的各个方面（不管是在客户端开发、Web 开发还是在移动应用开发中）都很重要。

本章按照这样的顺序来组织：3.2 节介绍 if 等结构，3.3 节介绍 if-elif-else 阶梯判断，3.4 节介绍逻辑运算符的用法，3.5 节介绍三元运算符，3.6 节介绍 get 结构，3.7 节展示应用条件语句的一些示例，3.8 节是本章小结。建议读者在学习本章之前，先回顾一下基本数据类型的知识。

3.2 if、if-else 和 if-elif-else 结构

实现选择使我们能够在程序中加入分支功能。如前所述，程序是给计算机的一组指令。

这组指令用来完成一项任务，并且任何的任务都需要进行选择。因此，条件语句是编程中不可或缺的部分。条件结构的语法如下所示。

if 语句的语法如下。

```
if <test condition>:
        <当测试条件为真时执行的语句块>
```

if-else 语句的语法如下。

```
if <test condition>:
        <当测试条件为真时执行的语句块>
else:
    ...
```

if-elif-else 阶梯（下一节介绍）语句的语法如下。

```
if <test condition>:
        <当测试条件为真时执行的语句块>
elif <test 2>:
        <second block>
elif <test 3>:
        <third block>
else:
<当测试条件都为假时执行的语句块>
```

注意，缩进很重要，因为 Python 通过缩进来识别语句块。因此，要确保"if (<condition>)："的后面跟着一个语句块，其中的每一条语句都保持相同的缩进。要理解这个概念，让我们来看一个简单的示例。假设一个学生在考试中的得分超过了总分的 60%，他就算是通过了考试。要实现这一逻辑，请用户输入一个百分比数值。如果用户输入的百分比数值大于 60%，那么输出"通过考试"；否则，输出"未通过"。图 3.1 描述了这种情况。

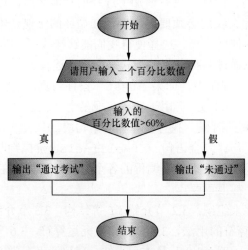

图 3.1　判断学生是否通过考试的流程图

示例 3.1： 要求用户输入学生通过一个科目考试的分数。如果输入的分数大于 60，输出"Pass"，否则，输出"Fail"。

解答： 具体代码如程序清单 3.1 所示。

程序清单 3.1　problem1.py

```
a = input("Enter marks : ")
```

```
if int(a)> 60:
  print('Pass')
else:
  print('Fail')...
```

第 1 次的输出如下。

```
Enter Marks : 65
Pass
```

第 2 次的输出如下。

```
Enter Marks : 30
Fail
```

我们来看另外一个示例。在这个问题中，要求用户输入一个 3 位数，通过将数字的数位反转而得到一个数字，然后，求最初的数字和反转后的数字的总和，判断这个和是否包含最初的数字中任何一位上的数。为了完成这个任务，必须执行如下步骤（参见示例 3.2）。

示例 3.2：要求用户输入一个 3 位数，将其命名为"num"。通过将数字的数位反转而得到一个数字，然后，求最初的数字和反转后的数字的总和，判断这个和中任何一个位上的数字是否与最初的数的某一位相同。

解答：这个问题可以按照如下的步骤求解。

（1）当用户输入一个数字的时候，检查它是否介于 100 和 999，包括 100 和 999。

（2）找出位于个位、十位和百位的数字，分别将其命名为 u、t 和 h。

（3）将数字的数位反转，得到一个新的数字 rev = h + 10t + 100u。

（4）求两个数字的和 sum = rev + num。

（5）和可能是一个 3 位数或 4 位数。不管怎样，求这个和中各个数位的数字。将其命名为 u1、t1、h1 和 th1（如果有千位）。

（6）设置'flag=0'。

（7）如果 sum 是一个 3 位数，要判断以下条件。如果任何一个条件为真，将 flag 的值设置为 1。

```
u = = u1
u = = t1
u = = h1
t = = u1
t = = t1
t = = h1
h = = u1
h = = t1
h = = h1
```

（8）如果 sum 是一个 4 位数，除了上述条件之外，还需要判断如下条件。

```
u = = th1
h = = th1
t = = th1
```

（9）因此，以上条件将称为"set 1"。如果 flag 的值为 1，那么输出"true"；否则，输出"false"。

具体流程图如图 3.2 所示。

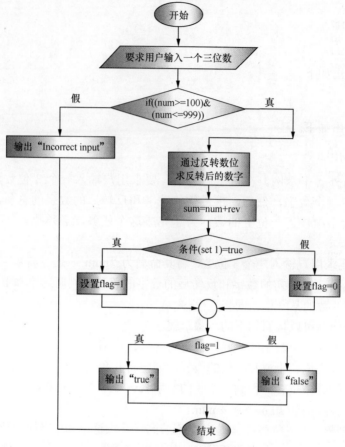

图 3.2　示例 3.2 的流程图

具体代码如程序清单 3.2 所示。

程序清单 3.2　Problem2.py

```
num=int(input('Enter a three digit number\t:'))
if ((num<100) | (num>999)):
  print('You have not entered a number between 100 and 999')
else:
  flag=0
  o=num%10
  t=int(num/10)%10
  h=int(num/100)%10
  print('o\t:',str(o),'t\t:',str(t),'h\t:',str(h))
  rev=h+t*10+o*100
  print('Number obtained by reversing the order of the digits\t:',str(rev))
  sum1=num+rev
  print('Sum of the number and that obtained by reversing the order of digits\t:',str(sum1))
  if sum1<1000:
    o1=sum1%10
    t1=int(sum1/10)%10
    h1=int(sum1/100)%10
    print('o1\t:',str(o1),'t1\t:',str(t1),'h1\t:',str(h1))
  if ((o==o1)|(o==t1)|(o==h1)|(t==o1)|(t==t1)|(t==h1)|(h==o1)|(h==t1)|(h==h1)):
    print('Condition true')
    flag==1
```

```
   else:
      o1=sum1%10
      t1=int(sum1/10)%10
      h1=int(sum1/100)%10
      th1=int(sum1/1000)%10
      print('o1\t:',str(o1),'t1\t:',str(t1),'h1\t:',str(h1),'t1\t:',str(t1))
   if ((o==o1)|(o==t1)|(o==h1)|(o==th1)|(t==o1)|(t==t1)|(t==h1)|(t==th1)|(h==o1)|(h==t1)|(h==h1)|
      (h==th1)):
      print('Condition true')
flag==1
```

第 1 次的输出如下。

```
Enter a three digit number :4
You have not entered a number between 100 and 999
```

第 2 次的输出如下。

```
Enter a three digit number :343
o : 3 t : 4 h : 3
Number obtained by reversing the order of the digits : 343
No digit of the sum is same as the original number
```

第 3 次的输出如下。

```
Enter a three digit number : 435
o : 5 t : 3 h : 4
Number obtained by reversing the order of the digits : 534
No digit of the sum is same as the original number
```

第 4 次的输出如下。

```
Enter a three digit number :121
o : 1 t : 2 h : 1
Number obtained by reversing the order of the digits : 121
Sum of the number and that obtained by reversing the
order of digits : 242
o1 : 2 t1 : 4 h1 : 2
Condition true
```

提示

必须要慎重对待缩进，如果缩进有错误，程序将无法编译。在 Python 程序中，缩进决定了一个具体代码块的开始和结束。建议不要在缩进中组合使用空格和 Tab 键。Python 的很多版本可能会把这种情况当作语法错误来对待。

也可以用 get 语句来实现 if-elif-else 阶梯判断，本章后面将会介绍 get 语句。关于 Python 中的条件语句的一些要点如下所示。

- if <test condition>后面跟着一个冒号。
- 这个测试条件不需要圆括号括起来。当然，用圆括号把测试条件括起来也不会导致错误。
- Python 中的嵌套语句块是通过缩进来确定的。因此，在 Python 中，正确的缩进是必需的。实际上，不一致的缩进或者没有缩进都将会导致错误。
- 一个 if 中可以有任意多个嵌套的 if。
- if 中的测试条件必须得出 true 或 false 的结果。

示例 3.3： 编写一个程序，求用户输入的 3 个数字中的最大值。

解答： 首先，需要 3 个变量（如 num1、num2 和 num3）。这些变量获取用户输入的值。输入后面将跟着条件检查，最后，将会显示最大的数。代码如程序清单 3.3 所示。

程序清单 3.3　big.py

```
num1 = input('Enter the first number\t:')
num2 = input('Enter the second number\t:')
num3 = input('Enter the third number\t:')
if int(num1)> int(num2):
  if int(num1) > int(num3):
    big= int(num1)
  else:
    big = int(num2)
else:
  if int(num2)> int(num3):
   big= num2
  else:
   big = num3
print(big)
```

3.3　if-elif-else 阶梯判断

如果有多个条件和输出来确定动作，那么可以使用一个 if-elif-else 阶梯判断。本节将通过相关的例子来介绍这一概念。这一结构的语法如下。

```
if <test condition 1>:
# The task to be performed if the condition 1 is true
elif <test condition 2>:
# The task to be performed if the condition 2 is true
elif <test condition 3>:
# The task to be performed if the condition 1 is true
else:
# The task to be performed if none of the above condition is true
```

使用上面的结构可以管理程序的流程。图 3.3 展示了使用 if-elif 和 if-elif-else 阶梯判断的程序流程图。

图 3.3（a）中，左边的分支描述了条件 C 为真的情况，而右边的分支表示条件为假的情况。在图 3.3（b）中，条件 C1、C2、C3 和 C4 分别通向不同的路径（引用自 *Programming in C#*, Harsh Bhasin，2014）。

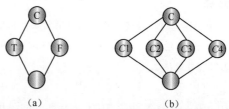

图 3.3　if-elif 和 if-elif-else 阶梯判断的流程图

下面一节将用程序来展示 if-elif-else 阶梯判断的用法。注意，如果有多条 else 语句，那么第 2 个 else 和最近的 if 对应。

3.4　逻辑运算符

在很多情况下，要根据多条语句的真值来执行语句块。在这种情况下，"与"(&)和"或"(|)运算符就派上了用场。使用"与"运算符的时候，如果两个条件都为 true，结果才为 true。使用"或"运算符的时候，任何一个条件为 true，结果就为 true。

"与"运算符和"或"运算符的真值表分别如表 3.1 与表 3.2 所示。在表 3.1 和表 3.2 中，T 表示 true，F 表示 false。

表 3.1   **a&b 的真值表**

a	b	a&b
T	T	T
T	F	F
F	T	F
F	F	F

表 3.2   **a|b 的真值表**

a	b	a|b
T	T	T
T	F	T
F	T	T
F	F	F

上面的语句帮助程序员轻松地处理复合条件。作为一个例子，考虑这样一个程序，求用户输入的 3 个数字中的最大值。假设用户输入的数字是 a、b 和 c，那么，如果 (a > b) 且 (a > c)，那么 a 是最大值。用代码表示如下。

```
if((a>b)&(a>c))
print('The value of a greatest')
```

同样，也可以编写出 b 是最大值的代码。另一个例子就是验证等腰三角形的例子了。如果一个三角形的 3 条边的任意两条长度相等，那么它就是等腰三角形。

```
if((a==b) or (b==c) or (c==a))
//The triangle is isosceles;
```

3.5 三元运算符

前面介绍的条件语句对于编写包含条件的任何程序来说都至关重要。然而，使用 Python 所提供的三元运算符，可以进一步简化代码。三元运算符和 if-else 结构执行相同的任务。然而，if-else 有一些缺点，在 C 和 C++中也是如此。问题在于，if-else 结构的每个部分都倾向于使用一条单独的语句。三元运算符的语法如下所示。

```
<Output variable> = <The result when the condition is true>
if <condition> else <The result when the condition is not true>
```

例如，可以使用这个条件运算符来判断在用户输入的两个数中哪一个更大。

```
great = a if (a>b) else b
```

要求 3 个给定数中最大的一个，略微复杂一些。如下语句将 3 个数中最大的一个存储到 great 中。

```
great = a if (a if (a > b) else c)) else(b if (b>c) else c)
```

示例 3.4：使用三元运算符求用户输入的 3 个数中的最大值。

解答：代码如程序清单 3.4 所示。

程序清单 3.4 big3.py

```
a = int(input('Enter the first number\t:'))
b = int(input('Enter the second number\t:'))
c = int(input('Enter the third number\t:'))
big = (a if (a>c) else c) if (a>b) else (b if (b>c) else c)
print('The greatest of the three numbers is '+str(big))
```

输出如下。

```
Enter the second number 3
Enter the third number    4
The greatest of the three numbers is 4
>>>
```

3.6 get 结构

在 C 和 C++中（甚至在 C#和 Java 中），switch 用于不同的条件会导致不同操作的情况。如前所述，也可以使用 if-elif-else 阶梯判断来做到这一点。然而，在涉及字典的时候，get 结构更容易完成这一任务。

在后面的示例中，有 3 个条件。然而，在很多情况下，会有更多的条件。get 结构的语法如下所示。

```
<dictionary name>.get('<value to be searched>',
'default value>')
```

在这里，其中的表达式会得到某个值。如果这个值是 value 1，那么将会执行语句块 1。如果这个值是 value 2，将会执行语句块 2，依次类推。如果这个表达式的值不匹配任何情况，那么将会执行 default 语句块。示例 3.5 展示了 get 结构的用法。

示例 3.5：有一个字典，其中包含了图书的名字及其相应的出版年份。针对一个给定的书名，下面的语句要查找其出版年份。如果没有找到这个书名，就显示作为 get 的第 2 个参数给定的字符串。

解答：代码如程序清单 3.5 所示。

程序清单 3.5 switch.py

```
hbbooks = {'programming in C#': 2014, 'Algorithms': 2015,'Python': 2016}
print(hbbooks.get('Programming in C#', 'Bad Choice'))
print(hbbooks.get('Algorithms', 'Bad Choice'))
print(hbbooks.get('Python', 'Bad Choice'))
print(hbbooks.get('Theory Theory, all the way', 'Bad Choice'))
```

输出如下。

```
>>>
========== RUN C:/Python/Conditional/switch.py ==========
Bad Choice
2015
2016
Bad Choice
>>>
```

注意，字典中"Programming"的首字母"P"是大写的，因此这里显示了"Bad Choice"这个字符串。在第 2 个和第 3 个例子中，`get` 函数能够找到请求的值。在最后一个例子中，没有找到这个值，因此再次显示了 `get` 函数的第 2 个参数。注意，这类似于 C 中 switch 语句的默认情况。图 3.4 展示了拥有多个分支的程序的流程图。

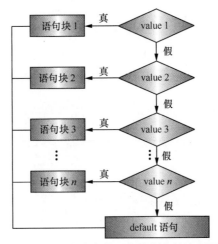

图 3.4　拥有多个条件语句的程序的流程图

观察

在 Python 中，字典和列表构成了语言基础中一个不可或缺的部分。本书第 2 章没有介绍 `get` 结构的用法，因为它所实现的是条件性选择的概念。注意，这个结构在需要映射的情况下大大地减少了工作量，因此它很重要。

3.7　示例

`if` 条件也用于输入验证。接下来我们介绍这种情况，下面的示例中就用到了这个思路。该程序要求用户输入一个字符并判断其 ASCII 值是否比某个值大。

示例 3.6：请用户输入一个数字，并且判断其 ASCII 值是否大于 80。

解答：代码如程序清单 3.6 所示。

程序清单 3.6　ascii.py

```
inp = input('Enter a character :')
if ord(inp) > 80:
  print('ASCII value is greater than 80')
else:
  print('ASCII value is less than 80')
```

第 1 次的输出如下。

```
>>>Enter a character: A ASCII value is less than 80
...
```

第 2 次的输出如下。

```
>>>Enter a character: Z
ASCII value is greater than 80
```

可以使用 if 结构来求一个多值函数的值。例如，考虑如下函数：

$$f(x) = \begin{cases} x^2 + 5x + 3, & x > 2 \\ x + 3, & x \leqslant 2 \end{cases}$$

示例 3.7 要求用户输入 x 的值，并根据 x 的值来计算该函数的值。

示例 3.7：实现上面的函数，并且求当 $x = 2$ 和 $x = 4$ 的时候 $f(x)$ 的值。

解答：代码如程序清单 3.7 所示。

程序清单 3.7　func.py

```
fx = """
f(x) = x^2 + 5x + 3 , if x > 2
= x + 3 , if x <= 2
"""
x = int (input('Enter the value of x\t:'))
if x > 2:
  f = ((pow(x,2)) + (5*x) + 3)
else:
  f = x + 3
print('Value of function f(x) = %d' % f )
```

输出如下。

```
Enter the value of x :4
Value of function f(x) = 39
>>>
Enter the value of x :1
Value of function f(x) = 4
>>>
```

如前所述，if-else 结构可以用来根据给定的条件求得结果。例如，对于两条直线，如果其 x 的系数的比值和 y 的系数的比值相等，那么这两条直线是平行的。

假设 $a_1x + b_1y + c_1 = 0$ 并且 $a_2x + b_2y + c_2 = 0$，那么两条直线平行的条件就是

$$\frac{a_1}{a_2} = \frac{b_1}{b_2}$$

示例 3.8：要求用户输入 $a_1x + b_1y + c_1 = 0$ 和 $a_1x + b_1y + c_1 = 0$ 的系数，并且判断上述方程所描述的两条直线是否平行。

解答：判断两条直线是否平行的代码如程序清单 3.8 所示。

程序清单 3.8　parallel.py

```
print('Enter Coefficients of the first equation [a1x + b1y+c1=0]\n')
r1= input('Enter the value of a1: ')
a1= int (r1)
r1= input('Enter the value of b1: ')
b1= int (r1)
r1= input('Enter the value of c1: ')
c1=int (r1)
print('Enter Coefficients of second equation [a2x+b2y+c2 =0]\n')
r1  = input('Enter the value of a2: ')
```

```
a2  = int (r1)
r1  = input('Enter the value of b2: ')
b2  = int (r1)
r1  = input('Enter the value of c2: ')
c2  = int (r1)

if (a1/a2) == (b1/b2):
  print('Lines are parallel')
else:
  print('Lines are not parallel')
```

输出如下。

```
Enter Coefficients of the first equation [a1x + b1y + c1  = 0] Enter the value of a1: 2
Enter the value of b1: 3
Enter the value of c1: 4
Enter Coefficients of second equation [a2x + b2y + c2  = 0]

Enter the value of a2: 4
Enter the value of b2: 6
Enter the value of c2: 7
Lines are parallel
```

上面的程序可以扩展为判断两条直线是否相交或重合。

假设 $a_1x+b_1y+c_1=0$ 且 $a_2x+b_2y+c_2=0$，如果满足下式，那么两条直线相交。

$$\frac{a_1}{a_2} \neq \frac{b_1}{b_2}$$

如果满足下式，那么两条直线重合。

$$\frac{a_1}{a_2} = \frac{b_1}{b_2} = \frac{c_1}{c_2}$$

图 3.5 所示流程图展示了该程序的流程。

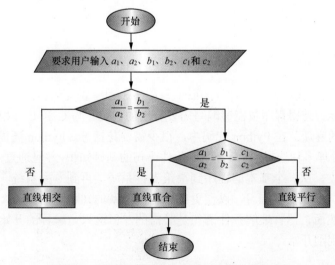

图 3.5　判断两条直线是否平行、重合或相交

示例 3.9：要求用户输入 a_1、a_2、b_1、b_2、c_1 和 c_2 的值，判断这 6 个系数确定的两条直线是平行的、重合的还是相交的。

解答：程序清单 3.9 实现了上述逻辑。

程序清单 3.9　Lines.py

```
print('Enter Coefficients of the first equation [a1x+b1y+c1=0]\n')
r1 = input('Enter the value of a1: ')
a1 = int (r1)
r1 = input('Enter the value of b1: ')
b1 = int (r1)
r1 = input('Enter the value of c1: ')
c1 = int (r1)
print('Enter Coefficients of second equation [a2x+b2y+c2=0]\n')
r1 = input('Enter the value of a2: ')
a2 = int (r1)
r1 = input('Enter the value of b2: ')
b2 = int (r1)
r1 = input('Enter the value of c2: ')
c2 = int (r1)
if ((a1/a2) == (b1/b2))&((a1/a2)==(c1/c2)):
  print('Lines overlap')
elif (a1/a2)==(b1/b2):
  print('Lines are parallel')
else:
  print('Lines intersect') print('Lines intersect')
```

输出如下。

```
Enter Coefficients of the first equation [a1x + b1y + c1  = 0]
Enter the value of a1: 2
Enter the value of b1: 3
Enter the value of c1: 4
Enter Coefficients of second equation [a2x + b2y + c2  = 0]

Enter the value of a2: 1
Enter the value of b2: 2
Enter the value of c2: 3
Lines intersect
```

3.8　小结

如第 1 章所述，我们为了某种目的而编写程序。程序要实现其目的，通常需要做出选择。做出选择的能力使得程序员能够编写需要分支的代码。与 C 和 C++相比，Python 极大地减少了不必要的麻烦。在 Python 代码中，很少需要花括号。Python 还提供了一种类似于 switch 的结构来处理多种选择。本章介绍了条件语句的基础知识，并且通过示例来加以澄清。条件语句随处可见，从一个基本的程序到决策支持系统，再到专家系统。读者需要回顾并记住本章的要点，并且要做练习，以便更好地理解本章的知识。要知道，条件语句是走向编程的第一步。然而，尽管理解条件语句是必需的，但这只是编程的开始——你成为程序员的学习之旅才刚刚开始。

3.8.1　语法

- if 语句的语法如下。

```
if <test condition>:
         <当测试条件为真时执行的语句块>
```

- **if-else** 语句的语法如下。

```
if <test condition>
         <当测试条件为真时执行的语句块>
else:
         <当测试条件为假时执行的语句块>
...
         <当测试条件不为真时执行的语句块>
```

- **if-elif-else** 阶梯判断的语法如下。

```
if <test condition>:
         <当测试条件为真时执行的语句块>
elif <test 2>:
<second block>
elif <test 3>:
<third block>
         <当测试条件为真时执行的语句块>
```

3.8.2 知识要点

- `if` 语句实现了条件分支。
- 测试条件是一个布尔表达式，其结果为 `true` 或 `false`。
- 如果测试条件为 `true`，执行 `if` 语句块。
- 如果测试条件为 `false`，执行 `else` 语句块。
- 使用 `if-elif-else` 阶梯判断可以实现多分支。
- 可以嵌套任意多个 `if-elif`。
- Python 可以实现一个 `if` 三元运算符。
- 逻辑运算符可以用于实现条件语句。

3.9 练习

选择题

1. 以下程序的输出结果是____。

```
if 28:
  print('Hi')
else:
  print('Bye')
```

   （a）Hi   （b）Bye

   （c）以上都不对   （d）代码将无法编译

2. 以下程序的输出结果是____。

```
a = 5
b = 7
c = 9
if a>b:
    if b>c:
        print(b)
```

```
else:
print(c)
else:
    if b>c:
        print(c)
    else:
        print(b)
```

（a）7　　　　　　　　（b）9　　　　　　　　（c）34　　　　　　（d）以上都不对

3．以下程序的输出结果是＿＿＿。

```
a = 34
b = 7
c = 9
if a>b:
if b>c:
    print(b)
else:
    print(c)
else:
    if b>c:
        print(c)
    else:
print(b)
```

（a）7　　　　　　　　（b）9　　　　　　　　（c）以上都不对　　（d）代码将无法编译

4．以下程序的输出结果是＿＿＿。

```
a = int(input('First number\t:'))
b = int(input('Second number\t:'))
c = int(input('Third number\t:'))
if ((a>b) & (a>c)):
    print(a)
elif ((b>a) &(b>c)):
    print(b)
else:
    print(c)
```

（a）用户输入的 3 个数字中的最大数　　（b）用户输入的 3 个数字中的最小数

（c）什么也没有　　　　　　　　　　　（d）代码将无法编译

5．以下程序的输出结果是＿＿＿。

```
n = int(input('Enter a three digit number\t:'))
if (n%10)==(n//100):
    print('Hi')
else:
    print('Bye')
# The three digit number entered by the user is 453
```

（a）Hi　　　　　　　　（b）Bye　　　　　　　（c）以上都不对　　（d）代码将无法编译

6．在选择题第 5 题的程序中，如果输入的数字是 545，结果是＿＿＿。

（a）Hi　　　　　　　　（b）Bye　　　　　　　（c）以上都不对　　（d）代码将无法编译

7．以下程序的输出结果是＿＿＿。

```
hb1 = ['Programming in C#','Oxford University Press', 2014]
hb2 = ['Algorithms', 'Oxford University Press', 2015]
if hb1[1]==hb2[1]:
    print('Same')
else:
    print('Different')
```

（a）same　　　　　　　（b）Different　　　　　（c）没有输出　　　（d）代码将无法编译

8. 以下程序的输出结果是____。

```
hb1 = ['Programming in C#','Oxford University Press', 2014]
hb2 = ['Algorithms', 'Oxford University Press', 2015]
if (hb1[0][3]==hb2[0][3]):
print('Same')
else:
print('Different')
```

（a）Same　　　　　（b）Different　　（c）没有输出　　（d）代码将无法编译

9. 对选择题 8 中的代码段，做出如下修改，输出结果是____。

```
hb1 = ['Programming in C#','Oxford University Press', 2014]
hb2 = ['Algorithms', 'Oxford University Press', 2015]
if (str(hb1[0][3])==str(hb2[0][3])):
    print('Same')
else:
    print('Different')
```

（a）Same　　　　　（b）Different　　（c）没有输出　　（d）代码将无法编译

10. 最后，将选择题 8 中的代码段修改为如下所示。输出结果是____。

```
hb1 = ['Programming in C#','Oxford University Press', 2014]
hb2 = ['Algorithms', 'Oxford University Press', 2015]
if (ord(hb1[0][3])==ord(hb2[0][3])):
    print('Same')
else:
print('Different')
```

（a）Same　　　　　（b）Different　　（c）没有输出　　（d）代码将无法编译

3.10　编程实践

1. 要求用户输入一个数字，通过反转数字的各数位来得到一个新的数字。

2. 要求用户输入一个 4 位数，判断第 1 位与最后 1 位之和与第 2 位与第 3 位之和是否相等。

3. 在编程实践 2 中，如果答案为真，求一个数字，其第 2 位和第 3 位的数都比原来给定的数字多 1。

   例如，给定数字 5342，第 1 位与最后 1 位之和为 7，第 2 位与第 3 位之和也为 7，因此得到的新数字为 5452。

4. 要求用户输入给定溶液中的氢离子浓度（C），并且使用如下公式来求得 pH 值。

$$\text{pH 值} = \lg C$$

5. 如果 pH 值<7，那么认为这个溶液是酸性的；否则，认为它是中性或碱性的。判断给定的溶液是否是酸性的。

6. 在编程实践 5 中，判断溶液是否是中性的（如果一种溶液的 pH 值为 7，那么它是中性的）。

7. 在半径为 r 的圆形轨迹上以速率 v 运动的、质量为 m 的一个物体，作用在其上的向心力可以通过公式 mv^2/r 计算出来。作用在物体上的重力可以通过公式 $(GmM)/R^2$ 来计算，其中 m 和 M 是物体和地球的质量，而 R 是地球的半径。请用户输入所需的数据，并判断两种力是否相等。

8. 要求用户输入其税后工资并计算工资的 10% 和工资的 20%，以及税后工资、工资的 20% 与工资的 10% 之和。

9. 判断用户输入的一个数字能否被 3 和 13 整除。

10. 判断用户输入的数字是否刚好是一个完全平方数。

11. 要求用户输入一个字符串，统计字符串中的字母和数字字符数。

12. 在编程实践 11 中，找出字符串中的数字。

13. 在编程实践 11 中，找出字符串中所有不是数字或字母的部分。

第 4 章　循环

学完本章，你将能够
- 理解循环的重要性及用法；
- 理解 while 和 for 的重要性；
- 使用 range；
- 处理列表的列表；
- 理解循环嵌套和设计样式。

4.1　简介

我们小时候都背过乘法口诀表。乘法口诀表有一种固定的模式。先写一个"$n\times$"，后面跟着一个 i（i 从 1 到 n 不同），然后计算出结果（即 $n\times1$、$n\times2$ 等）。在很多情况下，我们需要像这样多次重复一项给定的任务。这种重复可以用来计算一个函数的值，输出一种图案，或者直接重复某件事情。本章介绍循环和迭代，这是过程式编程不可或缺的部分。循环意味着重复一组语句，直到一个条件为真。重复这一组语句的次数，则取决于测试条件。此外，要重复的部分需要精心设计。通常，重复一个语句块遵循图 4.1 所示的过程。

Python 提供了两种类型的循环——for 和 while（如图 4.2 所示）。

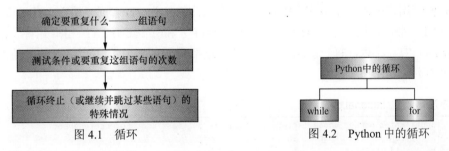

图 4.1　循环　　　　　图 4.2　Python 中的循环

while 循环是任何编程语言中都有的最通用的一种循环。如果你有 C 语言编程经验，一定使用过上述结构。while 循环在 Python 中也保持了大部分同样的特征，或者说根本没有太大的区别。

while 循环重复一个语句块，这个语句块通过缩进来标识，只要测试条件持续为真。在后面的介绍中，我们将会看到，可以使用 break 或 continue 来跳出循环。此外，每次要测试条件以决定是重复循环，还是执行之后的 else 语句块。这是 Python 中一项额外的功能。

Python 中的 for 循环和 C 中的 for 循环有一些差异。Python 中的 for 结构通常用于列表、元组、字符串等。本章将介绍 range，它能够帮助程序员从给定的范围选取一个值。建议读者在开始学习 for 循环之前，先回顾一下第 2 章对列表和元组的介绍。

本章按照以下顺序组织：4.2 节介绍 while 循环的基础知识，4.3 节讨论如何使用循环来创建各种图案，4.4 节介绍嵌套的概念并展示使用 for 循环处理列表和元素，4.5 节是本章小结。

4.2　while

在 Python 中，while 循环是用于一次又一次的重复性任务的最常用结构。只要测试条件持续为真，任务就会重复，测试条件为假的时候循环结束，并且如果没有一个 break 导致退出循环，就会执行 else 部分。while 循环的语法如下所示。

```
while test:
    ...
    ...
else:
    ...
```

这里应该强调，循环体是通过缩进来确定的。这就是为什么我们在使用缩进的时候要非常小心。此外，与 C 语言等之中的 while 语句相比，else 部分是 Python 中新增加的。要理解这个概念，让我们来看看示例 4.1。

示例 4.1：要求用户输入一个数字，计算其阶乘。

解答：数字 n 的阶乘定义为

$$n! = 1 \times 2 \times 3 \times \cdots \times n$$

也就是说，数字 n 的阶乘是从 1 开始到 n 的 n 项的乘积。要计算一个给定的数字的阶乘，首先要让用户输入一个数字。然后，将这个数字转换为一个整数。接着，将 factorial 初始化为 1。最后，用一个 while 循环连续地将 i 和 factorial 相乘并将结果保存到 factorial 中（注意，每一次迭代之后，i 的值都增加 1）。计算用户输入的数值的阶乘的代码如程序清单 4.1 所示。

程序清单 4.1　factorial.py

```
n = input('Enter number whose factorial is required ')#ask user to enter number
m = int(n)#convert the input to an integer
factorial = 1#initialize
i=1# counter
while i<=m:
  factorial =factorial*i
  i=i+1
print('\factorial of '+str(m)+' is '+str(factorial))
```

输出如下。

```
Enter number whose factorial is required 6
Factorial of 6 is 720
```

示例 4.2：要求用户输入两个数字 a 和 b，计算 a 的 b 次方。

解答：a 的 b 次方的定义如下。

$$a^b = \overbrace{a \times a \times a \times \cdots \times a}^{b\ \text{个}\ a}$$

也就是说，数字 a 的 b 次方是 a 的 b 次乘积。要进行这一计算，首先，用户要输入两个数字。然后，把数字转换为整数。接下来，将 power 初始化为 1。随后，通过一个 while 循环连续地将 a 和 power 相乘，并且把乘积保存到 power 中（注意，每一次迭代之后，i 的值都增加 1）。程序清单 4.2 实现了上述逻辑。

程序清单 4.2　power.py

```
a = int(input('Enter the first number '))
b = int(input('Enter the second number '))
power=1
i = 1
while i <= b:
    power = power*a
    i=i+1
else:
    print(str(a)+' to the power of '+str(b)+' is '+str(power))
```

输出如下。

```
Enter the first number4
Enter the second number5
4 to the power of 5 is 1024
```

示例 4.3：等差数列的各项是连续将公差 d 增加到第一项 a 中来得到的。等差数列的第 i 项通过如下公式计算。

$$T(i) = a + (i-1)d$$

要求用户输入 a、d 和 n（即项数）的值，并且求等差数列的所有项。此外，求各项的总和。

解答：程序清单 4.3 要求用户输入 a、d 和 n 的值。注意，输入会转换为整数。此外，由于所有的项都要计算，因此计算过程在循环中进行。sum 初始化为 0，并且在每次迭代中，所得的项都累加到 sum 中。

程序清单 4.3　AP.py

```
a = int(input('Enter the first term of the Arithmetic Progression\t:'))
d = int(input('Enter the common difference\t:'))
n = int(input('Enter the number of terms\t:'))
i = 1
sum = 0#initialize
while i<=n:
    term = a +(i-1)*d
    print('The '+str(i)+'th term is '+str(term))
    sum = sum + term
    i=i+1
else:
    print('The sum of '+str(n)+' terms is\t:'+str(sum))
```

输出如下。

```
Enter the first term of the Arithmetic Progression  :5
Enter the common difference  :6
Enter the number of terms  :7
```

```
The 1th term is 5
The 2th term is 11
The 3th term is 17
The 4th term is 23
The 5th term is 29
The 6th term is 35
The 7th term is 41
The sum of 7 terms is:161
```

示例 4.4： 等比数列的各项，是通过将第一项 *a* 连续乘以公差 *r* 而求得的。等比数列的第 *i* 项通过如下公式计算得到。

$$T(i) = ar^{i-1}$$

要求用户输入 *a*、*r* 和 *n*（即项数）的值，求等比数列的所有项，并且求所有项之和。

解答： 程序清单 4.4 要求用户输入 *a*、*r* 和 *n* 的值。由于所有的项都要计算，因此这个计算在循环中进行。sum 初始化为零，每次迭代所求得的项都累加到 sum 中。

程序清单 4.4　GP.py

```python
a = int(input('Enter the first term of the Geometric Progression\t:'))
r = int(input('Enter the common    ratio\t:'))
n = int(input('Enter the number    of terms\t:'))
i = 1
sum = 0#initialize
while i<=n:
  term = a * (r**(i-1))
  print('The '+str(i)+'th term is '+str(term))
  sum = sum + term
  i=i+1
else:
  print('The sum of '+str(n)+' terms is\t:'+str(sum))
```

输出如下。

```
Enter the first term of the Arithmetic Progression    :5
Enter the common ratio 3
Enter the number of terms    5
The 1th term is 5
The 2th term is 15
The 3th term is 45
The 4th term is 135
The 5th term is 405
The sum of 5 terms is 605
```

4.3　图案

你可能会奇怪，为什么解谜和猜谜是任何智力测试中不可或缺的一部分呢？下面介绍的一段历史可能能够帮助读者理解图案的重要性。在第二次世界大战期间，英国曾经用尽全力去破解德国使用的加密机 Enigma。军方招募了阿兰·图灵（Alan Turing）来完成这一任务。他想要有一个团队来帮助他，所以他进行了一次考试。你们中的大多数人可能会感到惊奇的是，图灵在这场决定一个国家的命运的考试中问了一些什么问题。他要求参加考试的人在给定的时间内猜给定的谜题。这一事件强调了理解图案的重要性，而这就是历史上曾经发生过的真实事件。解析图案和猜谜题能够帮助判断一个人的智商。这在学习公式的时候尤为重要。本节介绍使用循环来设计图案，以帮助读者理解嵌套的概念。此外，本书还准备教授读者问题解决的方法。因此，本节显得尤为重要。

下面的各个示例介绍如何给循环的内部计数器和外部计数器赋值，从而执行给定的任务。这样的图案可能并不是很有用。然而，熟悉程序清单 4.5 能够帮助读者理解嵌套的概念。生成图案的方法已经在如下的每个程序中都说明了。

示例 4.5：编写一个 Python 程序，生成如下图案。

```
*
* *
* * *
* * * *
```

行数由用户的输入决定。

解答：行数 n 将确定计数器的值（从 0 到 n）。程序中的 i 值表示行号。在每一行中，输出的星号的数目等于行号。在每次迭代中，j 的值表示每一行中的星号数目。因此，这个循环是嵌套循环。注意，在内循环结束之后，使用 print() 函数输出一个换行符。代码如程序清单 4.5 所示。

程序清单 4.5　loop1.py

```
n = input('Enter the number of rows ')
m = int(n)
for i in range(m):
  for j in range(1, i+2):
    print('*', end=" ")
  print()
```

输出如下。

```
Enter the number of rows 5
*
* *
* * *
* * * *
```

示例 4.6：编写一个程序，生成如下图案。

```
1
2 2
3 3 3
4 4 4 4
```

行数由用户的输入决定。

解答：行数将决定计数器 i 的值（从 0 到 n）。程序中的 i 值表示行号。在每一行中，元素的数目等于行号。在每次迭代中，j 的值表示每一行中元素的数目。因此，这个循环是嵌套循环。输出的元素就是 i+1 的值。此外，注意，在内层循环结束之后，使用 print() 函数输出一个换行符。代码如程序清单 4.6 所示。

程序清单 4.6　loop2.py

```
n = input('Enter the number of rows ')
```

```
m = int(n)
for i in range(m):
  for j in range(1, i+2):
    print(i+1, end=" ")
  print()
```

输出如下。

```
Enter the number of rows 5
1
2 2
3 3 3
4 4 4 4
5 5 5 5 5
```

示例 4.7：编写一个 Python 程序，生成如下图案。

```
2
2 3
2 3 4
2 3 4 5
```

行数由用户的输入决定。

解答：用户输入的行数将决定计数器 i 的值（从 0 到 n）。程序中的 i 值表示行号。在每一行中，元素的数目等于行号。在每次迭代中，j 的值表示每一行中元素的数目。因此，这个循环是嵌套循环。输出的元素就是 j+1 的值。此外，注意，在内层循环结束之后，使用 print() 函数输出一个换行符。代码如程序清单 4.7 所示。

程序清单 4.7　loop3.py

```
>>>
n = input('Enter the number of rows ')
m = int(n)
for i in range(m):
    for j in range(1, i+2):
        print(j+1, end=" ")
    print()
```

输出如下。

```
Enter the number of rows 5
2
2 3
2 3 4
2 3 4 5
2 3 4 5 6
```

示例 4.8：编写一个 Python 程序，生成如下图案。

```
1
2 3
4 5 6
7 8 9 10
```

行数由用户的输入决定。

解答：程序中的 i 值表示行号。在每一行中，元素的数目等于行号。在每次迭代中，i 的值表示每一行中元素的数目。因此，这个循环是嵌套循环。输出的元素就是 k 的值，它从 1 开始并且在每次迭代中都递增。此外，注意，在内层循环结束之后，使用 print() 函数输出一个换行符。代码如程序清单 4.8 所示。

程序清单 4.8　loop4.py

```
n = input('Enter the number of rows ')
m = int(n)
k=1
for i in range(m):
  for j in range(1, i+2):
    print(k, end=" ")
    k=k+1
  print()
```

输出如下。

```
Enter the number of rows 7
1
2 3
4 5 6
7 8 9 10
11 12 13 14 15
16 17 18 19 20 21
22 23 24 25 26 27 28
```

示例 4.9：编写一个 Python 程序，生成如下图案。

```
    *
   ***
  *****
 *******
*********
```

行数由用户的输入决定。

解答：程序中的 i 值表示行号。在每一行中，星号的数目等于行号。在每次迭代中，k 的值表示每一行中元素的数目，其范围从 0 到(2i +1)。因此，这个循环是嵌套循环。每行前面的空格数是由 j 的值决定的，其范围从 0 到(m-i-1)。这是因为如果 i 的值为 0，空格的数目应该是 4（如果 n 的值为 5）。

在 i 的值为 1 的时候，空格的数目应该是 3，依次类推。此外，注意，在内层循环结束之后，使用 print() 函数输出一个换行符。代码如程序清单 4.9 所示。

程序清单 4.9　loop5.py

```
n = input('Enter the number of rows ')
m = int(n)
for i in range(m):
  for j in range(0, (m-i-1)):
    print(' ', end="")
  for k in range(0, 2*i+1):
    print('*',end="")
  print()
>>>
```

输出如下。

```
Enter the number of rows 6
     *
    ***
   *****
  *******
 *********
**********
```

4.4　嵌套循环及其在列表中的应用

嵌套循环可以用于生成矩阵。要做到这一点，可使外层循环负责行，内层循环负责具体行中的每一个元素。如下示例展示了如何生成一个矩阵，该矩阵的第 i 个元素是按照下面的公式得出的。

$$a_{i,j} = 5(i+j)^2$$

注意，在下面的示例中，使用了两个循环。外层循环运行 n 次，而 n 就是行数，内层循环运行 m 次，而 m 是列数。列数也可以解释为每一行中元素的数目。

内层循环有一条语句，它计算出元素。在（外层循环的）每一次迭代结束后，都使用 print() 函数输出一个换行符。

示例 4.10：生成一个 $n \times m$ 的矩阵，其中的每个元素$(a_{i,j})$通过以下公式确定。

$$a_{i,j} = 5(i+j)^2$$

解答：前面已经解释了概念。这里将使用两个循环，外层循环次数根据行数确定，内层循环次数根据列数确定。代码如程序清单 4.10 所示。

程序清单 4.10　matrixgeneration.py

```python
n = int(input('Enter the number of rows '))
m = int(input('Enter the number of columns '))
for i in range (n):
  for j in range(m):
    element = 5*(i+j)*(i+j)
    print(element, sep=' ', end= ' ')
  print()
```

输出如下。

```
RUN C:/Users/ACER ASPIRE/AppData/Local/Programs/Python/ Python35-32/Tools/scripts/matrixgeneration.py
Enter the number of rows3
Enter the number of columns3
0 5 20
5 20 45
20 45 80
>>>
```

在下一章中，这种嵌套将用于处理矩阵中的大多数操作。实际上，两个矩阵的加法和减法需要两层嵌套，而两个矩阵的乘法需要 3 层嵌套。

示例 4.11：处理列表的列表。注意，在程序清单 4.11 中，第 1 个列表的第 2 个元素自身是一个列表。其第 1 个元素可以通过 hb[0][1] 来访问，并且嵌套列表的第 1 个元素的第 1 个字母可以通过 hb[0][1][0] 来访问。

解答：代码如程序清单 4.11 所示。

程序清单 4.11　listoflist.py

```python
hb=["Programming in C#",["Oxford University Press", 2015]]
```

```
rm=["SE is everything",["Obscure Publishers", 2015]]
authors=[hb, rm]
print(authors)
print("List:\n"+str(authors[0])+"\n"+str(authors[1])+"\n")
print("Name of books\n"+str(authors[0][0])+"\n"+str(authors[1][0])+"\n")
print("Details of the books\n"+str(authors[0][1])+"\n"+str(authors[1][1])+"\n")
print("\nLevel 3 Publisher 1\t:"+str(authors[0][1][0])) >>>
```

输出如下。

```
[['Programming in C#', ['Oxford University Press', 2015]],
['SE is everything', ['Obscure Publishers', 2015]]
List:
['Programming in C#', ['Oxford University Press', 2015]]
['SE is everything', ['Obscure Publishers', 2015]] Name of books
Programming in C#
SE is everything
Details of the books
['Oxford University Press', 2015]
['Obscure Publishers', 2015]
Level 3 Publisher 1  :Oxford University Press
>>>
```

接下来的两个示例使用嵌套循环来处理列表的列表。请注意输出和对应的映射关系。

示例 4.12：使用循环处理列表。

解答：可以使用嵌套循环来处理嵌套列表中的元素，代码如程序清单 4.12 所示。

程序清单 4.12　listfor.py

```
hb=["Programming in C#",["Oxford University Press", 2015]]
rm=["SE is everything",["Obscure Publishers", 2015]]
authors=[hb,rm]
print(authors)
for i in range(len(authors)):
  for j in range(len(authors[i])):
    print(str(i)+" "+str(j)+" "+str(authors[i][j])+"\n")
  print()
```

输出如下。

```
RUN C:/Users/ACER ASPIRE/AppData/Local/Programs/Python/ Python35-32/Tools/scripts/listfor.py
[['Programming in C#', ['Oxford University Press', 2015]],
['SE is everything', ['Obscure Publishers', 2015]]]
0 0 Programming in C#
0 1 ['Oxford University Press', 2015]
1 0 SE is everything
1 1 ['Obscure Publishers', 2015]
```

示例 4.13：这是使用循环处理嵌套列表的另一个示例。希望读者注意观察输出，并推断出所发生的事情。

解答：代码如程序清单 4.13 所示。

程序清单 4.13　listfor1.py

```
hb=["Programming in C#",["Oxford University Press", 2015]]
rm=["SE is everything",["Obscure Publishers", 2015]]
authors=[hb, rm]
print(authors)
for i in range(len(authors)):
  for j in range(len(authors[i])):
    for k in range(len(authors[i][j])):
```

```
        print(str(i)+" "+str(j)+" "+str(k)+""+str(authors[i][j][k])+"\n")
print()
```

输出如下。

RUN C:/Users/ACER ASPIRE/AppData/Local/Programs/Python/ Python35-32/Tools/scripts/listfor1.py
[['Programming in C#', ['Oxford University Press', 2015]],
['SE is everything', ['Obscure Publishers', 2015]]]
0 0 0 P
0 0 1 r
0 0 2 o
0 0 3 g
0 0 4 r
0 0 5 a
0 0 6 m
0 0 7 m
0 0 8 i
0 0 9 n
0 0 10 g
0 0 11
0 0 12 i
0 0 13 n

0 0 14
0 0 15 C
0 0 16 #
0 1 0 Oxford University Press
0 1 1 2015
1 0 0 S
1 0 1 E
1 0 2
1 0 3 i
1 0 4 s
1 0 5
1 0 6 e
1 0 7 v
1 0 8 e
1 0 9 r
1 0 10 y
1 0 11 t
1 0 12 h
1 0 13 i
1 0 14 n
1 0 15 g
1 1 0 Obscure Publishers
1 1 1 2015

4.5　小结

　　重复性的任务是一项特别重要的工作。因此，在各种不同的情况下为了完成不同的任务需要重复。本章介绍了 Python 中两种最重要的循环结构。本章通过给出简单的示例来展示这些循环结构的用法。在一个循环中的循环叫作嵌套循环。本章通过创建图案和列表的列表来介绍嵌套循环。第 6 章将会回顾这些结构中的一种，并且将其与迭代器和生成器的用法进行比较。希望读者通过做本章末尾给出的练习来更好地理解本章所介绍的内容。然而，Python 还为我们提供了其他的结构来大幅度地简化编程。现在请尝试各种变换和组合，观察输出并从中学习。

4.5.1 术语和语法

- 循环意味着重复一项任务一定的次数。
- for 循环的语法如下。

```
for i in range(n):
...
...
或
for i in range(n, m):
...
...
或
for i in (_, _,...)
...
...
...
```

- while 循环的语法如下。

```
while <test condition>:
...
```

4.5.2 知识要点

- 要重复一组语句一定的次数，就要使用循环。
- Python 中的循环使用 while 和 for 实现。
- while 是 Python 中最常用的循环结构。
- 只要测试条件为真，while 语句块中的语句就会执行。
- 如果循环结束后没有 break 语句，将会执行 else 部分。
- 任何能够使用 while 完成的任务，也可以使用 for 完成。
- for 通常用于处理列表、元组、矩阵等。
- range(n) 表示从 0 到 (n - 1) 的值。
- range(m,n) 表示从 m 到 (n - 1) 的所有值。
- 循环可以嵌套到循环之中。
- 可以有任意多个嵌套，当然，我们并不希望这样。

4.6 练习

选择题

1. 以下代码的输出是____。

```
a=8
i=1
while a:
    print(a)
```

```
i=i+1
a=a-i
print(i)
```

　（a）8, 6, 3　　　　　（b）8, 6, 3, 1　　　（c）8, 6, 3, –1, ...　（d）无限循环

2. 以下代码的输出____。

```
a=8
i=1
while a:
    print(a)
    i=i+1
    a=a/2
    print(i)
```

　（a）8, 4, 2, 1　　　　（b）8, 4, 2, 1, 0　　（c）8, 4, 2, 1, 0.5　（d）无限循环

3. 如下循环将会执行____次。

```
n = int(input('Enter number'))
i = n
while (i>0):
    print(n)
    i=i+1
    n = int(n/2)
    print(i)
#用户输入的 n 的值是 10
```

　（a）4　　　　　　　（b）5　　　　　　　（c）无限循环　　　（d）代码将无法编译

4. 当不知道迭代的次数的时候，可以使用____循环。

　（a）while　　　　　（b）for　　　　　　（c）二者都可以　　　（d）以上都不对

5. for 循环中可以有____层级的嵌套。

　（a）2　　　　　　　（b）3　　　　　　　（c）任意多次　　　　（d）取决于环境

6. 在下述程序中，i 值会输出____次。

```
n = int(input('Enter number'))
for i in (0,7):
    print('i is '+str(i))
    i = i+1;
    else:
    print('bye')
```

　（a）2　　　　　　　（b）3　　　　　　　（c）6　　　　　　　（d）以上都不对

7. 以下代码将会输出____。

```
n = int(input('Enter number'))
for i in range(n, 1, -1):
    for j in range(i):
    print(i, j)
#用户输入的值是 5
```

　（a）(5, 0), (5, 1), ···, (2, 1)　　　　　　（b）(5, 1), (5,2), ···, (2, 0)
　（c）(0, 1), (0, 2), ···, (5, 2)　　　　　　（d）以上都不对

8. 要输出给定的矩阵中的元素，____是必需的。

　（a）嵌套循环　　　（b）单个循环　　　（c）if-else　　　（d）以上都不对

9. range (5) 的含义是____。

　（a）从 0 到 4 的整数　　　　　　　　　（b）从 0 到 5 的整数
　（c）从 1 到 4 的整数　　　　　　　　　（d）从 1 到 5 的整数

10. range (3, 8)的含义是＿＿。
 （a）3, 4, 5, 6, 7, 8   （b）3, 4, 5, 6, 7
 （c）1, 2, 4, 5, 6, 7, 8   （d）8, 8, 8

4.7　编程实践

1. 要求用户输入一个数字，判断它是否是一个素数。
2. 要求用户输入一个数字，求它所有的因数。
3. 判断用户输入的数字是否刚好是一个完全平方数。
4. 要求用户输入两个数字，求它们的最小公倍数。例如，如果输入的数字是 20 和 30，那么它们的最小公倍数是 60，因为 20 和 30 都是 60 的因数。
5. 要求用户输入两个数字，求它们的最大公约数。例如，如果输入的数字是 20 和 30，那么它们的最大公约数是 10。
6. 求用户输入的数字的平均值。平均值的定义如下。

$$平均值 = \frac{x_1 + x_2 + x_3 + \cdots + x_n}{n}$$

7. 求用户输入的数字的方差和标准差。
8. 要求用户输入 a 和 b 的值，求出 a^{b^a}。
9. 求用户输入的 n 个数字的公因数。
10. 要求用户输入 3 个数，求这些数字所有可能的组合。
11. 在编程实践 10 中，如果我们有 4 个数字，会发生什么情况？
12. 上面的逻辑能够扩展到 n 个数字的情况吗？
13. 要求用户输入 n 个数，不使用数组，求这 n 个数中的最小数。
14. 要求用户输入 n 个数，不使用数组，求这 n 个数中的最大数。
15. 创建一个作者列表，其中每个作者的记录本身也是一个列表，记录了他的书的书名、出版商、出版年份、ISBN 和城市。现在，使用 for 循环来处理这个列表。

第5章 函数

学完本章，你将能够
- 理解模块化编程的重要性；
- 定义和声明函数；
- 理解变量作用域的概念；
- 理解并使用递归。

5.1 简介

如果你必须执行一个较大的任务，那么建议你将其划分为较小的、更加容易管理的任务。这种分而治之的方法有很多优点，这后面的各节中将会介绍。程序的单元是可以调用的，它接受一些输入，处理这些输入并且产生某种输出，我们把这种程序单元称为函数。

提示

函数是执行特定任务的单元，它接受一些输入并给出一些输出。

这一概念是过程式编程的核心思想。熟悉 C（或者 C++、Java、C#等语言）的读者应该对这一思想以及函数的用法很熟悉。然而，下一节还会对函数及其优点进行一个简短的介绍。

本章介绍函数的概念。本章按照如下的顺序讲解：5.2 简单介绍函数的特点，5.3 节介绍基本术语，5.4 节介绍函数的定义和用法，5.5 节简单介绍函数的类型，5.6 节介绍搜索的实现，5.7 节介绍作用域，5.8 节介绍递归及其用法，5.9 节是本章小结。

5.2 函数的特点

如前所述，函数构成了过程式编程的基础。其最明显的一个优点是，将程序划分为较小的部分。本节简单介绍将程序划分为多个函数的优点。

5.2.1 模块式编程

如果将一个程序划分为较小的部分，而每一个不同的部分都执行某些特定的任务，那么当需要完成某个任务的时候就可以调用对应部分。

5.2.2 代码的可复用性

函数可以多次调用。这就使程序员不必再重新编写相同的代码，反过来，这还可以减少程序的长度。

5.2.3 可管理性

将一个较大的任务划分为较小的函数，使程序更易于管理。定位 Bug 变得更加容易，因而也使得代码更加可靠。在函数中执行本地优化也变得很容易。总而言之，可管理性带来如下一系列的好处。

1. 易于调试

要理解为什么编写函数使程序更容易调试，让我们先来考虑白盒测试。这种类型的测试使用代码进行测试，需要路径的引导并且编写适合路径的测试用例。在这种情况下，有效地分析较小的函数比分析整个任务要容易。

2. 高效

让代码变得高效既涉及时间也涉及内存。实际上，即使在 C 编译器中大多数的代码优化也取决于开发者而不是编译器。

上面的因素说明将任务分解为函数是一种较好的做法。这里要注意的是，即使本书第 9～13 章介绍的面向对象的编程，也依赖于函数来实现类的行为。

5.3 基本术语

上一节已经讨论了函数在过程式编程中的重要性。本节简单介绍函数的相关术语并展示其语法，这些都将为后面的介绍打下基础。

5.3.1 函数的命名

函数可以使用任何合法的名称。例如，sum1 是一个有效的函数名称，因为它满足所有必需的限制。这里要说明的是，在类中，可以让多个函数拥有相同的名称，但有不同的参数，这叫作重载。本书第 9～13 章将会介绍这一概念。

5.3.2 参数

一个函数的参数表示给一个函数的输入。函数可以有任意多个参数。实际上，函数也可以没有任何参数。

5.3.3 返回值

函数可以有也可以没有返回值。Python 的魅力在于，它并不指定返回类型，因此可以针对各种数据类型使用相同的函数。

在 Python 中，可以在命令提示符中创建一个函数。这意味着，和 C 语言（或者 C++、Java、C#）不同，函数并不需要是一个程序的一部分。此外，本节所介绍的返回类型也可以不声明。这个过程非常灵活。

5.4   定义和调用

本节介绍如何定义一个函数并调用已经定义的函数。函数的定义描述了函数的行为。函数要执行的任务包含在了函数的定义中。后面会详细说明函数定义所包含的部分。

函数的调用指的是调用一个函数。如 5.6 节所述，函数也可以自己调用自己，这叫作递归。还要注意，一个函数只能定义一次，但是可以调用任意多次。

函数的定义包含以下部分。

- **函数的名称**。函数的名称是任意有效的标识符。然而，要注意的是，函数的名称应该是有意义的，并且要尽可能地表达函数所要执行的任务。
- **参数**。参数的列表（用逗号隔开）在紧跟在函数名之后的圆括号中给定。参数基本上是函数的输入值。一个函数可以有任意多个参数。
- **函数体**。函数体包含函数所要执行的任务的实现。

图 5.1 展示了函数的名称（fun）、跟在函数名称后面的圆括号中的参数列表（在这个例子中，没有参数）以及函数体。

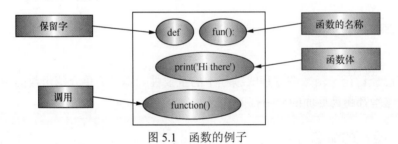

图 5.1   函数的例子

还要注意，包含参数的右圆括号的后面跟着一个冒号。在适当的缩进以后，开始定义函数体。

在定义函数之后的任何地方，都可以调用一个函数。然而，在递归的情况中是一个例外。

函数的语法如图 5.2 所示。

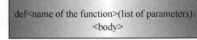

图 5.2   函数的语法

实际使用函数

考虑这样一个函数，传递两个参数给它，它将两个参数相乘。

```
def product(num1, num2):
    prod= num1*num2
    print('The product of the numbers is \t:'+str(prod))
```

这个函数的名称是 product。它作为输入（num1 和 num2）接受两个参数，计算它们的乘积并显示结果。

可以像下面这样调用该函数。

```
num1=int(input('Enter the first number\t:'))
```

```
num2=int(input('Enter the second number\t:'))
print('Calling the function...')
product(num1, num2)
print('Back to the calling function');
```

这里调用 product 就把程序的控制权转交给了该函数，在函数中，计算了两个数的乘积并显示了结果。然后，程序的控制器权又返回给了主调函数（如图 5.3 所示）。

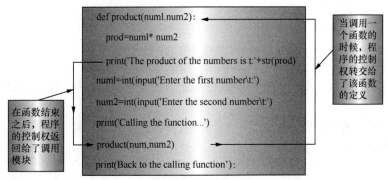

图 5.3 调用函数

一个函数可以调用任意多次。示例 5.1 展示了一个函数，它并不接受任何输入，也不返回任何内容。调用这个函数只是输出一些文本行。程序清单 5.1 展示了这个函数，后面还给出了程序的输出结果。

示例 5.1：基本的函数。

解答：代码如程序清单 5.1 所示。

程序清单 5.1 basicfunction.py

```
def Ecclesiastes_3():
  print('To everything there is a season\nA time for every purpose under Heaven')
  print('A time to be born\nand a time to die\nA time to plant\nand a time to reap')
  print('A time to kill\nand a time to heal\nA time to break down\nand a time to build up')
  print('A time to cast away stones\nand a time to gather stones\nA time to embrace\nand a time
     to refrain')
  print('A time to gain\nand a time to lose\nA time to keep\nand a time to cast away')
  print('A time of love\nand a time of hate\nA time of war\nand a time of peace')
print('Calling function\n')
Ecclesiastes_3()
print('Calling function again\n')
Ecclesiastes_3()
```

输出如下。

```
Calling function
To everything there is a season
A time for every purpose under Heaven
A time to be born and a time to die A time to plant
and a time to reap
A time to kill
and a time to heal
A time to break down and a time to build up
A time to cast away stones and a time to gather stones A time to embrace
and a time to refrain
A time to gain
and a time to lose
```

```
A time to keep
and a time to cast away
A time of love
and a time of hate
A time of war
and a time of peace
```

5.5 函数的类型

根据参数和返回类型，函数可以划分为几种类型。

第 1 种类型的函数并不接受任何参数也不返回任何内容。示例 5.1 中的程序展示了一个这样的函数。

第 2 种类型的函数接受参数但是不返回任何内容。示例 5.2 展示了这种类型的函数。

第 3 种类型的函数接受参数并且返回一个结果。示例 5.2 使用这种类型的函数把两个数相加。

其实我们以 3 种不同的方式完成了这个任务。在第 1 个函数（sum1）中，函数接受了输入并且在一条 print 语句中显示结果，这条 print 语句也包含在函数之中。第 2 个函数接受两个数字作为输入（通过参数），将它们相加并且在函数自身中输出结果。第 3 个函数（sum3）接受两个参数并返回二者之和。

示例 5.2：编写一个程序，使用函数将两个数相加。编写 3 个函数。其中第 1 个函数不接受任何参数也不返回任何内容，第 2 个函数接受参数但不返回任何内容，第 3 个函数接受两个数字作为参数并且返回二者之和。

解答：代码如程序清单 5.2 所示。

程序清单 5.2   sum-of-numbers.py

```python
def sum1():
    num1=int(input('Enter the first number\t:'))
    num2=int(input('Enter the second number\t:'))
    sum= num1+num2
    print('The sum of the numbers is \t:'+str(sum))

def sum2(num1, num2):
    sum= num1+num2
    print('The sum of the numbers is \t:'+str(sum))

def sum3(num1, num2):
    sum= num1+num2
    return(sum)

print('Calling the first function...')
sum1()
num1=int(input('Enter the first number\t:'))
num2=int(input('Enter the second number\t:'))
print('Calling the second function...')
sum2(num1, num2)
print('Calling the third function...')
result=sum3(num1, num2)
print(result)
```

输出如下。

```
Calling the first function... Enter the first number    3
Enter the second number    4
The sum of the numbers is 7
Enter the first number    2
Enter the second number    1
Calling the second function... The sum of the numbers is  3
Calling the third function...
3
```

参数的优点

在 Python 中，和 C 语言中不一样，定义一个函数的时候，不会指定参数的类型。这就有了这样一个优点——可以给同一个函数指定不同类型的参数。例如，在程序清单 5.3 的函数中，在第 1 次调用中传递给函数两个整数值。该函数将这个整数相加求和。在第 2 次调用中，传递给函数的是两个字符串，函数将两个字符串拼接起来。

示例 5.3： 函数的类型。

解答： 代码如程序清单 5.3 和程序清单 5.4 所示。

程序清单 5.3 sum1.py

```
def sum1(num1, num2):
    return (num1+num2)

print(sum1(3,2))
print(sum1('hi', 'there'))
```

输出如下。

```
5
'hithere'
```

程序清单 5.4 sum2.py

```
def sum1(num1, num2):
    return (num1+num2)
print('Calling function with integer arguments\t: Result:'+str(sum1(2,3)))
print('Calling the function with string arguments\t: Result: '+sum1('this',' world'))
```

输出如下。

```
Calling function with integer arguments   : Result: 5
Calling the function with string arguments : Result: this world
```

5.6 实现搜索

本节介绍我们到目前为止所学习的最重要的话题之一——**搜索**。在搜索问题中，如果给出的元素位于一个给定的列表中，那么应该输出其所在位置；否则，应该显示一条"Not Found"的消息。完成搜索任务的主要策略有两种——线性搜索和二分搜索。在线性搜索中，元素一个一个地遍历。如果找到了所需的元素，就输出该元素的位置，使用一个标志位可以判断该元素不存在的情况。示例 5.4 实现了该算法。

示例 5.4：编写一个程序来实现线性搜索。

解答：代码如程序清单 5.5 所示。

程序清单 5.5 search.py

```
def search(L, item):
    flag=0
    for i in L:
        if i==item:
            flag=1
            print('Position ',i)
    if flag==0:
        print('Not found')

L =[1, 2, 5, 9, 10]
search(L, 5)
search(L, 3)
```

输出如下。

```
Position   5
Not found
>>>
```

上面的策略很好。然而，还有另一种搜索策略——二分搜索。在二分搜索中，输入列表必须是排序的。该算法检查要搜索的项是否出现在第一个位置、最后的位置或中间的位置。如果要搜索的元素并不在上述的任何一个位置，那么它小于中间的元素，列表左边的部分成为这个过程的输入；否则，列表右边的部分变成了这个过程的输入。建议读者自己实现二分搜索。

二分搜索的复杂度为 $O(\log_2 n)$。

5.7 作用域

在 Python 中，变量的作用域是指它的值在程序的哪一个部分是合法或有效的。这里要注意的是，尽管 Python 允许使用全局变量，但是在引用一个局部变量之前必须先对其赋值。在程序清单 5.6 中，在函数之外以及在函数之内，a 都被赋值了。由于一个变量在赋值之前是无法引用的，这将会导致一个问题。

在程序清单 5.7 中，解决了这种冲突。最后，程序清单 5.8 展示了：在 Python 中，出于某些奇怪的原因，是允许使用全局变量的。作为一名程序员，我个人坚信不应该这么做，因为在一种编程语言中不允许使用全局变量有诸多的理由。

示例 5.5：展示变量的作用域。

解答：代码如程序清单 5.6～程序清单 5.8 所示。

程序清单 5.6 scope1.py

```
# Note that a = 1 does not hold when function is called
a = 1
def fun1():
    print(a)
    a=7
```

```
    print(a)

def fun2():
    print(a)
    a=3
    print(a)

fun1()
fun2()
```

输出如下。

```
File "C:/Python/Functions/scope.py", line 12, in <module>
fun1()
File "C:/Python/Functions/scope.py", line 3, in fun1
print(a)
UnboundLocalError: local variable 'a' referenced before assignment
>>>
```

程序清单 5.7　scope2.py

```
a = 1
def fun1():
    a=1
    print(a)
    a=7
    print(a)

def fun2():
    a=1
    print(a)
    a=3
    print(a)

fun1()
fun2()
```

输出如下。

```
1
7
1
3
```

此外，注意，在程序清单 5.8 中，在函数中没有给 a 赋值的情况下，全局值就够用了。

程序清单 5.8　scope3.py

```
a = 1
def fun1():
    print(a)
def fun2():
    print(a)

fun1()
fun2()
```

输出如下。

```
1
1
```

5.8 递归

有的时候，函数需要在其自身中调用自己。在函数自身中调用自己叫作递归。这个概念可以用来轻松地完成众多的任务。例如，考虑如下数列。

```
1, 1, 2, 3, 5, 8, 13, …
```

注意，每一项都是前面两项之和；第 1 项和第 2 项都是 1。这个数列叫作斐波那契数列。这个数列因为数学中的兔子问题而变得非常知名。

5.8.1 兔子问题

一对兔子在一起的时候，第 1 个月不会繁殖小兔，此后，每个月他们都会生一对兔子。如果前两个月都只有 1 对兔子，按照这种方式，兔子的繁殖速度和数量的增加是很惊人的（参见表 5.1）。

表 5.1 斐波那契数列

第几个月	成对的兔子	兔子的对数
1	R_0	1
2	R_0	1
3	$R_0 \rightarrow R_{01}$	2
4	$R_0 \rightarrow R_{01}, R_{02}$	3
5	$R_0 \rightarrow R_{01} (\rightarrow R_{010}), R_{02}, R_{03}$	5
6	$R_0 \rightarrow R_{01} (\rightarrow R_{010}, R_{011}), R_{02} (\rightarrow R_{020}), R_{03}, R_{04}$	8

注意，在上面的数列中，每一项都是前面两项之和。这个数列可以表示为如下公式。

$$\text{fib}(n) = \begin{cases} 1, n = 1 \\ 1, n = 2 \\ \text{fib}(n-1) + \text{fib}(n-2), n \geq 3 \end{cases}$$

示例 5.6 展示了使用递归实现斐波那契数列的方法。

示例 5.6：要求用户输入 n 的值，求斐波那契数列的第 n 项。

解答：代码如程序清单 5.9 所示。

程序清单 5.9 fibonacci.py

```python
def fib(n):
    if n==1:
        return 1
    elif n==2:
        return 1
    else:
        return (fib(n-1)+fib(n-2))
```

```
n=int(input('Enter the number\t:'))
f=fib(n)
print('The nth fib term is ',str(f))
Output
```

输出如下。

```
Enter the number    :5
The nth fib term is  5
```

注意，斐波那契数列的计算用到了前面计算的斐波那契项。例如，要计算斐波那契数列的第 5 项，需要计算：fib(5) = fib(4) + fib(3)，fib(4) = fib(3) + fib(2)，而 fib(3) = fib(2) + fib(1)，如图 5.4 所示。

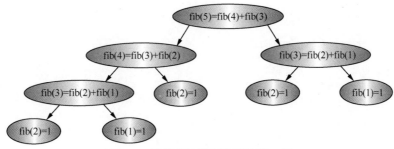

图 5.4　计算斐波那契数列的第 5 项

下面的示例使用递归来计算阶乘。数字 n（正整数）的阶乘就是从 1 到 n 的所有整数的乘积，即

$$n! = 1 \times 2 \times 3 \times \cdots \times n$$

注意，由于

$$(n-1)! = 1 \times 2 \times 3 \times \cdots \times (n-1)$$
$$n! = n \times (n-1)!$$

因此，$n! = n \times (n-1)!$。此外，1 的阶乘就是 1，也就是说，当使用递归实现阶乘的时候，1! = 1 可以用作基本情况。

示例 5.7：要求用户输入 n 的值，并且使用递归计算 n 的阶乘。

解答：代码如程序清单 5.10 所示。

程序清单 5.10　factorial.py

```
def fac(n):
    if n==1:
        return 1;
    else:
        return(n*fac(n-1))

n=int(input('Enter the number\t:'))
factorial=fac(n)
print('Factorial of ',n, ' is ', factorial)
```

输出如下。

```
Enter the number    5
Factorial of   5    is  120
>>>
```

还可以使用递归来计算一个数字的乘方。由于 power (a, b) = a*power (a, b − 1)。此外，a^1 也就是 power (a, 1) = a。示例 5.8 实现了上述逻辑。

示例 5.8：要求用户输入 a 和 b 的值，使用递归计算 a 的 b 次方。

解答：代码如程序清单 5.11 所示。

程序清单 5.11　power.py

```
def power(a , b):
    if b==0:
        return 1
    if b==1:
        return a
    else:
        return (a*power(a, b-1))

a = int(input('Enter the first number\t:'))
b = int(input('Enter the second number\t:'))
p = power(a,b)
print(a, ' to the power of ',b,' is ', p)
```

输出如下。

```
Enter the second number   4
3  to the power of   4   is   81
```

5.8.2　使用递归的缺点

尽管递归使事情变得容易，并且很直观地实现了一些任务，但是它还有缺点。考虑示例 5.6。尽管程序很容易计算斐波那契数列的第 *n* 项，但是这个过程的复杂度太高了（$O(\varnothing^n)$），其中 $\varnothing$ 是黄金分割数。通过一种叫作动态编程的范型，我们可以使用线性方法来完成相同的任务。

类似地，分而治之的递归过程也需要大量的时间。除了上述问题之外，递归还有一个缺点——需要很多内存。尽管一部分内存是为栈而保留的，但是递归过程可能会消耗掉所有可用的内存。然而，递归方法很有趣，所以让我们享受它的乐趣吧！

5.9　小结

本章介绍了函数的概念。将给定的程序划分为不同的部分，是程序的可管理性的核心思想。本章为后续的各章打下了基础。也可以说函数实现了一个类的行为，因此在开始学习面向对象编程范型之前，我们必须熟悉函数和过程式编程。

递归的概念也是函数实现的重点，因为它涉及分而治之和动态编程。因此，我们还必须掌握递归的用法，并且在必要的时候能够使用它来解决问题。

下一章将继续学习迭代器、生成器，并进一步理解已经介绍过的知识。实际上，所有这些都是函数，只不过它们有特殊的用途。

5.9.1 术语

- 函数：用于完成一项具体的任务，它有助于轻松管理程序。
- 参数：表示传递给函数的值。
- 递归：表示函数调用其自身。

5.9.2 知识要点

- 一个函数可以有多个参数。
- 一个函数最多只能返回一个值。
- 一个函数甚至可以没有返回值。
- 可以调用一个函数任意多次。
- 为了完成一项具体的任务需要调用一个函数。

5.10 练习

选择题

1. ＿＿＿关键字用来定义函数。
   （a）def　　　　　（b）define　　　（c）definition　　　（d）以上都不对
2. 传递给函数的值叫作＿＿＿。
   （a）参数　　　　　（b）返回值　　　（c）结果　　　　　（d）以上都不对
3. 递归函数是调用＿＿＿的一个函数。
   （a）自身　　　　　（b）其他函数　　（c）main 函数　　（d）以上都不对
4. 以下哪一项应该出现在一个递归函数中？＿＿＿
   （a）初始值　　　　（b）最终值　　　（c）以上都对　　（d）以上都不对
5. 使用递归可以＿＿＿。
   （a）实现二分搜索　　　　　　　　（b）求斐波那契数列
   （c）求乘方　　　　　　　　　　　（d）以上都对
6. 在函数中可以使用＿＿＿控制结构。
   （a）if　　　　　　（b）for　　　　（c）while　　　　（d）以上都对
7. Python 支持＿＿＿类型的函数。
   （a）内置的　　　　（b）用户定义的　（c）以上都对　　（d）以上都不对
8. 以下哪种说法是正确的？＿＿＿
   （a）函数帮助把程序划分为较小的部分
   （b）可以调用一个函数任意多次
   （c）以上都对
   （d）以上都不对

9. 以下哪种说法是正确的? ____
   (a) 我们可以拥有一个能够调用任意多次的函数
   (b) 在一个函数中, 只能调用一个函数有限的次数
   (c) Python 中不允许使用嵌套函数
   (d) 只在特定条件下允许使用嵌套函数

10. 嵌套的函数包含了如下哪些概念? ____
    (a) 栈　　　　　(b) 队列　　　　　(c) 链表　　　　　(d) 以上都不对

5.11　编程实践

1. 编写一个函数, 计算用户输入的数的平均数。
2. 编写一个函数, 计算用户输入的数的模除。
3. 编写一个函数, 计算用户输入的数字的中位数。
4. 编写一个函数, 计算用户输入的数字的标准差。
5. 编写一个函数, 求给定列表中最大的数。
6. 编写一个函数, 求给定列表中最小的数。
7. 编写一个函数, 从给定列表中找出第二大的数。
8. 编写一个函数, 从用户输入的 3 个数中找出最大的数。
9. 编写一个函数, 将摄氏温度转换为华氏温度。
10. 编写一个函数, 从给定列表中搜索一个元素。
11. 编写一个函数, 将给定的列表排序。
12. 编写一个函数, 它以两个列表作为参数, 并且返回合并的列表。
13. 编写一个函数, 求给定数的所有因子。
14. 编写一个函数, 求给定的两个数的公因子。
15. 编写一个函数, 通过将一个给定数字的各个数位逆序得到一个新的数字并返回。

5.12　关于递归的问题

使用递归解决如下问题。
1. 求给定的两个数的和。
2. 求给定的两个数的乘积。
3. 给定两个数 a 和 b, 求 a^b。
4. 给定两个数, 求它们的最大公约数。
5. 给定两个数, 求它们的最小公倍数。
6. 求斐波那契数列的第 n 项。
   (a) 在一个数列中, 前 3 项都是 1, 第 i 项通过如下公式求得。

$$f(i) = 2f(i-1) + 3f(i-2)$$

（b）编写一个函数来生成这个数列的第 n 项。

（c）求给定的排序列表的最大值。

（d）将给定数的各个数位上的数反转。

5.13 理论回顾

1. 在程序中使用函数的优点是什么？
2. 什么是函数？函数的组成部分有哪些？
3. 函数中的参数和返回类型有什么重要性？一个函数可以有多个返回值吗？
4. 什么是递归？在实现递归的时候，内部使用什么数据结构？
5. 递归的缺点是什么？

5.14 附加题

1. 如下程序的输出是____。

```
def fun1(n):
 if n==1:
    return 1
 else:
    return (3*fun1(n-1)+2*fun1(n))
fun1(2)
```

（a）1   （b）5

（c）3   （d）达到最大迭代深度

2. 如下程序的输出____。

```
def fun1(n):
 if n==1:
    return 1
 elif n==2:
    return 2
 else:
    return (3*fun1(n-1)+2*fun1(n))
fun1(5)
```

（a）5   （b）27

（c）达到最大迭代深度   （d）以上都不对

3. 如下程序的输出是____。

```
def fun1(n):
 if n==1:
    return 1
 elif n==2:
    return 2
 else:
    return (3*fun1(n-1)+2*fun1(n-2))
print(fun1(5))
```

（a）5　　　　　　　　（b）100　　　　　　　（c）25　　　　　　（d）达到最大迭代深度

4. 如下程序的输出是____。

```
def fun1(n):
 if n==1:
    return 1
 elif n==2:
    return 2
 else:
    return (3*fun1(n-1)+2*fun1(n-2))
for i in range(10):
 print(fun1(i), end=' ')
```

（a）1 2 8 28 100 356 1268 4516 16084

（b）1 3 5 7 9 11 13 15

（c）达到最大迭代深度

（d）以上都不对

5. 如下程序的输出是____。

```
def fun1(n):
 if n==1:
    return 1
 elif n==2:
    return 2
 else:
    return (3*fun1(n-1)+2*fun1(n-2))
for i in range(1, 10, 1):
 print(fun1(i), end=' ')
```

（a）1 2 8 28 100 356 1268 4516 16084

（b）1 3 5 7 9 11 13 15

（c）达到最大迭代深度

（d）以上都不对

6. 如下程序的输出是____。

```
def _main_():
  print('I am in main')
  fun1()
  print('I am back in main')

def fun1():
  print('I am in fun1')
  fun2()
  print('I am back in fun1')

def fun2():
  print('I am in fun 2')

  _main_()am in fun 2')
>>>
```

（a）I am in main

　　I am in fun 1

　　I am in fun 2

　　I am back in fun 1

　　I am back in main

（b）（a）选项的结果颠倒过来

（c）以上都不对

（d）该程序不会执行

7. 在上面的程序中实现了如下哪种数据结构？____

（a）栈 （b）队列 （c）图 （d）树

8. 如下的代码实现了哪种技术？____

```
def search(L, item):
    flag=0
    for i in L:
      if i==item:
      flag=1
      print('Position ',i)
    if flag==0:
      print('Not found')

L =[1, 2, 5, 9, 10]
search(L, 5)
search(L, 3)
```

（a）线性搜索 （b）二分搜索 （c）以上都不是 （d）该程序不会执行

9. 上面的程序的复杂度是____。

（a）$O(n)$ （b）$O(n^2)$ （c）$O(\log_2 n)$ （d）以上都不对

10. 在线性搜索和二分搜索中哪个更好？____

（a）线性搜索 （b）二分搜索 （c）一样好 （d）取决于输入列表

第 6 章 迭代器、生成器和列表解析

学完本章，你将能够
- 理解迭代器的用法和应用；
- 使用迭代器生成序列；
- 使用生成器生成序列；
- 理解和使用列表解析。

6.1 简介

到目前为止，本书介绍了基本数据类型、迭代器和控制结构。这些都是任何过程式语言的基本部分。Python 还为程序员提供了列表、元组、字典和文件，这些使 Python 成为一种强大的语言。然而，我们应该能够高效地访问和操作这些元素以完成给定的任务。例如，如果知道了生成一个列表的第 i 个元素的公式，那么就能够一次生成并访问整个列表。要完成这项任务，for 循环就派上了用场。然而，Python 还拥有像迭代器这样更好的选择，它帮助我们轻松地完成上述的任务。我们也可以在 Python 中定义可迭代的对象。这是 Python 的另一个神奇之处，这就是**生成器**，它方便了列表和序列的生成。本章还介绍了**列表解析**。

本章按照如下的方式组织：6.2 节回顾 for 循环，6.3 节介绍迭代器，6.4 节介绍如何定义自己的可迭代对象，6.5 节讲解生成器，6.6 节介绍列表解析（它使生成特定列表的任务很容易完成），6.7 节是本章小结。

本章内容很重要，因为它为后续各章中介绍较难的内容打下了基础。此外，本章介绍的这些知识使经常要完成的任务变得容易，并且使得程序员不必再担心编写冗长的代码。

6.2 for 的强大功能

for 循环可以用来遍历列表、元组、字符串或者字典。本节简单地介绍了如何针对可迭代的对象使用循环。让我们从 for 的语法开始。

for 的语法如下。

```
for i in L:
#do something
```

其中，L 是列表、字符串、元组或字典。

当程序员编写 i in L 这样的语句的时候，其中，L 是一个列表，i 变成了列表的第一个元素，并且随着迭代的过程，i 变成了第 2 个元素、第 3 个元素等。示例 6.1 展示了这个

概念。这个示例展示使用 for 循环来操作列表。在这个示例中，给定的列表包含一组数字，其中的一些是正数，一些是负数。把负数添加到一个名为 N 的列表中，而把正数添加到一个名为 P 的列表中。

示例 6.1：从给定列表中，把所有的正数放入一个列表中，把所有的负数放入另一个列表中。

解答：创建两个列表 P 和 N，将它们都初始化为[]。现在，检查最初给定的列表中的每一个数字。如果这个数字是正数，将其放入 P 中；如果它是负数，将其放入 N 中。

代码如程序清单 6.1 所示。

程序清单 6.1 list.py

```
L= [1, 2, 5, 7, -1, 3, -6, 7]
P=[]
N=[]
for num in L:
    if(num >0):
        P.append(num)
    elif (num<0):
        N.append(num)

print('The list of positive numbers \t:',P)
print('The list of negative numbers \t:',N)
```

输出如下。

```
The list of positive numbers : [1, 2, 5, 7, 3, 7]
The list of negative numbers : [-1, -6]
```

for 循环还可以用来操作字符串。当程序员编写 i in str 语句的时候，其中 str 是一个字符串，i 变成了字符串的第 1 个字符，并且随着迭代的进行，i 变成了第 2 个字符、第 3 个字符，依次类推。然后，可以独立地操作这些字符。示例 6.2 展示了这一概念，其中，给定字符串中的元音和辅音分别放入两个字符串中。

示例 6.2：要求用户输入一个字符串，将其所有的元音放入一个字符串中，辅音放入另一个字符串中。

解答：创建两个字符串 str1 和 str2，将二者都初始化为""。现在，检查给定字符串中的每一个字符。如果它是元音，将其和 str1 连接起来；否则，将其和 str2 连接起来。代码如程序清单 6.2 所示。

程序清单 6.2 string.py

```
string =input('Enter a string\t:')
str1=""
str2=""
for i in string:
    if((i =='a')|(i=='e')|(i=='i')|(i=='o')|(i=='u')):
        str1=str1+str(i)
    else :
        str2=str2+str(i)

print('The string containing the vowels is '+str1)
print('The string containing the consonants is '+str2)
```

输出如下。

```
Enter a string : Welcome
The string containing the vowels is eoe
The string containing the consonants is Wlcm
```

类似地，可以使用一个 for 循环来遍历一个元组或一个字典的键，参见示例 6.3 和示例 6.4。

示例 6.3：这个示例展示了如何使用 for 循环遍历一个元组。

解答：代码如程序清单 6.3 所示。

程序清单 6.3　forTuple.py

```
T=(1, 2, 3)
for i in T:
  print(i)
print(T)
```

输出如下。

```
1
2
3
(1, 2, 3)
>>>
```

示例 6.4：这个示例展示了如何使用 for 循环遍历一个字典。

解答：代码如程序清单 6.4 所示。

程序清单 6.4　dic.py

```
Dictionary={'Programming in C#': 499, 'Algorithms Analysis and Design':599}
print(Dictionary)
for i in Dictionary:
    print(i)
```

输出如下。

```
{'Programming in C#': 499, 'Algorithms Analysis and
Design': 599}
Programming in C#
Algorithms Analysis and Design
>>>
```

6.3　迭代器

上面的任务（示例 6.1 到示例 6.4）也可以使用迭代器来完成。iter() 函数返回了作为参数传递给它的对象的迭代器。可以使用迭代器来操作列表、字符串、元组、文件和字典，使用方式和 for 循环相同。然而，使用迭代器确保了灵活性并且赋予程序员额外的功能。后面几节将详细讨论这些。

可以使用如下形式在一个列表上设置迭代器。

```
<name of the iterator> = iter(<name of the List>
```

可以使用 __next__ () 方法将迭代器移动到下一个元素中。如前所述，迭代器可以遍历任何可迭代的对象，包括列表、元组、字符串或字典。当没有更多的元素的时候，就会引发一个 StopIteration 异常。

如下示例展示了使用迭代器操作一个列表的情况。在这个示例中，给定列表包含了一组数字，其中的一些是正数，另一些是负数。将负数添加到一个名为 N 的列表中，而正数添加到一个名为 P 的列表中。示例 6.1 使用 for 循环解决了同样的问题。

示例 6.5：使用迭代器将一个列表中的正数和负数分别放到两个不同的列表中，并且在到达最初的列表的末尾的时候，引发一个异常。

解答：代码如程序清单 6.5 所示。

程序清单 6.5 listdivid.py

```
L = [ 1,2,3,-4,-5,-6]
P = []
N = []
t = iter(L)
try:
    while True:
        x=t.__next__()
        if x >= 0:
            P.append(x)
        else:
            N.append(x)
except StopIteration:
    print( 'original List- ' , L , '\nList containing the positive numbers- ', P , '\nList
        containing the negative numbers- ', N )
raise StopIteration
```

输出如下。

```
original List-  [1, 2, 3, -4, -5, -6]
List containing the positive numbers-  [1, 2, 3]
List containing the negative numbers-  [-4, -5, -6]
Traceback (most recent call last):
  File "D:\Books\PythonBasic\code\Chapter06\listdivid.py", line 14, in <module>
    raise StopIteration
StopIteration
```

示例 6.6 处理字符串。把迭代器设置为字符串的第 1 个元素，随后又依次设置为第 2 个元素、第 3 个元素，依次类推。如果字符是元音，会将它添加到 vow 中；否则，将其添加到 cons 中。示例 6.6 和示例 6.2 处理的是相同的问题。

示例 6.6：编写一个程序，使用迭代器将一个给定字符串中的元音和辅音分离开，在到达字符串末尾的时候，引发一个异常。

解答：把 vow 和 cons 字符串初始化为" "，并且检查给定字符串中的每一个字符。如果这个字符是一个辅音，将其连接到 cons；否则，将其连接到 vow。代码如程序清单 6.6 所示。

程序清单 6.6 vowandcons.py

```
s = 'color'
t = iter(s)
vow = ''
cons = ''
try:
    while True:
```

```
        x = t.__next__()
        if x in ['a','e','i','o','u']:
            vow += x
        else:
            cons += x

except StopIteration:
    print( 'String - ' + s + '\nVowels - ' + vow + '\nConsonents - ' + cons )
raise StopIteration
```

下一个示例展示了迭代器的一个稍微复杂一些的应用。

示例 6.7：编写一个程序，将给定的两个列表中对应的元素相加，并且排序最终的列表。

解答：代码如程序清单 6.7 所示。

程序清单 6.7　addlist.py

```
#The program concatenates two lists into one by iterating over individual elements of the lists
#using the list function and then sorts the concatenated list.
l1 = [ 3, 6, 1, 8, 5]
l2 = [ 7, 4, 6, 2, 9]
i1 = iter(l1)
i2 = iter(l2)
l3 = sorted( list(i1) + list(i2) )
print( 'List1 - ', l1 , '\nList2 - ', l2 , '\nSortedCombn - ', l3 )
```

输出如下。

```
List1 -  [3, 6, 1, 8, 5]
List2 -  [7, 4, 6, 2, 9]
SortedCombn -  [1, 2, 3, 4, 5, 6, 6, 7, 8, 9]
```

6.4　定义一个可迭代的对象

我们可以定义一个类，其中__init__、__iter__和__next__可以定义为每个类所必需的方法。__init__方法初始化类的变量，__iter__确定迭代的机制，__next__方法实现到下一项的跳转。

示例 6.8：创建一个可迭代的对象，使用迭代器来生成一个等差数列的各项。

解答：代码如程序清单 6.8 所示。

程序清单 6.8　class.py

```
class yrange:
    def __init__(self, n):
        self.a = int(input('Enter the first term\t:'))
        self.d=int(input('Enter the common difference\t:'))
        self.i=self.a
        self.n=n
    def __iter__(self):
        return self
    def __next__(self):
        if self.i <self.n:
            i=self.i
            self.i = self.i + self.d
            return i
        else:
```

```
            raise StopIteration()
y=yrange
y.__init__(y, 8)
y.__iter__(y)
print(y)
print(y.__next__(y))
print(y.__next__(y))
print(y.__next__(y))
```

输出如下。

```
Enter the first term  :1
Enter the common difference  :2
<class ' main .yrange'>
1
3
5
>>>
```

6.5 生成器

生成器是生成所需序列的函数。然而，生成器和常规函数之间有一个内在的区别。在生成器中，当我们处理这些值的时候，才会生成这些值。因此，如果一旦一个特定的值生成了，再返回函数中，那么不是回到了函数的开头处，而是返回最初离开函数的那个位置。

这个任务似乎有点难，但是生成器这个概念可以帮助程序员生成包含了想要的序列的列表。例如，如果我们想要生成包含一个等差数列的各项的列表，其中，每一项都比前一项多 d，生成器就派上用场了。类似地，使用生成器也很容易实现像等比数列、斐波那契数列等序列。

Python 带有 yield 关键字，它帮助从我们离开的地方开始。这和常规函数中使用的 return 有一个显著的区别，return 并不会保存我们离开时的状态。如果调用带 return 的函数，那么它会重新开始执行一次。

示例 6.9 展示了如何使用生成器生成诸如等差数列、等比数列、斐波那契数列的序列。

示例 6.9： 编写一个生成器，以生成等差数列。其中，由用户输入第 1 项、等差以及项数。

解答： 代码如程序清单 6.9 所示。

程序清单 6.9 generator1.py

```python
def arithmetic_progression(a, d, n):
    i=1
    while i<=n:
        yield (a+(i-1)*d)
        i+=1
a=int(input('Enter the first term of the arithmetic progression\t:'))
d=int(input('Enter the common difference of the arithmetic progression\t:'))
n=int(input('Enter the number of terms of the arithmetic progression\t:'))
ap = arithmetic_progression(a, d, n)
print(ap)
for i in ap:
print(i)
```

输出如下。

```
progression :3
Enter the common difference of the arithmetic progression :5
Enter the number of terms of the arithmetic progression :8
<generator object arithmetic_progression at 0x031C2DE0>
3
8
13
18
23
28
33
38
```

示例 6.10：编写一个生成器，以生成等比数列，其中，由用户输入第 1 项、等比值以及项数。

解答：代码如程序清单 6.10 所示。

程序清单 6.10　generators_gp.py

```python
def geometric_progression(a, r, n):
    i=1
    while i<=n:
        yield(a*pow(a, i-1))
        i+=1

a=int(input('Enter the first term of the geometric progression\t:'))
r=int(input('Enter the common ratio of the geometric progression\t:'))
n=int(input('Enter the number of terms of the geometric progression\t:'))
gp=geometric_progression(a, r, n)
for i in gp:
    print(i)
```

输出如下。

```
Enter the first term of the geometric progression :3
Enter the common ratio of the geometric progression :4
Enter the number of terms of the geometric progression :7
3
9
27
81
243
729
2187
```

示例 6.11：编写一个生成器，以生成斐波那契数列。

解答：代码如程序清单 6.11 所示。

程序清单 6.11　fibonacci.py

```python
def fib(n):
    a=[]
    if n==1:
        a.append(1)
        yield 1
    elif n==2:
        a.append(1)
        a.append(1)
        yield 1
        yield 1
        print(a)
```

```
        else:
            i=2
            a.append(1)
            a.append(1)
            yield 1
            yield 1
            while i<n:
                b=a[i-1]+a[i-2]
                a.append(b)
                i+=1
                yield (b)
n=int(input('Enter the number of terms\t:'))
fibList=fib(n)
for i in fibList:
  print(i)
```

为了理解这一概念，让我们来看示例 6.12。

示例 6.12：这个示例展示了在计数器的值上 yield 的效果。

解答：用户期望能够看到在 yield 前后值的变化，代码如程序清单 6.12 所示。

程序清单 6.12　generator.py

```
def demo():
    print ('Start')
    for i in range(20):
        print('Value of i before yield\t:',i)
        yield i
        print('Value of i after yield\t:',i)
    print('End')

a=demo()
for i in a:
  print (i)
```

输出如下。

```
Start
Value of i before yield    : 0
0
Value of i after yield     : 0
Value of i before yield    : 1
1
Value of i after yield     : 1
Value of i before yield    : 2
2
Value of i after yield     : 2
Value of i before yield    : 3
3
Value of i after yield     : 3
Value of i before yield    : 4
4
Value of i after yield     : 4
Value of i before yield    : 5
5

Value of i after yield     : 5
Value of i before yield    : 6
6
Value of i after yield     : 6
Value of i before yield    : 7
```

```
7
Value of i after yield      : 7
Value of i before yield     : 8
8
Value of i after yield      : 8
Value of i before yield     : 9
9
Value of i after yield      : 9
Value of i before yield     : 10
10
Value of i after yield      : 10
Value of i before yield     : 11
11
Value of i after yield      : 11
Value of i before yield     : 12
12
Value of i after yield      : 12
Value of i before yield     : 13
13
Value of i after yield      : 13
Value of i before yield     : 14
14
Value of i after yield      : 14
Value of i before yield     : 15
15
Value of i after yield      : 15
Value of i before yield     : 16
16
Value of i after yield      : 16
Value of i before yield     : 17
17
Value of i after yield      : 17
Value of i before yield     : 18
18
Value of i after yield      : 18
Value of i before yield     : 19
19
Value of i after yield      : 19
End
>>>
```

6.6　列表解析

　　编程语言的目标应该是方便程序员做一些事情。执行一项任务的方式可能有很多种，但是所需代码最少的方式对于程序员来说最有吸引力。Python 中很多的功能简化了编程。列表解析就是其中之一。列表解析允许通过其他的序列来构建序列。解析可以用于列表、字典和集合。在 Python 早期的版本（Python 2.0）中，只允许列表解析。然而，在 Python 较新的版本中，对字典和集合也可以使用解析。

　　示例 6.3 展示了在各种不同的情况下用解析生成列表的方法。

- range(n) 函数生成到 n 的数字。第 1 个解析生成数字的列表，该列表中的数字是 range() 函数生成的所有数字的立方。
- 第 2 个解析以相同的方式工作，生成 3 的 x 次方。

- 第 3 个解析生成一个列表，其中的值是 range(n) 函数所生成的数字都乘以 5。
- 在第 4 个解析中，接受的是句子"Winter is coming"中的单词，并且生成了大写单词、动名词以及单词的长度。

示例 6.13：使用解析生成如下列表。

- x^3，i 从 0 到 9。
- 3^x，i 从 2 到 10。
- 前面列表中的所有值乘以 5。
- 句子"Winter is coming"中的大写单词、动名词以及单词长度。

解答：代码如程序清单 6.13 所示。

程序清单 6.13 comprehensions1.py

```
L1 = [x**3 for x in range(10)]
print(L1)
L2 = [3**x for x in range(2, 10, 1)]
print(L2)
L3 = [x for x in L2 if x%5==0]
print(L3)
String = "Winter is coming".split()
print(String)
String_cases=[[w.upper(), w.lower(), len(w)] for w in String]
for i in String_cases:
    print(i)
list1 = [1, '4', 9, 'a', 0, 4]
square_int = [ x**2 for x in list1 if type(x)==int]
print(square_int)
```

输出如下。

```
[0, 1, 8, 27, 64, 125, 216, 343, 512, 729]
[9, 27, 81, 243, 729, 2187, 6561, 19683]
[]
['Winter', 'is', 'coming']
['WINTER', 'winter', 6]
['IS', 'is', 2]
['COMING', 'coming', 6]
[1, 81, 0, 16]
```

解析包含了输出的序列，以及表示各个成员的表达式。解析也可以有一个可选的预测表达式。

要理解这一概念，让我们再来看一个示例。给出以摄氏温度为单位的列表，并且要生成的对应列表包含了热力学温度。这里要说明的是，摄氏温度 t 和热力学温度 T 的换算关系如下。

$$T = t + 273.16$$

示例 6.14：给定包含了摄氏温度的一个列表，生成一个列表，其中包含了对应的热力学温度。

解答：列表 L_kelvin 中的每一个元素比 L_cel 列表中的对应元素都要多 273.16。注意，在列表 L_kelvin 自身的定义之中，就已经完成了这一任务。代码如程序清单 6.14 所示。

程序清单 6.14　comprehension_cel.py

```
L_Cel = [21.2, 56.6, 89.2, 90,1, 78.1]
L_Kelvin = [x +273.16 for x in L_Cel]
print('The output list')
for i in L_Kelvin:
  print(i)
```

输出如下。

```
The output list
294.36
329.76000000000005
362.36
363.16
274.16
351.26
>>>
```

列表的另一个重要应用是，对于集合 A 和 B 生成两个集合的笛卡儿积。两个集合的叉积（即笛卡儿积）是包含了形式为 (x, y) 的元组的一个集合，其中 x 属于集合 A，y 属于集合 B。示例 6.15 实现了该程序。

示例 6.15：给定两个集合，求其笛卡儿积。

解答：代码如程序清单 6.15 所示。

程序清单 6.15　cross_product.py

```
A= ['a', 'b', 'c']
B= [1, 2, 3, 4]
AXB = [(x, y) for x in A for y in B]
for i in AXB:
  print(i)
>>>
```

输出如下。

```
('a', 1)
('a', 2)
('a', 3)
('a', 4)
('b', 1)
('b', 2)
('b', 3)
('b', 4)
('c', 1)
('c', 2)
('c', 3)
('c', 4)
>>>
```

由于关系的概念以及数学中的函数都源自叉积，因此上面的程序很重要。实际上，$A \times B$ 的任何子集都是一种从 A 到 B 的关系。数学中有 4 种类型的关系，分别是一对一关系、一对多关系、多对一关系和多对多关系。其中，一对一关系和多对一关系称为函数。

6.7　小结

本章介绍了如何使用 for 循环遍历列表、字符串、元组或字典。这里要说明的是，在

C 或 C++中，for 通常和 while 用于同样的目的。然而，在 Python 中，for 可以用于单独地访问每一个元素。注意，在 Java 或 C#中也可以这么做。为了定义一个可迭代的对象，需要为所需的类定义__iter__和__next__。还希望读者注意，yield 和 return 在 Python 中执行不同的任务，本章的示例展示了二者的用法。最后，当定义一个列表时，如果其中的每个元素都根据问题的需要来进行构造，我们可以用列表解析来做到这一点。尽管本章的内容很容易，但是很重要，因为在本书最后一部分介绍的机器学习和模式识别等任务中，经常用到本章介绍的这些技术。

6.7.1 术语和函数

- 迭代器接受一个可迭代的对象，并且帮助我们遍历该对象。
- __next__()：该函数在迭代中帮助遍历可迭代对象的值。
- __iter__()：该函数帮助创建一个用户定义的可迭代对象。
- yield()：该函数不返回任何内容。

6.7.2 知识要点

- for 语句可以用来遍历列表、字符串、元组、文件和字典。
- iter 接受一个对象并返回对应的迭代器。
- __next__给出下一个元素。
- 内置的函数、列表等以迭代器作为参数。
- 生成器生成一个结果序列。
- 当通过一个函数产生多个值的时候，使用 yield。

6.8 练习

选择题

1. 如下哪一个可能是__iter__()中的一个参数？____
   （a）字符串 　　　（b）元组 　　　（c）列表 　　　（d）字典
   （e）以上都对
2. __iter__()接受哪种类型的对象？____
   （a）可迭代的 　　（b）任何对象 　（c）解析 　　　（d）生成器
3. __next()__函数的作用是____。
   （a）遍历一个可迭代对象的项 　　　（b）生成一个新的可迭代对象
   （c）遍历一个生成器 　　　　　　　（d）以上都不对
4. 以下哪种操作把控制转移给主调函数？____
   （a）return 　　　（b）yield 　　（c）以上都对 　（d）以上都不对

5. 以下哪种操作不会把控制转移给主调函数？ ____
   (a) return   (b) yield   (c) 以上都对   (d) 以上都不对
6. 以下哪种操作基本上用于解析器中？ ____
   (a) return   (b) yield   (c) 以上都对   (d) 以上都不对
7. 以下哪种说法是对的？ ____
   (a) 可以对生成器使用迭代器   (b) 可以对列表使用迭代器
   (c) 可以对解析使用迭代器   (d) 以上都对
8. 使用一个 for 循环可以遍历以下哪些类型？ ____
   (a) 字符串   (b) 元组
   (c) 列表   (d) 以上都对
9. 使用一个 for 循环能够遍历以下哪些类型？ ____
   (a) 字符串   (b) 解析
   (c) 文件   (d) 以上都对
10. 以下哪种操作和将 __iter__() 与 __next()__ 组合起来的方式是相同的？ ____
    (a) for   (b) if
    (c) 以上都对   (d) 以上都不对

6.9   理论回顾

1. 说明为什么 for 循环可以用来遍历一个可迭代对象。
2. 说明 Python 中的迭代控制。
3. 生成器的功能是什么？
4. yield 和 return 之间的区别是什么？
5. 列表解析是什么？说明为什么列表解析能够帮助生成一个序列。
6. 举例说明 Python 中的一些迭代工具。
7. 和 for 相比，__iter__() 具有更低的时间复杂度，你相信吗？

6.10   编程实践

1. 编写一个生成器，生成等差数列的各项。
2. 针对编程实践 1，编写相应的迭代器类。
3. 编写一个生成器，生成等比数列的各项。
4. 针对编程实践 3，编写相应的迭代器类。
5. 编写一个生成器，生成调和级数的各项。
6. 针对编程实践 5，编写相应的迭代器类。
7. 编写一个生成器，生成不超过一个给定数字的所有素数。
8. 针对编程实践 7，编写相应的迭代器类。

9. 编写一个生成器，生成 n 以内的所有斐波那契数列。

10. 针对编程实践 9，编写相应的迭代器类。

11. 编写一个生成器，生成 n 以内的所有阿姆斯特朗数。

12. 针对编程实践 11，编写相应的迭代器类。

13. 编写一个生成器，生成（1, 20）以内的毕达哥拉斯三角形数。

14. 针对编程实践 13，编写相应的迭代器类。

15. 编写一个生成器，生成给定数字以内的所有 6 的倍数。

16. 针对编程实践 15，编写相应的迭代器类。

17. 编写一个列表解析，生成等于 2 或 5 的倍数的所有数字。

18. 编写一个列表解析，将包含了摄氏温度的一个列表都转换为华氏温度。

19. 编写一个列表解析，生成所有的素数。

20. 编写一个列表解析，生成除以 5 得到的余数为 1 的所有数字。

21. 编写一个列表解析，生成给定字符串中的所有元音。

22. 编写一个列表解析，生成给定列表中数字的 4 次方。

23. 编写一个列表解析，生成给定列表中数字的绝对值。

第 7 章　文件处理

学完本章，你将能够
● 理解文件处理的重要性；
● 理解 Python 中文件处理的机制；
● 学习各种文件访问模式和打开函数；
● 理解 Python 中用于文件操作的各种函数；
● 理解本章所介绍的概念。

7.1　简介

到目前为止，我们所学习的数据类型和控制结构的知识，将帮助我们完成很多简单的任务。但目前的问题是，我们还不能存储所获取的数据或结果以供将来使用。此外，有的时候，一个程序所生成的结果是很庞大的。在这种情况下，要将数据存储到内存中甚至读取数据都是很困难的。在这种情况下，需要求助于文件处理。

读者将会了解到内存是不稳定的，因此程序所产生的数据无法用于将来的工作。很多时候，我们需要将数据存储起来以便将来使用。例如，如果程序员开发了一个学生管理系统，当需要的时候，用户应该能够获取数据。

正如我们所知道的，数据是以二进制的形式存储在磁盘上的。因此，在存储数据的时候，需要注意数据的格式。然而，从程序员的角度来看，数据可以存储在文件中或数据库中。数据库存储和管理相关联的数据。易访问性、安全性和灵活性使数据库成为计算机科学中最重要的主题之一。数据库的概念、用法以及相关的问题构成了一个专门的分支学科。本章只关注文件处理。文件可以看作记录的集合，其中的每一条记录都有一些字段，字段又拥有一定的字节。稍后将会介绍，文件有很多种格式。本章重点介绍二进制文件和文本文件。这两种格式在文件末尾的表示和标准数据类型的存储方面有所不同。文件可能包括和它相关的某种权限。例如，一个管理员可能拥有对操作系统将要使用的某个文件的写权限，而实际上，用户可能甚至没有读这类文件的权限。在编写进行文件处理的程序的时候，需要记住这种限制。

Python 提供了各种各样的函数来执行和文件处理相关的操作。本章将会介绍创建文件、把数据写入一个文件、读取数据、向文件中添加一些内容以及标准的目录操作。此外，为了更加有趣，我们还会讨论如何在加密中使用上述操作。

本章包括以下各节：7.2 节介绍通用的文件操作机制，7.3 节介绍 open() 函数以及打开文件的各种模式，7.4 节介绍读文件和写文件的函数，获取和设置文件中游标位置的函数，以及执行各种任务的一些重要函数，7.5 节简单介绍命令行参数，7.6 节展示了文件操作的用法，7.7 节是本章小结。

7.2 文件操作机制

在 Python 中，使用文件对象来访问文件。实际上，文件对象不但帮助我们访问常规的磁盘文件，而且能够完成涉及其他各种文件的很多其他任务，本章后面将会介绍这些内容。

Python 中的文件处理机制很简单。首先需要打开文件。例如，将文件和一个对象关联起来。这通过 open()函数来实现。该函数以一个文件名以及模式作为其参数。实际上，该函数有 3 个参数。7.3 节将会介绍其第 3 个参数。open()函数返回该文件的一个对象。随后，这个对象使用库函数来读取文件，向其中写入内容或者向其中添加内容。最后，使用 close()函数释放该对象所占用的内存空间。图 7.1 和图 7.2 分别描述了这一机制。

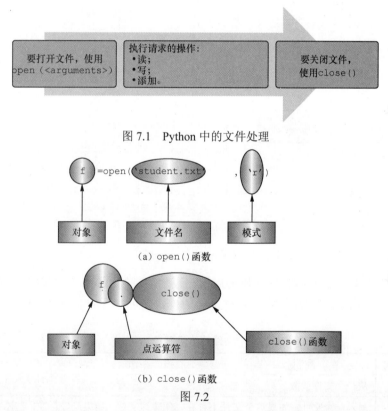

图 7.1　Python 中的文件处理

图 7.2

介绍完了处理文件的机制，让我们来看看 Python 中的文件访问模式和 open()函数。

7.3 open()函数和文件访问模式

通过 open()函数，可以使用所创建的对象来访问文件。实际上，很多的函数可以用来创建一个文件类型的对象。注意，这里所提到的函数返回一个文件对象或者一个像对象一样的文件。这种抽象能够帮助我们把文件当作通信的接口。这种通信可以视为字节的传送，并且由此可以把文件当作字节序列。

为了能够对一个文件进行内容写入和输出，需要使用 open() 函数。如果成功地打开了这个文件，将会返回文件对象；如果没有成功地打开文件，将会引发一个 IOERROR 异常。

open() 函数接受 3 个参数。第 1 个参数是文件的名称，第 2 个参数是打开该文件的模式，第 3 个参数表示缓冲字符串。实际上，第 3 个参数很少使用。第 1 个参数是一个字符串，它或者是一个有效的文件名或者是一个路径。这个路径可以是相对路径或绝对路径。访问模式是打开文件的模式（如图 7.3 所示）。图 7.3 展示了各种访问模式。打开文件的模式有读、写和添加。在读模式（"r"）下，只要文件存在，就会打开它。在写模式（"w"）下，会打开文件以进行写操作。如果文件已经存在，会将已有的内容截断。在添加模式（"a"）下，也打开文件以写入，但是不会截断已有的内容。在添加模式中，如果文件不存在，将会创建该文件。

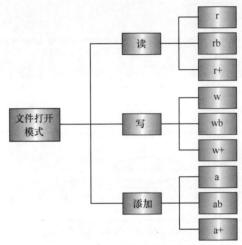

图 7.3　Python 中的文件打开模式

这些模式可以以一个字母 "b" 作为后缀，表示二进制访问。"+" 后缀则可以用来保证对文件的读和写访问。表 7.1 展示了各种不同的模式及可执行的对应操作。

表 7.1　　　　　　　　　　　　　　　　文件的访问模式

文件访问模式	操　作
r	从一个文件读取
w	写入一个文件；如果这个文件不存在，创建该文件；如果已经存在，截断该文件的内容
a	添加到文件中；如果该文件不存在，创建该文件
r+	打开文件以进行读和写
w+	用于读和写
a+	用于读和写
rb	读取一个二进制文件
wb	以写入模式打开一个二进制文件

续表

文件访问模式	操　　作
ab	以添加模式打开一个二进制文件
rb+	用于一个二进制文件
wb+	用于一个二进制文件
ab+	用于一个二进制文件

7.4　用于文件处理的 Python 函数

Python 为执行标准的任务提供了各种库函数。这些函数帮助我们读取一个文件、写入一个文件以及向已有的文件添加一些内容。此外，Python 还为程序员提供了函数来将光标放到一个特定的位置，或者从一个给定的位置读取。

7.4.1　基本函数

本节简要介绍各种函数。这些函数的用法会在后续几节中说明。希望读者能够尝试使用这些函数，从而对它们有更加清晰的认识。

1. `read()`函数

`read()`函数读取一个字符串中的字节。它以一个整数作为参数，该参数表示要读取的字节数。如果该参数为−1，必须读取到该文件的末尾。此外，如果没有给出这个参数，其默认值为−1。

提示

`read()`和`read(-1)`是相同的。

如果文件的内容比内存还要大，那么只会读取内存所能容纳的内容。此外，当读取操作结束的时候，会返回一个" "（空字符串）。

2. `readline()`和`readlines()`

`readline()`方法用于读取一行，直到读到了换行符。这里需要说明的是，这个换行符会保存到所要返回的字符串中。`readlines()`方法从一个给定的文件读取所有的行并且返回字符串的一个列表。

3. `write()`和`writelines()`

`write()`方法将字符串写入一个给定的文件中。该方法和 `read()`方法正好相反。`writelines()`方法将一个字符串列表写入文件中。

提示

Python 3.x 中没有`writeline()`方法。

4. `seek()`

`seek()`方法将光标放到给定文件的起始位置。这个位置由给定的偏移量来确定。偏移量可以是 0、1 或 2。"0"表示文件的开始位置，"1"表示当前位置，"2"表示到达文件的末尾。

5. tell()

tell()和 seek()方法相对应。这个函数返回光标的当前位置。

6. close()

close()函数关闭文件。在关闭文件之后，文件对象应该赋值给另一个文件。尽管 Python 会在程序结束后关闭一个文件，但还是建议程序员在所需的任务完成之后关闭一个文件。不关闭文件所带来的后果是不可预期的。

7. fileno()

fileno()函数返回文件的一个描述符。例如，在下面的代码中，"Textfile.txt"文件的描述符为 3。

```
>>> f=open('Textfile.txt')
>>> f.fileno()
3
>>>
```

7.4.2　与操作系统相关的方法

与操作系统相关的方法用来处理和操作系统相关的问题，以帮助程序员创建一个通用的程序。这些方法还使程序员不用再害怕处理难以理解的格式细节。例如，在不同的操作系统中，用不同的字符来表示一行的结束。在 UNIX 系统中，用"\n"表示换行；在 Mac 系统中，"\r"表示换行；在 DOS 中，"\r\n"表示换行。类似地，UNIX 系统中使用"/"表示文件分隔，而 Windows 系统中则使用"\"，Mac 系统中则使用":"。这些不一致性给程序员带来了很多困难，因此需要一种统一的方法来处理这种情况。表 7.2 展示了与操作系统相关的方法的名称和作用。

表 7.2　　　　　　　　　　　　与操作系统相关的方法

与操作系统相关的方法	作　　用
linesep	用于在文件中换行
sep	用于分隔文件路径名中的各个部分
pathsep	用于分隔一组文件路径名
curdir	表示当前目录
pardir	表示父目录

7.4.3　其他函数和文件属性

除了上面介绍的函数之外，flush()和 isatty()函数用于使程序具有更强的健壮性。

● flush()：该函数会清空内部的缓存。

● isatty()：如果文件是一个类似 tty 的设备，该函数返回"1"。

文件属性

这里还要指出，文件属性可以帮助程序员查看一个文件的状态，并且其特性类似于

name、mode 和 softspace 等。表 7.3 展示了最重要的一些文件属性。

表 7.3　　　　　　　　　　　　　　文件属性

文 件 属 性	作　　用
file.closed	如果文件关闭了，值为 1；否则，值为 0
file.mode	表示访问模式
file.name	表示文件的名称

示例 7.1 展示了上述属性的用法。

示例 7.1：以读模式打开一个名为 Textfile.txt 的文件。检查文件的名称、模式并且使用文件属性检查其是否关闭。

解答：代码如程序清单 7.1 所示。

程序清单 7.1　fileattr.py

```
f=open('Textfile.txt','r')
print('Name    of    the    file\t:',f.name)
print('Mode\t:',f.mode)
print('File    closed?\t:',f.closed)
f.close()
print('Mode\t:',f.mode)
print('File    cloased?\t:',f.closed)
```

输出如下。

```
Name    of    the    file    :    Textfile.txt

Mode    :    r
File    closed?    :    False
Mode    :    r
File    closed?    :    True
```

7.5　命令行参数

如果编译器知道脚本的名字，那么脚本的名字以及给定的额外参数会一起存储到一个名为 argv 的列表中。argv 变量位于 sys 模块中。参数以及脚本的名字称为命令行参数。这里要注意，脚本的名字也是这个列表的一部分。实际上，脚本的名字是这个列表的第 1 个元素。命令行参数剩下的部分则存储在列表的后续位置。可以通过导入 sys 模块来访问 argv。示例 7.2 展示了 argv 变量的用法。

示例 7.2：显示命令行参数的数目以及各个参数。

解答：代码如程序清单 7.2 所示。

程序清单 7.2　commandLine.py

```
import sys
print('The    number    of    arguments',len(sys.argv))
print('Arguments\n')
for    x    in    sys.argv:
    print('Argument\t:',x)
```

输出如下。

```
The   number   of   arguments   1
Arguments
Argument   :   C:/Python/file   handling/commandLine.py
```

示例 7.3 展示了接受命令行输入的数字并进行冒泡排序的过程。

示例 7.3：将作为命令行参数输入的数字进行排序（使用冒泡排序法）。

解答：代码如程序清单 7.3 所示。

程序清单 7.3　sort.py

```
import sys
def sort(L):
    i=0;
    while(i<(len(L)-1)):
        print('\nIteration\t:',i,'\n');
        j=0
        flag=0
        while(j<(len(L)-i-1)):
          if(L[j]<L[j+1]):
             flag=1
             temp=L[j]
             L[j]=L[j+1]
             L[j+1]=temp
             #print(L[j],end='   ')
        j=j+1
        print(L)
        if(flag==0):break
    i=i+1
    return(L)
L=[]
for   x   in   sys.argv:
    L.append(x)
print('Before   sorting\t:',L)
print(sort(L))
```

7.6　实现和说明

我们已经学习了文件处理的机制、相关函数以及属性，现在来看看上述函数的用法。我们将从最基本的任务开始，然后使用这些函数来向一个文件（例如，TextFile.txt）写入一些内容并且以写模式打开该文件。在这个例子中，open() 函数有两个参数，分别是文件的名称（"TextFile.txt"）和打开模式（"w"）。此外，还需要关闭该文件。注意，write() 函数返回了写入文件中的字节数。

```
>>> f = open('TextFile.txt','w')
>>>   f.write('Hi   there\nHow   are   you?')
21
>>> f.close()
```

read() 函数从给定的文件读取字节。如前所述，open() 函数可能不接受任何参数。这意味着，读取一个文件直到其结束。读取的文本可以存储到一个字符串（text）中。

```
>>> text=f.read()
```

```
>>> text
'Hi   there\nHow    are    you?'
>>> f.close()
>>>
```

可以使用 os 模块的 rename() 函数来重命名文件。rename() 函数接受两个参数，第 1
个参数是原始文件的名称，第 2 个参数是文件的新名称。下面的代码段将一个名为
"TextFile.txt"的文件重命名为"TextFile1.txt"，并且使用 open() 函数将其读入"str"中。

```
>>> import os
>>> os.rename('TextFile.txt','TextFile1.txt')
>>> f=open('TextFile1.txt','r')
>>> str=f.read()
>>> str
'Hi   thereHow   are   you'
>>>
```

1. 将字符串列表写入一个文件中

正如前面所介绍的，我们可以使用 writelines() 函数将一个字符串列表写入文件中。
示例 7.4 展示了该函数的用法。在下面的代码段中，把用户输入的文本行放入一个列表 L 中，
随后，将这个列表写入文件 f 中。

示例 7.4：编写一个程序，请用户输入文本行。用户应该能够输入任意多行，他必须输
入"\ e"才能停止输入。输入的这些行应该添加到一个空的列表（如 L）中。随后，应该将
这个列表写入一个名为 Lines.txt 的文件中。随后，程序应该读取 Lines.txt 的文本行。

解答：代码如程序清单 7.4 所示。

程序清单 7.4   write.py

```
print('Enter   text,   press   \'\\e\'   to   exit')
L=[]
i=1
in1=input('Line    number'+str(i)+'\t:')
while(in1    !='\e'):
    L.append(in1)
    i=i+1
    in1=input('Line    number'+str(i)+'\t:')
    print(L)
    f=open('Lines.txt','w')
    f.writelines(L)
    f.close()
    f=open('lines.txt','r')
for l in f.readline():
    print(l, end=' ')
f.close()
```

输出如下。

```
========== Enter    text,    press    '\e'    to    exit
Line    number1   :Hi    there
Line    number2   :How    are    you
Line    number3   :I    am    good
Line    number4   :\e
['Hi    there', 'How    are    you', 'I    am    good'] Hi    there    How    are    you I    am    good
>>>
```

2. 读取 *n* 个字符和 seek() 函数

示例 7.5 展示了 read(n) 函数的用法，它读取文件的前 *n* 个字符。注意，tell() 函数给出了光标的位置，这就是为什么当我们向前移动的时候，pos 的值会改变。seek() 函数接受两个参数，第 1 个参数是偏移量，第 2 个参数是位置。注意，seek(0, 0) 将光标定位于从文件开始的第一个位置。

示例 7.5： 打开 TextFile.txt 文件并向其中写入几行。现在，以读模式打开该文件并且从中读取前 15 个字符。然后，读取后续的 5 个字符。在每一步中，显示光标在文件中的位置。现在，回到文件开头的位置，并且从文件中读取 20 个字符。

解答： 代码如程序清单 7.5 所示。

程序清单 7.5　position.py

```
f=open('TextFile.txt','w')
f.writelines(['Hi there', 'How are you'])
f.close()
f=open('TextFile.txt', 'r+')
str=f.read(15)
print('String  str\t:  ',  str)
pos = f.tell()
print('Current  position\t:',  pos)
str1=f.read(5)
print('Str1\t:',str1)
pos = f.seek(0, 0)
print('Current  position\t:',pos)
str = f.read(20);
print('Again  read  String  is :  ',  str)
f.close()
```

输出如下。

```
String  str :  Hi  there How  are
Current  position :  15
Str1 :  you
Current  position :  0
Again  read  String  is :  Hi  there How  are  you
>>>
```

3. 创建目录并在目录之间导航

在 Python 中，还可以使用 mkdir() 函数来创建目录。该函数以目录的名字作为一个必需的参数。chdir() 函数改变当前目录，getpwd() 函数输出当前工作目录的名称（以及路径）。下面展示了这些函数的用法。

```
'>>> import os
>>>   os.mkdir('PythonDirectory')
>>>   os.chdir('PythonDirectory')
>>>   os.getcwd()
'C:\\Python\\file handling\\PythonDirectory'
>>>
```

4. 加密的一个例子

示例 7.6 使用 ord(c) 函数来输出字符 "c" 的 ASCII 值，而 chr(n) 函数返回和 ASCII

值 n 对应的一个字符。

示例 7.6： 在名为 "TextFile.txt" 的文件中写入一行 "Hi there how are you"。现在，从该文件中读取字符，通过给字符的 ASCII 值加上 k（这是用户输入的值）获得一个新的字符，并依次将其写入文件中。此外，通过将第 2 个文件中字符的 ASCII 值减去 "k"，从而解密第 2 个文件中的字符串。

解答： 代码如程序清单 7.6 所示。

程序清单 7.6 encryption.py

```
f=open('TextFile.txt','w')
f.write('Hi  there  how  are  you')
f.close()
k=int(input('Enter a number '))
f=open('TextFile.txt','r')
f1=open('TextFile1.txt','w')
for s in f.read():
    for c in s:
        print('Character ',c,' Ascii value\t:',ord(c))
        f1.write(str(chr(ord(c)+k)))
f1.close()
print((open('TextFile1.txt').read()))
f1 =open('TextFile1.txt','r')
f2=open('TextFile2.txt','w')
for s in  f1.read():
    for c in s:
        print('Character ',c,' Ascii value\t:',ord(c))
        f2.write(str(chr(ord(c)-k)))
f2.close()
print((open('TextFile2.txt').read()))
```

输出如下。

```
Enter   a    number 4
Character   H  Ascii  value   :   72
Character   i  Ascii  value   :   105
Character      Ascii  value   :   32
Character   t  Ascii  value   :   116
Character   h  Ascii  value   :   104
Character   e  Ascii  value   :   101
Character   r  Ascii  value   :   114
Character   e  Ascii  value   :   101
Character      Ascii  value   :   32
Character   h  Ascii  value   :   104
Character   o  Ascii  value   :   111
Character   w  Ascii  value   :   119
Character      Ascii  value   :   32
Character   a  Ascii  value   :   97
Character   r  Ascii  value   :   114
Character   e  Ascii  value   :   101
Character      Ascii  value   :   32
Character   y  Ascii  value   :   121
Character   o  Ascii  value   :   111
Character   u  Ascii  value   :   117
Lm$xlivi$ls$evi$sy
Character   L  Ascii  value   :   76
Character   m  Ascii  value   :   109
Character   $  Ascii  value   :   36
Character   x  Ascii  value   :   120
```

```
Character   l  Ascii   value   :   108
Character   i  Ascii   value   :   105
Character   v  Ascii   value   :   118
Character   i  Ascii   value   :   105
Character   $  Ascii   value   :   36
Character   l  Ascii   value   :   108
Character   s  Ascii   value   :   115
Character   {  Ascii   value   :   123
Character   $  Ascii   value   :   36
Character   e  Ascii   value   :   101
Character   v  Ascii   value   :   118
Character   i  Ascii   value   :   105
Character   $  Ascii   value   :   36
Character   }  Ascii   value   :   125
Character   s  Ascii   value   :   115
Character   y  Ascii   value   :   121
Hi there how are you
>>>
```

7.7　小结

文件处理为用户提供了持久性的能力。用户必须了解文件访问模式、open() 和 close() 函数，以及用来读取文件和写入文件的函数。本章简单介绍了 Python 中用于文件操作的基本的函数。本章还介绍了与操作系统相关的方法，以及基本的文件属性，以帮助用户方便地完成任务。本章最后给出了丰富的示例，并且以简单的方式澄清了概念。

知识要点

- open() 函数接受 3 个参数。
- 打开文件的模式决定了所能完成的任务。
- 在完成了所需的任务之后，应该关闭文件。
- seek() 方法帮助我们在文件中移动光标。
- file.name 属性输出文件的名称。
- file.mode 属性给出文件的访问模式。
- os.getpwd 函数返回当前的工作目录。
- os.chdir 函数改变目录。

7.8　练习

选择题

1. 如下哪种是关于文件处理的正确说法？＿＿＿＿
  （a）不可能将程序所生成的所有数据都存储到内存中
  （b）文件处理用于持久性存储

（c）以上都对

（d）以上都不对

2. 哪种文件格式使用"\n"和"\r"表示一行的结束？____

（a）文本 （b）二进制文件 （c）以上都对 （d）以上都不对

3. 要使用文件必须先打开它。这么做的原因是____。

（a）为所形成的对象分配内存 （b）指定访问模式

（c）指定偏移量（可选的） （d）以上都对

4. 在 f = open("abc.txt", "r")中，偏移量____。

（a）从开始处是 0 （b）在结束处是 0

（c）是随机的 （d）以上都不对

5. open()函数接受几个参数？____

（a）1 个 （b）2 个 （c）3 个 （d）以上都不对

6. 如果文件按照以下哪种模式打开，则必须关闭它？____

（a）r （b）w （c）以上都对 （d）以上都不对

7. 如果没有成功地打开文件，将会引发如下的哪种异常？____

（a）没有找到文件 （b）IOERROR （c）IO （d）以上都不对

8. 在 f = open("abc.txt", "w")中，如果文件"abc.txt"不存在，那么____。

（a）引发 IOERROR 异常 （b）程序无法编译

（c）创建一个新文件 （d）以上都不对

9. 以下哪一种后缀用来打开一个二进制文件？____

（a）b （b）bin （c）ab （d）以上都不对

10. +后缀允许____。

（a）读 （b）读和写 （c）读或写 （d）以上都不对

11. Python 中有多少种文件访问模式？____

（a）3 种 （b）6 种 （c）9 种 （d）12 种

12. read()函数中的整数参数表示要读写的字节数，如果没有提供这个参数，如下哪一项是默认的参数？____

（a）–1 （b）0 （c）len(file) （d）以上都不对

13. 要读取文件中所有的行，可以使用如下的哪个函数？____

（a）readline() （b）readlines()

（c）以上都对 （d）以上都不对

14. 以下哪个方法可以用来将一个字符串列表写入文件中？____

（a）writeline() （b）writelines()

（c）write() （d）以上都不对

15. seek()函数中的哪个参数表示一个文件的末尾？____

（a）1 （b）2 （c）0 （d）以上都不对

16. 以下哪个函数返回文件的描述符？____

（a）fileno() （b）filedisp()

（c）descriptor() （d）以上都不对

17. `linesep()`函数用来找到以下哪项？____
    - （a）换行符
    - （b）文件的末尾
    - （c）当前目录
    - （d）以上都不对
18. 以下哪一项不是一个文件属性？____
    - （a）closed
    - （b）opened
    - （c）name
    - （d）softspace
19. 以下哪个变量是用来保存命令行参数的？____
    - （a）argv
    - （b）argc
    - （c）以上都对
    - （d）以上都不对
20. 如下哪个函数用来创建一个目录？____
    - （a）os.mkdir()
    - （b）os.chdir()
    - （c）os.getpwd()
    - （d）以上都不对
21. 以下哪个函数用来改变当前目录？____
    - （a）os.mkdir()
    - （b）os.chdir()
    - （c）os.getpwd()
    - （d）以上都不对
22. 以下哪个函数用来输出当前目录的名称？____
    - （a）os.mkdir()
    - （b）os.chdir()
    - （c）os.getpwd()
    - （d）以上都不对
23. 以下哪个函数用来求一个字符串的 ASCII 值？____
    - （a）ascii
    - （b）ord
    - （c）chord
    - （d）以上都不对
24. 以下哪一项不是 Python 中的文件访问模式？____
    - （a）a
    - （b）ab
    - （c）ab+
    - （d）abc
25. 以下哪一项是正确的？____
    - （a）f = open ('file.txt')
    - （b）f = open('file.txt', 'r')
    - （c）f = open ('file.txt', 'r',0)
    - （d）以上都不对

7.9　理论回顾

1. 文件处理的重要性是什么？说明 Python 中的文件处理机制。
2. 说明各种文件访问模式。
3. 说明如下函数的签名及其用法。
    - （a）open()
    - （b）close()
    - （c）read()
    - （d）write()
    - （e）readline()
    - （f）readlines()
    - （g）writeline()
    - （h）seek()
4. 什么是文件属性？说明 Python 所提供的文件属性。
5. 简单介绍 Python 中如下的 os 函数的用法。
    - （a）mkdir()
    - （b）chdir()
    - （c）getpwds()

7.10　编程实践

1. 编写一个程序，将一个文件中的内容复制到另一个文件中。
2. 编写一个程序，将一个文件中每一个单词的首字母改为大写。
3. 编写一个程序，求一个文件中每一个字符的 ASCII 值。
4. 编写一个程序，求一个文件中每一个字符的出现频率。
5. 编写一个程序，找出用户输入的一个单词在给定文件中出现的所有位置。
6. 编写一个程序，将一个文件中给定的字符替换为另一个字符。
7. 编写一个程序，将一个文件中给定的单词替换为另一个单词。
8. 编写一个程序，求一个文件中给定的单词出现的频率。
9. 编写一个程序，求给定文件中出现次数最少的单词。
10. 编写一个程序，将一个文件的名称修改为用户输入的名称。
11. 编写一个程序，创建一个目录，然后在其中创建一个文件。
12. 编写一个程序，输出一个文件的名称、字符数和空格数。
13. 编写一个程序，将给定文件中的字符转换为二进制形式。
14. 编写一个程序，找出给定文件中以元音字母开头的所有单词。
15. 编写一个程序，在给定文件的文本上实现任意的替代性加密。

第 8 章　字符串

学完本章，你将能够

● 　理解字符串的概念及其重要性；
● 　理解各种字符串运算符；
● 　了解操作字符串的内置函数；
● 　了解如何使用字符串解决问题。

8.1　简介

字符串是字符序列。这种数据结构用来存储文本。例如，如果要存储一个人的名字，或者要存储他的地址，那么字符串是最合适的数据结构。实际上，字符串的知识是开发很多应用程序（例如，字处理程序和解析程序）所必需的。

Python 中的字符串可以包含在一对单引号或双引号中，甚至可以包含在三引号中。然而，包含在单引号和双引号中的字符串是没有区别的。也就是说，'harsh' 和 "harsh" 是相同的。三引号通常用在特殊的情况中，本章后面将介绍这种情况。Python 中的字符串有种类广泛的运算符和内置函数。

本章介绍字符串的各个方面，例如，不可变性、字符串的遍历、运算符和内置函数。字符串和列表之间最显著的区别之一是不可变性。一旦给定了一个字符串的值，就不能够修改字符串中一个特定位置的字符的值。对于本章所介绍的运算符，尤其是*运算符，熟悉 C、C++、C#或 Java 的用户将会感到特别亲切。此外，Python 提供了很多内置函数，帮助程序员来处理字符串。

本章讨论了上述问题并且给出了相关的示例。本章按照以下顺序组织：8.2 节介绍字符串中标准的 for 循环和 while 循环的用法，8.3 节介绍用于字符串的运算符，8.4 节介绍用于完成各种任务的内置函数，8.5 节是本章小结。

8.2　for 和 while 的用法

本书第 4 章已经介绍过字符串的遍历。本节再次回顾 for 和 while 循环及其在字符串中的应用。

正如第 2 章和第 4 章所介绍的，字符串是可迭代的对象。可以使用标准的循环（如 for 和 while）来遍历一个字符串。将字符存储到某个变量中，然后用 for 循环来遍历变量中的每个字符。示例 8.1 介绍了如何使用 for 循环来遍历字符串。

示例 8.1 使用 for 循环来执行一些基本的和一些复杂的任务。基本的任务（诸如计算给定的字符串的长度）在示例 8.2 中介绍。示例 8.3、示例 8.4 和示例 8.5 则实现转换与替代。

示例 8.1：编写一个程序来遍历一个字符串。

解答：编写 for i in <string>帮助我们每次访问给定字符串中的一个字符。变量 'str1'存储了用户输入的字符串，并且使用 for 循环来遍历该字符串。代码如程序清单 8.1 所示。

程序清单 8.1　str1.py

```
str1= input('Enter a string\t:')
for i in str1:
    print('Character \t:',i)
```

输出如下。

```
Enter a string    :harsh
Character    :h Character    :a Character    :r Character    :s Character    :h
```

上面的方法也可以帮助我们求字符串的长度。注意，一个内置函数可用来完成这一任务。然而，这里的目的是能够使用 for 循环来模拟 len 函数。在示例 8.2 中，我们将一个名为 length 的变量初始化为 0，并且该变量随着处理过程而自增。

示例 8.2：编写一个程序，求用户输入的字符串的长度。

解答：上面已经介绍了程序的思路。代码如程序清单 8.2 所示。

程序清单 8.2　str2.py

```
name=input('Enter your name\t');
length=0
for i in name:
    length=length +1
print('The length of ',name,' is ',length)
```

输出如下。

```
Enter your name    harsh
The length of    harsh    is    5
```

单独处理一个字符串中每个字符的能力，使我们能够操作给定字符串。一个令人激动的任务是可以实现基本的加密方法。示例 8.3 将字符串中的字符向右移动几个位置，这称为转换。示例 8.4 将字符移动"k"个位置，"k"是由用户输入的。

示例 8.3：要求用户输入一个字符串，并且将其向右移动两个字符的位置。

解答：注意，在每次迭代中，字符的位置都移动了两个位置。代码如程序清单 8.3 所示。

程序清单 8.3　str3.py

```
str1=input('Enter the string\t:')
i=0
str2=""
while i<len(str1):
  str2+=str1[(i+2)%len(str1)]
  i+=1
print(str2)
```

示例 8.4：要求用户输入一个字符串，并且将其向右移动 k 个字符。

解答：注意，在每次迭代中，字符的位置都移动了 k 个位置。代码如程序清单 8.4 所示。

程序清单 8.4　transposition.py

```
str1=input('Enter the string\t:')
k=int(input('Enter the value of k\t:'))
i=0
str2=""
while i<len(str1):
    str2+=str1[(i+k)%len(str1)]
    print(str2)
    i+=1
print(str2)
```

输出如下。

```
Enter the string   :harsh
Enter the value of k   4
h
hh
hha
hhar
hhars
hhars
>>>
```

另一种加密方式是替换。用其他的符号替代一个符号，这叫作替换。示例 8.5 实现了一种最基础的替换。这里，对于每个字符，都通过将其 ASCII 值加上 k（k 值由用户输入），以得到一个新的字符，并用这个新字符来进行替换。

示例 8.5：要求用户输入一个字符串，通过将该字符串中每个字符的 ASCII 值加 k（k 值由用户输入）而得到新的字符，来替换每个字符。

解答：代码如程序清单 8.5 所示。

程序清单 8.5　substitution.py

```
str1=input('Enter the string\t:')
k=int(input('Enter the value of k\t:'))
i=0
str2=""
while i<len(str1):
    str2+=chr(ord(str1[i])+k)
    print(str2)
    i+=1
print(str2)
```

8.3　字符串运算符

Python 为程序员提供了各种非常有用的运算符，用来操作字符串。这些运算符帮助用户轻易而高效地执行相关的任务。这里需要指出的是，替换和成员运算符使 Python 在同类语言中鹤立鸡群。本节简单介绍并且展示这些运算符。

8.3.1　连接运算符

连接运算符（+）接受两个字符串并且生成一个连接后的字符串。这个运算符既能作用于值，也能作用于变量。在下面的示例中，连接操作符的结果存储在名为 result1 和 str2

的变量中。代码如程序清单 8.6 所示。

程序清单 8.6　operator1.py

```
name=input('Enter your name\t:')
result1 = 'Hi'+' there'
print(result1)
str1='Hello'
str2=str1 +' '+name
print(str2)
```

输出如下。

```
Enter your name    :Harsh
Hi there
Hello Harsh
```

注意，相同的运算符也用来将两个整数相加。

8.3.2　替换运算符

Python 中的替换运算符重复字符串第 1 个运算数指定的次数。该运算符作用于两个运算数，第 1 个是一个数字，第 2 个是一个字符串。运算结果是输入字符串重复第 1 个参数指定的次数，所得到的是一个字符串。在示例 8.7 中，结果存储在了名为 result1 的变量中。代码如程序清单 8.7 所示。

程序清单 8.7　operator2.py

```
name=input('Enter your name\t:')
print('Hi', ' ', name)
str1=input('Enter a string\t:')
num=int(input('Enter a number\t:'))
result1=num*str1
print(result1)
```

输出如下。

```
Hi harsh
Enter a string : abc
Enter a number : 4
abcabcabcabc
>>>
```

8.3.3　成员运算符

成员运算符检查给定字符串是否出现在一个给定列表中。如果第一个字符串是给定列表的一部分，返回 true；否则，返回 false。

```
>>> 'Hari' in ['Har', 'Hari', 'Hai'] True
>>>
>>> 'Hari' in ['Har', 'hari', 'Hai'] False
>>>
```

注意，这个运算符还用来进行遍历。建议读者回顾一下本书第 4 章关于 for 循环中"in"的用法的相关介绍。还要注意，该运算符也用于元组中。在下面的程序清单中，字符串"Hari"出现在一个给定的元组中，因此返回 True。

```
>>> 'Hari' in ('Hari', 'Har')
True
>>>
```

读者还应该注意到，对于"in"运算符来说，并没有一个"not in"运算符按照和"in"相反的方式工作。

Python 中的字符串可以跨越多行。可以在该行的末尾放置一个"\"来做到这一点。例如，str2 是"Harsh Bhasin Author Delhi"。然而，使用"\"字符，该字符串跨越了 3 行。

```
>>> str2="'Harsh Bhasin\
Author\
Delhi'"
>>> str2
"'Harsh BhasinAuthorDelhi'"
```

8.4　处理字符串的函数

本节介绍 Python 中操作字符串的常用函数。注意，尽管所有后续的任务即便不使用预定义的函数也能较容易地完成，但是这些函数能够帮助程序员更容易、更高效地完成任务。此外，如果你尝试编写并实现某个函数的自定义版本的时候，这种实现可能在时间和空间上都没有那么高效。然而，人们在编写 Python 中的这些预定义函数的时候，内存和时间相关的问题都已经解决了。我们先来看看 Python 中预定义函数的名称、含义和用法。

8.4.1　len()函数

用法：

```
>>> len()
```

说明：

该函数返回字符串中字符的个数。例如，如果一个名为 str1 的变量存储了字符串 'Harsh Bhasin'，那么 len(str1) 可以计算该字符串的长度。注意，在计算字符串的长度的时候，'Harsh'和'Bhasin'之间的空格也会算在其中。该函数接受一个字符串参数并且返回一个整数，这个整数就是字符串的长度。

示例代码：

```
>>> str1 ='Harsh Bhasin'
>>> len(str1)
12
>>>
>>> len('Harsh Bhasin')
12
>>>
>>> len('')
0
```

8.4.2　`capitalize()`函数

用法：

```
>>> capitalize()
```

说明：

该函数将字符串的第 1 个字符变为大写形式。注意，只有第 1 个字符会大写。如果要将字符串中所有单词的第 1 个字符都大写，应该使用 `title()`函数。

示例代码：

```
>>> str2='harsh bhasin'
>>> str2
'harsh bhasin'
>>> str2.capitalize()
'Harsh bhasin'
```

8.4.3　`find()`函数

用法：

```
>>><name of the string>.find(<parameter(s)>)
```

说明：

使用 `find()`函数可以确定一个指定的子字符串在给定字符串中的位置。此外，如果要确定一个子字符串在一个特定的位置之后（并且在一个特定索引之前）的位置，那么可以给该函数传递 3 个参数，分别是子字符串、最初的索引和最终的索引。如下示例代码展示了该函数的用法。

示例代码：

```
>>> str2.find('ha')
0
>>>
>>> str2.find('ha',3,len(str2))
7
```

8.4.4　`count()`函数

用法：

```
>>><name of the string>.count(<parameter(s)>)
```

说明：

可以使用 `count()`函数来统计一个特定的子字符串出现的次数。该函数接受 3 个参数，分别是子字符串、初始的索引和最终的索引。如下示例代码展示了该函数的用法。

示例代码：

```
>>> str3.count('ha',0,len(str3))
1
>>> str3.count('ka',0,len(str3))
0
```

8.4.5 endswith()函数

用法：

```
<name of the string>.endswith(<parameter(s)>)
```

说明：

该函数可用于判断一个字符串是否以一个特定的子字符串结尾。如果给定的字符串是以给定的子字符串结尾的，该函数返回'True'；否则，该函数返回'False'。

示例代码：

```
>>> str3.endswith('n') True
```

8.4.6 encode()函数

用法：

```
<name of the string>.encode(<parameter(s)>)
>>>
```

说明：

Python 提供了一个函数以各种格式来加密一个给定的字符串。这个函数就是encode()。它接受两个参数——encoding=<value>和 errors=<value>。第 1 个参数可以是本书附录 B 所给出的众多的编码之一。如下示例代码展示了该函数的用法。

示例代码：

```
>>> str3.encode(encoding='utf32',errors='strict')
b'\xff\xfe\x00\x00H\x00\x00\x00A\x00\x00\x00R\x00\x00\
x00S\x00\x00\x00H\x00\x00\x00
\x00\x00\x00b\x00\x00\ x00h\x00\x00\x00a\x00\x00\x00s\x00\x00\x00i\x00\x00\
x00n\x00\x00\x00'
```

8.4.7 decode()函数

用法：

```
>>><name of the string>.decode(<parameter(s)>)
```

说明：

该函数返回解码的字符串。

8.4.8　其他函数

尽管到目前为止，我们已经介绍了大多数重要函数的作用、用法和示例，但如下的这些函数也很重要。下面给出了其他一些函数的列表。这个列表后面还给出了简短的说明。

函数列表如下。

- `isalnum()`
- `isalpha()`
- `isdecimal()`
- `isdigit()`
- `isidentifier()`
- `islower()`
- `isupper()`
- `swapcase()`
- `isspace()`
- `lstrip()`
- `rstrip()`
- `replace()`
- `join()`
- `strip()`

说明：

使用如下函数能够检查给定字符串的内容。`isalnum()`函数检查给定字符串是否是一个含字母和数字的字符串。其他的函数（如`isalpha()`和`isdecimal()`）分别检查给定字符串的内容是否是对应的类型。

使用 `isdigit()`函数可以判断一个给定字符串是否只包含数字。类似地，可以使用`isidentifier()`函数检查字符串内容是否是标识符。`islower()`函数判断给定字符串是否只包含小写字母，`isupper()`判断给定字符串是否只包含大写字母。`swapcase()`函数将给定字符串的大小写交换，即把大写字母转换为小写字母，并且将小写字母转换为大写字母。使用 `isspace()`函数可以检查给定的字符串是否包含空格。使用 `lstrip()`和`rstrip()`函数可以分别从左边与右边删除空格。`replace()`函数将字符串中出现的第 1 个参数的实例，用第 2 个参数进行替换。`split()`函数将给定字符串分割为标记。示例 8.6 将字符串分割为组成它的各个单词，从而展示了该函数的用法。`join()`函数的作用刚好和`split()`函数相反。

示例代码：

```
>>> str3.isalnum() False
```

```
>>> str3.isalpha() False
>>>
>>> str3.isdecimal() False
>>>
>>> str3.isdigit()
False
>>>
>>> str3.isidentifier() False
>>>
>>> str3.islower() False
>>>
>>> str3.isnumeric() False
>>>
>>> str3.replace('h','p')
'HARSH bpasin'
>>>
```

示例 8.6：字符串 str4 包含了一个句子 "I am a good boy."。分割该字符串并且使用一个 for 循环来显示每一个标记。

解答：代码如下。

```
>>> str4='I am a good boy'
>>> str4.split()
['I', 'am', 'a', 'good', 'boy']
>>>
>>> for i in str4.split():
print('Token\t:',i)
```

输出如下。

```
Token : I Token : am Token : a Token : good Token : boy
```

8.5   小结

在 C 和 C++中，字符串用作字符数组。它们是一种特殊类型的数组，其末尾是一个 "\0" 字符。C 中的字符串具有一组内置的函数。然而，在这里有两个问题。首先，字符串不是一种独立的数据类型，其次，单个字符是可以修改的。在 Python 中，通过创建一个对象类型，让字符串的重要性得到了应有的认可。此外，Python 中的字符串是不可变的。字符串具有广泛的内置函数。此外，还有一些有用的运算符，用于帮助程序员容易而高效地完成给定的任务。本章介绍了字符串的概念、运算符和函数。此外，期望读者完成本章末尾的练习以更好地理解和使用字符串。

8.5.1   术语

字符串：字符串是字符序列。这一数据结构用来存储文本。

8.5.2   知识要点

- Python 中的字符串是不可变的。
- 负索引表示从右边开始的字符。

● 字符串是可遍历的对象。

8.6 练习

选择题

1. 以下哪种说法是正确的? ____
   (a) Python 中的字符串是可遍历的
   (b) Python 中的字符串是不可遍历的
   (c) 字符串是否可以遍历取决于实际情况
   (d) 以上都不对

2. Python 中的字符串是可变的吗? ____
   (a) 不是　　　　　(b) 是　　　　　(c) 看情况　　　　　(d) 以上都不对

3. 如果 str1='Hari',那么 print(str1[4]) 的输出是什么? ____
   (a) i　　　　　(b) \0　　　　　(c) 一个异常　　　　　(d) 以上都不对

4. 如果 str1='Hari',那么 print(str1[-3]) 的输出是什么? ____
   (a) "a"　　　　　(b) "H"　　　　　(c) 一个异常　　　　　(d) 以上都不对

5. "Hari"=="hari" 的输出是什么? ____
   (a) True　　　　　(b) False　　　　　(c) 一个异常　　　　　(d) 以上都不对

6. 'a'!='A' 的输出是什么? ____
   (a) True　　　　　(b) False　　　　　(c) 一个异常　　　　　(d) 以上都不对

7. '567'>'989' 的输出是什么? ____
   (a) True　　　　　(b) False　　　　　(c) 一个异常　　　　　(d) 以上都不对

8. 如下哪个语句能够求得"C"的 ASCII 值? ____
   (a) ord('C')　　　(b) chr('C')　　　(c) 以上都对　　　(d) 以上都不对

9. 如下哪条语句能够求得 ASCII 值 67 所表示的字符? ____
   (a) ord(67)　　　(b) chr(67)　　　(c) 以上都对　　　(d) 以上都不对

10. 在 Python 中,'in'和'not in'是什么? ____
    (a) 关系运算符　　(b) 成员运算符　　(c) 连接运算符　　(d) 以上都不对

11. 'A' + 'B' 的输出是什么? ____
    (a) 'A+B'　　　　(b) 'AB'　　　　(c) 131　　　　(d) 以上都不对

12. 3*'A' 的输出是什么? ____
    (a) '3A'　　　　　　　　　　　(b) 和 ASCII 值 65×3 对应的字符
    (c) 'AAA'　　　　　　　　　　(d) 以上都不对

13. 将给定字符串的第 1 个字符大写的函数是什么? ____
    (a) capitilize()　　　　　　　(b) titlecase()
    (c) toupper()　　　　　　　　(d) 以上都不对

14. Python 中的 find() 函数接受＿＿＿＿。

(a) 1 个参数　　　　(b) 3 个参数　　　(c) 以上都对　　　(d) 以上都不对

15. 如果 str1='hari'，那么 isalnum() 的输出是什么？＿＿＿

(a) True　　　　　(b) False　　　　(c) 一个异常　　　(d) 以上都不对

16. 如果 str1='hari3'，那么 str1.isalnum() 的输出是什么？＿＿＿

(a) True　　　　　(b) False　　　　(c) 一个异常　　　(d) 以上都不对

17. 如果 str1='hari feb'，那么 str1.isalnum() 的输出是什么？＿＿＿

(a) True　　　　　(b) False　　　　(c) 一个异常　　　(d) 以上都不对

18. 如果 str1='123h'，那么 str1.isdigit() 的输出是什么？＿＿＿

(a) True　　　　　　　　　　(b) False

(c) 引发一个异常　　　　　　(d) 以上都不对

19. 哪个函数检查给定字符串中是否所有的字符都是小写的？＿＿＿

(a) lower()　　　　　　　　(b) islower()

(c) istitle()　　　　　　　(d) 以上都不对

20. 哪个函数检查给定字符串中所有的字符是否都是大写的？＿＿＿

(a) upper()　　　　　　　　(b) isupper()

(c) istitle()　　　　　　　(d) 以上都不对

21. 哪个函数从一个给定字符串的右边删除空格？＿＿＿＿

(a) rstrip()　　　　　　　　(b) strip()

(c) lstrip()　　　　　　　　(d) 以上都不对

22. 哪个函数将一个给定字符串转换为一个单词列表？＿＿＿＿

(a) split()　　　　　　　　(b) break()

(c) breakup()　　　　　　　(d) 以上都不对

23. 哪个函数将一个字符串分解为指定长度的两个子字符串？＿＿＿

(a) slicing()　　　　　　　(b) splitting()

(c) 以上都对　　　　　　　　(d) 以上都不对

24. 哪个函数将作为参数给定的两个字符串组合起来？＿＿＿

(a) split()　　　(b) join()　　　(c) slice()　　　(d) 以上都不对

25. 如下哪一条语句在 Python 中是非法的（假设 str1 是一个字符串，其初始值为 'hari'）？＿＿＿

(a) str1= 'Harsh'　　　　　　(b) str1[0]= 't'

(c) str1[0]=str[2]　　　　　(d) 以上都不对

8.7　理论回顾

1. 什么是字符串？说明不可变性。双引号和单引号中的字符串，以及三引号中的字符串有什么区别？

2. 说明如下运算符对字符串的作用。

```
+
in
not-in
```

3. 用给定的示例说明如下字符串函数的作用。
   - `capitalize()`
   - `title()`
   - `len()`
   - `find()`
   - `count()`
   - `endswith()`
   - `encode()`
   - `decode()`

4. Python 中的字符串和 C 中的字符串有何区别？

5. 列表和字符串有何区别？

8.8 编程实践

1. 编写一个程序，将一个字符串反转。
2. 编写一个程序，以 UTF 格式加密一个字符串。
3. 编写一个程序，求给定字符串中字符的 ASCII 值之和。
4. 编写一个程序，从一个字符串中找出一个特定的子字符串。
5. 编写一个程序，将一个给定的文本分割成标记。
6. 编写一个程序，检查编程实践 5 所获取的标记中哪些是关键字。
7. 编写一个程序，检查编程实践 5 所获取的标记中有多少个是包含字母和数字字符的字符串。
8. 编写一个程序，检查编程实践 5 所获取的标记中有多少个是包含字母字符的字符串。
9. 编写一个程序，检查在编程实践 5 所获取的标记中有多少个数字字符串。
10. 编写一个程序，转换通过用户输入获取的字符串，给其每个字符的 ASCII 值加上"*k*"。
11. 实现编译器设计的第 1 步（例如 C 编译器）。请自行上网搜索资料以了解编译器设计的概况。
12. 在编程实践 11 中，针对关键词设计有限状态机。

第 9 章　面向对象范型简介

学完本章，你将能够

- 理解过程式范型、模块式范型和面向对象范型；
- 理解类的概念；
- 设计类；
- 理解面向对象编程的要素。

9.1　简介

前面的各章介绍了 Python 的控制结构，包括循环、条件语句等。对于 C 这种过程式语言来说，这些结构是不可或缺的一部分。过程式编程要使用过程。每一个过程都是一组指令，其中的指令指示计算机做什么。Python 还支持面向对象编程（Object-Oriented Programming，OOP）。本章介绍 OOP 的原理，并且说明类和对象的必要性与重要性。本章还介绍 OOP 和过程式编程之间的区别，由此帮助读者认识到为什么需要 OOP。

这里需要注意的是，本章所讨论的内容在后续各章中还会详细介绍。一些不熟悉 C++（或者不熟悉 C#和 Java）的读者可能会发现这里介绍的内容比较抽象，但是随着我们继续深入学习，事情会逐渐变得明朗起来。

正如前面所介绍的，在过程式编程中，每一条语句都告诉程序应该做什么。例如，下面的代码请求用户进行输入，计算平方根并显示结果。

```
>>> a = float(input("Enter a number\t:"))
Enter a number: 67
>>> b = math.sqrt(a)
>>> b
8.18535277187245
>>>
```

如果程序非常短，这种策略会很好。如果要完成的任务并不是很复杂，经常性地、一步一步地告诉计算机怎么做，这种方法比较有效。在这种情况下，我们并不需要其他的范型。

当程序较大的时候，将程序划分为函数会使任务更加容易一些。将较大的程序划分为函数，使程序更加容易管理，并且有助于实现代码的可复用性。函数通常完成一个清晰定义的任务，并且当要完成特定任务的时候，使用函数很方便。建议读者回顾本书第 5 章以理解其优点。根据某些条件将函数集中在一起，构成了所谓的模块（module）。这种编程范型叫作模块化编程（modular programming）。

模块式范型的问题在于不相关函数的偶然性集合和现实世界的条件相去甚远，经过一段时间之后，往往会导致问题。此外，这种方法并没有限制对任何模块的访问，并且可能会危及数据安全性。

需要注意的是，不是所有的模块都能访问数据。数据的访问性应该慎重管理，而不是由模块来负责，不应该随着每个程序的逻辑而修改数据。

为了理解这个问题，让我们以 C 语言为例子。在 C 语言中，变量可以是全局的或局部的。如果它是全局的，那么任何模块都可以修改它。如果它是局部的，那么其他模块无法访问它。因此，没有中间选择。也就是说，我们无法让一个变量成为只能被指定的方法访问的数据。

上述问题的解决方案是按照这样一种方式来对软件建模，即设计在概念上尽可能与现实世界接近。这种对现实情况的建模需要创建兼具属性和行为的实体。将数据以及操作数据的函数聚集在一起，有助于构建上述实体。因此，这些实体称为**类**（class），而类的实例就是对象，并且这种范型叫作**面向对象范型**（object oriented paradigm）。各种编程范型及其优缺点如图 9.1 所示。

图 9.1 编程范型

9.2 创建新的类型

尽管在 Python 中类型不是显式声明的，但类型在其他语言中（其实在大多数语言中）很重要。例如，当我们说一个"数字"是整型的时候，不但声明了类型的信息，而且声明了其最大值和最小值。假设一个整数占用 2 字节，"数字"的最大值就是 32 767，最小值是 –32 768。此外，假设这个"数字"是整型的，还指定了能够对这个数所进行的操作。

整型是一个预定义的类型。大多数语言还允许用户创建自定义类型，并且由此扩展了内置类型的功能。这是很重要的，因为创建新类型的能力会帮助我们编写更加接近现实世界的程序。例如，如果一个人必须设计一个库存管理系统，那么一个名叫"货物"（item）的类型将会使事情更简单。这个货物可以拥有具有预定义类型（如整型或字符串类型）的变量。

可以通过声明一个类来创建一个新的类型。类拥有很多组成部分，其中最重要的是属性和函数。函数和数据聚集在一起构成了 OOP 的基础。正如我们稍后将会看到的，函数通常会操作类的数据成员。在进一步学习之前，我们先概述属性和函数。

9.3　属性和函数

我们可以把类看作一个原型，把对象当作类的一个实例。例如，movie 是一个类，而 The Fault in Our Stars、Love Actually 和 Sarat 是对象（如图 9.2 所示）。类拥有属性和行为，属性通常存储数据，并且行为是使用函数来实现的。可以使用类图来描述类。类图通常有 3 个部分，第 1 部分包含了名称，第 2 部分包含了属性，第 3 部分展示了类的函数。后续章节将介绍属性和行为的基础知识。在图 9.2 中，类（movie）图中只有名称部分。

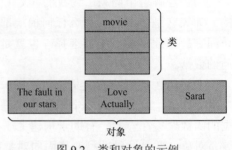

图 9.2　类和对象的示例

9.3.1　属性

属性描述了我们所关注的实体的特征。例如，当创建一个描述电影细节的 Web 站点的时候，就会需要一个 movie 类。假设经过仔细的考虑，这个类应该拥有诸如电影名称（name）、拍摄年份（year）、类型（genre）、导演（director）、制片人（producer）、演员（actors）、音乐总监（music_director）和编剧（story_writer）等属性。

注意，为了举例，假设只需要上面这些细节。存储不必要的细节不但会让数据管理更加困难，而且会违反一个核心原则，即只保留和需要解决的问题相关的细节。这些属性通常会在类图的第 2 部分中出现。在图 9.3 中，给出了"movie"类的属性。

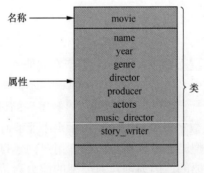

图 9.3　movie 类的名称和属性

9.3.2　函数

下一步是在上面的类中包含函数。在本节的示例中，有两个函数——`getdata()` 和 `putdata()`。`getdata()` 函数请求用户输入变量的值，`putdata()` 将会显示该数据。函数实现了类的行为。正如前面所介绍的，函数完成一项具体的任务。在一个类中，可能有任意多个函数，每个函数完成一项具体的任务。实际上，我们有专门的函数，用来初始化一个类的数据成员。因此，类的函数称为成员函数。函数（或行为）在类图的第 3 部分展示出来。在图 9.4 中，在类图的第 3 部分中，给出了 movie 类的函数（getdata()和putdata()）。

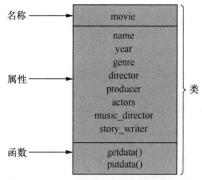

图 9.4 movie 类的名称、属性和函数

下面的示例展示了一个名为 movie 的类。这个类拥有如下数据成员：

- name；
- year；
- genre；
- director；
- producer；
- actors；
- music_director；
- story_writer。

这个类有两个函数，getdata()函数请求用户输入数据成员的值，putdata()函数显示这些变量的值。为了调用 getdata()函数和 putdata()函数，我们创建了 movie 类的一个实例（m）。稍后将会看到，使用点运算符来调用函数。后续各章将会介绍和语法相关的细节。

程序清单 9.1 实现了上述类。尽管我们现在还没有介绍语法，但这里的代码对于语法是如何工作的已经给出了一些思路。

程序清单 9.1 class_basic1.py

```python
class movie:
    def getdata(self):
        self.name=input('Enter name\t:')
        self.year=int(input('Enter year\t:'))
        self.genre=input('Enter genre\t:')
        self.director=input('Enter the name of the director\t:')
        self.producer=input('Enter the producer\t:')
        L=[]
        item=input('Enter the name of the actor\t:')
        L.append(item)
        choice=input('Press \'y\' for more \'n\' to quit')
        while(choice == "y"):
```

```
        item=input('Enter the name of the actor\t:')
        L.append(item)
        choice=input('Enter \'y\' for more \'n\' to quit')
    self.actors=L
    self.music_director=input('Enter the name of the music director\t:')

def putdata(self):
    print('Name\t:',self.name)
    print('Year\t',self.year)
    print('Genre\t:',self.genre)
    print('Director\t:',self.director)
    print('Producer\t:',self.producer)
    print('Music_director\t:',self.music_director)
    print('Actors\t:',self.actors)
```

```
m=movie()
m.getdata()
m.putdata()
```

输出如下。

```
Enter name   :Kapoor
Enter year   :2016
Enter genre :Drama
Enter the name of the director   :ABC Enter the producer   :Karan
Enter the name of the actor   :Siddarth
Press 'y' for more 'n' to quity
Enter the name of the actor   :Fawad
Enter 'y' for more 'n' to quitn
Enter the name of the music director   :XYZ Name   :Kapoor
Year   2016
Genre :Drama Director   :ABC Producer   :Karan
Music_director   :XYZ
Actors   :['Siddarth', 'Fawad']
>>>
```

在面向对象语言中，一个特殊的函数负责初始化数据成员的值。这个函数的名称和类的名称相同。这个函数叫作**构造函数**（constructor）。

一方面，我们可以在类中创建一个默认的构造函数，它并不接受任何参数；另一方面，带参数的构造函数接受参数并使用这些参数来初始化数据成员。下一章将会介绍构造函数的实现及其用法。

当对象的生命周期结束的时候，将会调用**析构函数**（destructor）。在 Python 中，可以使用'del'来调用一个析构函数。下一章将会介绍析构函数这一概念。

提示

当创建对象的时候，将会调用构造函数。当对象的生命周期结束的时候，将会调用析构函数。

9.4　面向对象编程的要素

接下来我们将会简单介绍面向对象编程的原理。本节将介绍封装、数据隐藏和多态等概念。

9.4.1　类

类是一个真实或虚拟的实体，它和要解决的问题相关，并且有明确的物理边界。类可以是一个真实的实体。例如，当某人为一家洗车公司开发软件的时候，Car 就是这个软件的中心，因此，要有一个名为 Car 的类。类也可以是一个虚拟的实体。另一个例子是，当开发一个学生管理系统的时候，要构建一个 student 类，这是一个虚拟的实体。在这两个例子中，都构建了实体，因为它们对于解决手边的问题很重要。

我们可以进一步来讨论 student 类的例子。这个类将拥有属性，而这些属性也是程序所需要的。属性的选择将由类的物理边界来决定。实际上，当我们为学校开发学生管理系统的时候，不需要知道一个学生拥有的汽车数量以及他昨天晚上去哪里了等这些不必要的细节信息，因此没必要存储这些细节。

我们所讨论的一些系统中核心类的示例如表 9.1 所示。

表 9.1　　　　　　　　　　　　　　一些系统中核心类的示例

系　　　统	核心类
学生管理系统	student（学生）
雇员管理系统	employee（雇员或职工）
库存控制系统	item（货物）
图书馆管理系统	book（图书）
影评系统	movie（电影）
航空管理系统	flight（航班）
考试管理系统	test（考试）

9.4.2　对象

考虑一个存储了学校中每一个学生的数据的学生管理系统。注意，在输入数据的时候，操作员处理的是单个学生，而不是学生的概念。学生的概念是一个类，而每个学生是类的实例或者对象。

对象是类的一个实例。对象彼此交互并且完成工作。通常，一个类可以拥有任意多个对象，这些对象甚至可以形成对象的数组。在 movie 类的例子中，它有一个 m 对象。实际上，我们通过创建对象来调用类的方法（那些可供调用的方法）。

在面向对象范型中，程序以对象为核心，因此这种类型的编程也称为面向对象编程。调用对象的一个方法等同于给一个对象发送消息。

9.4.3　封装

类是一个实体，它拥有数据和函数。数据和操作数据的函数聚集在一起就叫作**封装**（encapsulation）。封装是面向对象范型的核心原则之一。封装不但使处理对象变得更容易，而且提高了软件的可管理性。

此外，类中的函数可以以各种方式使用。正如后续几节所介绍的，可以使用访问修饰符来管理对于数据成员和成员函数的可访问性。

9.4.4　数据隐藏

数据隐藏（data hiding）是面向对象编程中另一个重要的原理。正如前面所介绍的，在类中可以管理数据的可访问性。在过程式编程中，数据在整个程序中都是可以访问的。这叫作全局数据（global data）。一个类私有的数据是那些只能够由类的成员访问的数据。还有其他的一些访问修饰符，我们将在后续各节中介绍。

例如，一方面，在 C++ 中，类中的数据通常是私有的。也就是说，只有类的成员函数能够访问这些数据。这就确保了数据不会被意外地修改。另一方面，C++ 中的函数是公有的。公有函数在程序中的任何地方都可以访问（如图 9.5 所示）。在 C++、Java、C# 等语言中，还有另一个访问修饰符，就是 protected。如果一个成员要能够在类及其派生类中访问，那就使用 protected 修饰符。C# 和 Java 还有一些其他的修饰符，如 internal。

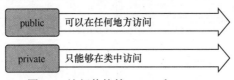

图 9.5　访问修饰符 public 和 private

既然已经介绍了数据访问，必须要说明的就是什么是私有的以及什么是公有的由项目的设计和开发团队自行决定。关于什么应该是私有的，什么应该是公有的，并没有严格的规则。设计者必须根据他们的需求来确定一个成员的可访问性。

数据的保护不但和数据的安全性有关，而且和意外的修改有关系。需要保护数据，这样只有那些有权修改数据的开发人员，才能够修改数据。

9.4.5　继承

类可以有子类。将类划分为子类的技术叫作继承（inheritance）。例如，movie 类可以划分为各种子类，例如，art_movie、commercial_movie 等。同样，student 类可以划分为 regular student 和 part_time_student 等子类。在上面的两个例子中，子类所拥有的很多内容是它们的基类（即子类所派生而来的类）中也有的。此外，每个子类还拥有一些只有该子类才有的函数和数据。

例如，student 类拥有 name、date_of_birth、address 等属性。子类 regular student 也使用这些数据成员，并且还有诸如相关联的 attendance 等属性。派生出子类的那个类叫作基类（base class），而子类也叫作基类的派生类（derived class）。

例如，在图 9.6 中，movie 是基类，而 commercial_movie 和 art_movie 是子类。

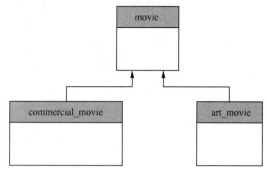

图 9.6　从其他的类派生出类叫作继承。有很多种类型的继承，这里给出的是层级式继承

9.4.6　多态

多态（polymorphism）意味着多种的形式。多态可以以多种方式来实现。多态最简单的一个例子就是运算符重载。运算符重载意味着可以以多种方式来使用相同的运算符。例如，在整数之间，"+"用来进行加法运算，对于字符串来说，"+"用来进行字符串连接，甚至可以对用户定义的数据类型使用该运算符，本书第 12 章将会介绍这一点。

同样，函数重载意味着一个类中有多个具有相同名称的函数，它们可以有不同的参数。第 10 章和第 11 章将介绍多态的各种形式。

9.4.7　可复用性

过程式编程一直以来就不具备可复用性（reusability）。模块式编程允许复用，但是只将可复用性扩展到了一定的程度。在模块式编程中，函数作为一个依据来使用。在面向对象编程中，可复用性的概念得到了完全的发挥。本书第 10 章将详细介绍上面提到的继承的概念，实际上，继承帮助程序员根据自己的需要来复用代码，可复用性就像是面向对象编程的"UPS 快递服务"。

然而，还是有一个问题。最近，一些研究者对于 OOP 的能力和可复用性持有怀疑的态度。

9.5　小结

在设计软件的过程中，我们必须记住想要研究的实体。具体细节可以稍后再确定。文学作品并不会考虑一些操作细节，实际上，面向对象编程也是如此。因此，隐藏不必要的细节是面向对象编程的一个重要部分。

例如，在开发一个与电影相关的网站的时候，问题中心的实体就是"电影"。因此，我们从一个名为 movie 的空的类开始。设计者随后必须确定实现函数所需的属性。属性构成了相关类的数据成员。之后，就可以考虑实体的行为了。成员函数决定了实体的行为。然后，就可以设计函数了。本节之后要讨论的继承和多态等机制，开始有了用武之地。最后，完成了系统的创建。

完善一个类的信息的过程如图 9.7 所示。

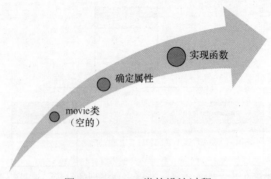

图 9.7　movie 类的设计过程

编程是一种技术。好的程序员应该精通语言的语法、数据结构以及算法分析的概念。除了上述知识之外，程序员还需要确定所要使用的编程范型。本章简单地介绍了各种编程范型以及它们的优点和缺点。本章介绍了面向对象编程的概念，还讨论了类和对象的定义。本章还介绍了 OOP 的特征。本章介绍的概念为后续各章打下了一个基础。所介绍的一些概念现在可能还有些抽象，但是后续的各章将会再次回顾这些概念，并且展示本章中这些思路的实现。为了能够使用 OOP 编写程序，我们必须从过程式编程的思维方法中跳出来，并且开始以现实世界中拥有属性和行为的实体为中心来思考编程。

还要说明的是，面向对象程序的设计通过是通过类图和顺序图的设计来引导的。这些图都是统一建模语言（Unified Modeling Language，UML）的一部分。本章介绍了类图的概念。

9.5.1　术语

- **类**：类是一个真实或虚拟的实体，它和要解决的问题相关，并且有清晰的边界。
- **对象**：对象是类的一个实例。
- **封装**：将数据以及操作数据的函数聚集在一起。
- **继承**：将类划分为子类的技术。
- **运算符重载**：以多种方式使用相同的运算符。
- **函数重载**：在类中有多个拥有名称相同的函数，它们的参数不同。

9.5.2　知识要点

- 告诉计算机如何一步一步地去做就能够完成的任务，并不是很复杂。在这种情况下，不需要范型。
- 在模块化的较大的程序中，把程序划分为函数，以使任务更容易完成。
- 将较大的程序划分为模块，使程序更容易管理并且有助于实现代码的复用。
- 按照某种标准将函数聚集在一起，就有了所谓的模块。这种编程范型叫作模块化编程。
- 类有两个重要的组成部分——属性和行为。
- 构造函数负责初始化一个类的成员。
- 析构函数释放一个对象所占据的内存。

9.6 练习

选择题

1. 如下哪种语言不是面向对象的语言？____
    （a）C   （b）C++   （c）Python   （d）C#

2. 如下哪种语言是面向对象的语言？____
    （a）Python   （b）C#   （c）Java   （d）以上都对

3. 学生是一个概念性的实体，它可以充当每一个学生的蓝图。这种映射和如下的哪种情况类似？____
    （a）类和对象   （b）方法和模块化编程
    （c）以上都对   （d）以上都不对

4. 类的两个最重要的组成部分是____。
    （a）方法和属性   （b）列表和元组
    （c）数组和函数   （d）以上都不对

5. 在面向对象范型中，类的一个变量叫作____。
    （a）数据成员   （b）成员函数
    （c）全局数据   （d）以上都不对

6. 在面向对象范型中，类的一个函数叫作____。
    （a）成员函数   （b）数据成员   （c）全局函数   （d）以上都不对

7. 类的一个实例叫作____。
    （a）对象   （b）物体   （c）注入   （d）以上都不对

8. 将数据以及操作数据的函数聚集在一起叫作____。
    （a）抽象   （b）封装   （c）重载   （d）以上都不对

9. 在类中，选择数据成员的可访问性叫作____。
    （a）数据隐藏   （b）封装   （c）抽象   （d）以上都不对

10. 如果在一个类中有名称相同的函数，这叫作____。
    （a）函数重载   （b）覆盖   （c）封装   （d）以上都不对

11. "+" 可以用于将两个数字类型相加。然而，程序员也可以使用 "+" 将两个用户定义的数据类型相加（例如，复数），这叫作____。
    （a）方法重载   （b）运算符重载
    （c）封装   （d）以上都不对

12. 继承有助于处理____。
    （a）复用   （b）冗余   （c）系统开销   （d）以上都不对

13. 如果基类中的一个函数扩展到了派生类中，这叫作____。
    （a）重载   （b）抽象   （c）封装   （d）以上都不对

14. 如下哪一项不属于继承？ ____

    （a）简单的继承   （b）多重继承

    （c）层级式继承   （d）以上都是继承的类型

15. 如下哪一项负责初始化一个类的成员？ ____

    （a）构造函数   （b）析构函数   （c）以上都对   （d）以上都不对

16. 对于一个定义良好的类来说，如下的哪种说法是真的？ ____

    （a）它对于要解决的问题很重要   （b）它有清晰的边界

    （c）它是一个真实的或物理的实体   （d）以上都对

17. 允许定义一种新的数据类型的语言是____。

    （a）全面的   （b）可扩展的   （c）以上都对   （d）以上都不对

18. 在面向对象范型中，重点关注____。

    （a）数据   （b）完成工作的方式

    （c）数据类型   （d）以上都不对

19. UML 是以下哪一项的缩写？ ____

    （a）Ultra-Modern Language   （b）Unified Modeling Language

    （c）United Model League   （d）以上都不对

20. 如下哪一项不是面向对象范型的原则？ ____

    （a）继承   （b）数据隐藏   （c）封装   （d）分而治之

9.7 理论回顾

1. 简短说明各种编程范型。
2. 面向对象范型和过程式编程之间有什么区别？
3. 什么是类？一个类的基本组成部分是什么？给出一个类的属性和函数的定义。
4. 对象和类之间的关系是什么？
5. 什么是类图？给出类图的一个例子。
6. 说明封装的重要性。
7. 说明数据隐藏的重要性。它和数据安全性有关系吗？
8. 什么是多态？说明运算符重载和函数重载的概念。
9. 可复用性的核心是什么？说明可复用性相对于面向对象范型的概念。
10. 指出面向对象编程中存在的一些问题。

9.8 探索和设计

希望读者能够继续浏览关于数据管理系统的一些资料。本章关于实体关系的图中已经给出了一些相关的细节。根据你的学习和研究，画出表 9.1 中提到的类的类图。

第 10 章　类和对象

学完本章，你将能够
- 理解在 Python 中如何创建类；
- 继承一个类；
- 使用对象；
- 创建成员函数；
- 区分实例和类变量；
- 使用构造函数和析构函数；
- 理解构造函数的类型。

10.1　简介

类是真实的或虚拟的实体，它对于要解决的问题很重要并且具有清晰的物理边界。上一章已经介绍了类的概念。本章继续进行相关的讨论。在 Python 中，比在任何其他编程语言中都更容易创建一个类。Python 中的类可以包含任意类型和任意数量的数据。具有 C++ 背景的程序员会发现 Python 的语法以及变量的用法有一些奇怪。实际上，Python 中类的机制不但受到 C++的影响，而且受到 Modula-3 的影响。

Python 中的类可以进行**子类化**（sub-classed）。Python 支持所有的继承类型（包括多继承）。Python 也允许**方法覆盖**（method overriding）。类的**动态特性**（dynamic nature）使 Python 和其他语言比显得与众不同。类可以在运行时创建，甚至可以在程序运行的时候修改类。

在一个类中，所有的数据成员本质上都是公有的。也就是说，在程序中的任何地方都可以访问它们。类中的成员函数都是虚拟的。在一个类中，所有成员函数的第 1 个参数都必须是表示该类的对象，从现在开始，这个参数名为 self。有趣的是，Python 中的所有内置类型本身就是类，并且程序员都可以扩展它们。

建议读者回顾第 2 章。注意，相同的对象可以使用多个名称。例如，可以将一个对象传递给只有一个参数的一个函数，此外，对于主调函数来说，该函数所做出的修改也是可见的。在 Python 中，可以使用别名（相同的对象具有多个名称）来完成上述任务。

本章按照如下方式来组织：10.2 节介绍类的定义，10.3 节介绍对象的概念并介绍类的实例化，10.4 节介绍数据成员的作用域，10.5 节介绍嵌套，10.6 节介绍构造函数，10.7 节介绍构造函数重载，10.8 节介绍析构函数，10.9 节是本章小结。

10.2　定义类

在 Python 中，可以使用 class 关键字来定义类。class 关键字的后面跟着类的名称。类的主体跟在其后面。缩进必须正确。

定义类的语法如下。

```
class <name of the class>:
def <function name>(<arguments>):
...
<members>
```

例如，employee 类有数据成员 name 和 age，并且还有像下面这样定义的成员函数 getdata() 和 putdata()。前面已经提到过，类中的每个函数都必须至少有一个参数，即 self。这个类的函数已经按照传统的方式定义了。这里的 getdata() 函数要求用户输入 name 和 age 值。可以通过 self 对象来访问数据成员，因为它们属于类而不只是属于函数。类似地，putdata() 函数显示了数据成员的值。注意，可以通过 self 来访问类的成员。

提示

● 类定义不仅包括函数，还包括其他的成员。
● 对象的属性是数据属性，属于一个对象的函数叫作方法。

10.3　创建对象

使用默认的构造函数初始化，并将一个名称和类的实例关联起来，就创建了一个对象。例如，在创建 employee 类的一个对象的时候，使用如下语句。

```
e1=employee()
```

这里，e1 是对象的名称，而 employee() 是类的构造函数。也可以使用带参数的构造函数来创建一个对象，后面的小节将会介绍这一点。创建一个对象的过程叫作**实例化**（instantiation）。

可以对给定的类使用点运算符来调用类的函数。例如，要调用 employee 类的 getdata() 函数，可以使用如下语句。

```
e1.getdata()
```

同样，也可以使用点运算符来调用类的其他方法（见程序清单 10.1）。

程序清单 10.1　employee.py

```
class employee:
    def getdata(self):
        self.name=input('Enter name\t:')
        self.age=input('Enter age\t:')
    def putdata(self):
```

```
        print('Name\t:',self.name)
        print('Age\t:',self.age)
el=employee()
el.getdata()
el.putdata()
```

输出如下。

```
Enter name  : Harsh
Enter age   : 28
Name  : Harsh
Age   : 28
>>>
```

提示

对象支持如下的操作：

● 实例化；

● 属性引用。

10.4 数据成员的作用域

一个命名空间的作用域就是它直接可以访问的区域。实际上，在 Python 中，作用域是动态使用的。在确定一个命名空间的作用域的时候，遵循如下规则。

首先，查找最内部的作用域。

其次，查找包含了函数的作用域。

然后，查找全局命名空间。

最后，看看内置的名称。

非局部的语句将绑定全局作用域中的变量。为了理解上面的概念，考虑如下代码。如下几点是这段代码中值得注意的地方。

● 对于类的所有实例，a 的值都是 5，直到调用了改变 a 的值的一个函数。

● 在 putdata() 中，a 并不存在，a 对于 getdata() 来说是局部的。

● 在两个函数中都可以访问 b，因为 b 是所调用的类的一个数据成员（注意，每次调用 b 时，使用了 'self.b'）。

在上述讨论的基础上，希望读者能够理解程序清单 10.2。

程序清单 10.2 variable_visibility.py

```
class demo_class:
    a=5
    def getdata(self,b):
        a=7;
        self.b=b
    def putdata(self):
        print('The value of \'a \'is',self.a, 'and that of \'b\'is',self.b)

d=demo_class()
d.getdata(9)
d.putdata()
```

输出如下。

```
Traceback(most recent call last):
File "C:/Python/Class/variable_visibility.py", line 11,
in <module>
d.putdata()
File "C:/Python/Class/variable_visibility.py", line 7, in putdata
print('The value of \'a\' is',a,'and that of \'b\'is',self.b)
NameError: name 'a' is not defined
```

在下面的代码中，a 对于所有的类来说都是通用的。b 是类的一个成员。这里，self.b=b 意味着类的数据成员 b(self.b)的值为 b，而 b 是 getdata()函数的第 2 个参数。c 对于 getdata()来说是局部的，因此 getdata()的 c 和 putdata()的 c 是不同的。

定义：实例变量和类变量

实例变量是对于每个实例来说都不同的变量，类变量是所有实例变量共享的一个变量。例如，在程序清单 10.3 中，在每个实例中，可以给 b 赋一个不同的值，但 c 总是保持相同的值。

程序清单 10.3　variable_visibility2.py

```
class demo_class:
    a=5
    def getdata(self,b):
        c=7;
        self.b=b
        print('\'c\' is ',c,' and \'b\' is ',self.b)
    def other_function(self):
        c=3
        print('Value',c)
    def putdata(self):
        print('\'b\' is',self.b)

d=demo_class()
d.getdata(9)
print(d.a)
d.other_function()
d.putdata()
e=demo_class()
print(e.a)
```

输出如下。

```
'c' is 7 and 'b' is 9
5
Value 3
'b' is 9
5
```

此外，上面的全局数据成员 a 可以在类之外生成，所有的方法都可以访问它（直到数据成员的作用域改变了）。在程序清单 10.4 中，a 对于类中的所有实例来说都是相同的，b 是类的数据成员，c 是一个局部变量。

程序清单 10.4　variable_visibility3.py

```
global f f=7
class demo_class:
a=5
```

```
def getdata(self,b):
c=7;
self.b=b
print('\'c\' is ',c,' and \'b\' is ',self.b,'\'f\'',f)
def other_function(self):
c=3 print('Value',c) def putdata(self):
print('\'b\' is',self.b)

d=demo_class() d.getdata(9) print(d.a) d.other_function() d.putdata() e=demo_class() print(e.a)
```

输出如下。

```
'c' is 7 and 'b' is 9 'f' 7
5
Value 3
'b' is 9
5
```

10.5　嵌套

　　类的设计需要一个实体的概念，实体拥有属性和行为。可以在一个类中生成另一个类的对象。也就是说，一个类能够以另一个类的对象作为其成员。这叫作嵌套。注意，一个类的属性自身可以是实体。例如，在程序清单 10.5 中，在 student 类中创建了 date 类的一个实例。这么做是有意义的，因为 student 是由其他实体（如 date）组成的一个实体。

程序清单 10.5　Nesting_of_classes.py

```
class date:
    def getdata(self):
        self.dd=input('Enter date (dd)\t:')
        self.mm=input('Enter month (mm)\t:')
        self.yy=input('Enter year (yy)\t:')
    def display(self):
        print(self.dd,':',self.mm,':',self.yy)
class student:
    def getdata(self):
        self.name=input('Enter name\t:')
        self.dob= date()
        self.dob.getdata()
    def putdata(self):
        print('Name \t:',self.name)
        self.dob.display()

s= student()
s.getdata()
s.putdata()
```

输出如下。

```
Enter name    :Harsh
Enter date (dd)   :03
Enter month (mm)   :12
Enter year (yy)   :1981
Name   : Harsh
03 : 12 : 1981
```

10.6　构造函数

注意，每次一个类实例化的时候，都会使用构造函数（例如，e1=employee()）。在 C++的术语中，构造函数是和类具有相同名称的一个函数，并且它会初始化数据成员。上面的例子使用了默认构造函数，这不是由程序员编写的函数。通过编写构造函数，可以在每次需要的时候初始化对象。本节重点讨论两种类型的构造函数——默认构造函数和带参数的构造函数。**默认构造函数**并不会接受任何参数（例如，employee()构造函数）。在 Python 中，使用与类名相同的函数名来调用构造函数。然而，在类中，通过编写 __init__()函数来实现构造函数。

在程序清单 10.6 中，对象 e1 具有期望的行为。当调用 putdata 时，显示用户在 getdata()函数中输入的值。对于 e2，不调用 getdata()函数，因此显示在 __init__() 中赋予的值。

程序清单 10.6　Constructor1.py

```
class employee:
    def getdata(self):
        self.name=input('Enter name\t:')
        self.age=input('Enter age\t:')
    def putdata(self):
        print('Name\t:',self.name)
        print('Age\t:',self.age)
    def __init__(self):
        self.name='ABC'
        self.age=20

e1= employee()
e1.getdata()
e1.putdata()
e2=employee()
e2.putdata()
```

输出如下。

```
Enter name  : Harsh
Enter age   : 28
Name  : Harsh
Age   : 28
Name  : ABC
Age   : 20
```

带参数的构造函数会接受参数，例如，在程序清单 10.7 中，创建了一个带参数的构造函数，它接受两个参数，分别是 name 和 age。为了给对象赋值，实例化必须按照如下形式进行。

```
e2=employee('Naved', 32)
```

注意，尽管定义了带参数的 __init__，但是第一个参数始终是'self'，剩下的参数是要赋给类的不同数据成员的值。在 employee 类的例子中，给出了 self、name 和 age 这 3 个参数。

程序清单 10.7   Constructor2.py

```
class employee:
    def getdata(self):
        self.name=input('Enter name\t:')
        self.age=input('Enter age\t:')
    def putdata(self):
        print('Name\t:',self.name)
        print('Age\t:',self.age)
    def __init__(self, name, age):
        self.name=name
        self.age=age
    def __del__():
        print('Done')

#e1=employee()
#e1.getdata()
#e1.putdata()
e2=employee('Naved', 32)
e2.putdata()
```

输出如下。

```
Name  : Naved
Age   : 32
>>>
```

10.7   构造函数重载

若一个类中的函数具有相同的名称，却有不同数目或不同类型的参数，这叫作函数重载。在 C++、Java、C#等语言中，构造函数也可以重载。也就是说，一个类可以拥有多个构造函数，每个构造函数具有不同的参数。

然而，在 Python 中，在一个类中不能有多个__init__。例如，如果我们尝试执行程序清单 10.8，将会引发一个错误。

原因是有人编写了一个带参数的__init__。Python 会在实例化的时候查找其他的参数。

程序清单 10.8   class_basic1.py

```
class employee:
    def getdata(self):
        self.name=input('Enter name\t:')
        self.age=input('Enter age\t:')
    def putdata(self):
        print('Name\t:',self.name)
        print('Age\t:',self.age)
    def __init__(self, name, age):
        self.name=name
        self.age=age

e1= employee()
e1.getdata()
e1.putdata()
e2=employee('Naved', 32)
e2.putdata()
```

输出如下。

```
Traceback (most recent call last):
    File "C:/Python/Class/class_basic1.py", line 11, in <module>
        e1=employee()
TypeError:_init_() missing 2 required positional arguments:
'name' and 'age'
```

　　在学习了构造函数的重要性及其实现之后，我们现在来实现一个构造函数，并且让我们考虑以 movie 类为例来进行讨论。程序清单 10.9 中有一个 movie 类，它包含了一个 getdata() 和 putdata() 函数，以及用于初始化变量的 init(self) 函数。注意，对象 m 并没有调用 getdata()，而只调用了 putdata()。在构造函数中赋的值显示了出来。

程序清单 10.9　class_basic2.py

```
class movie:
    def getdata(self):
        self.name=input('Enter name\t:')
        self.year=int(input('Enter year\t:'))
        self.genre=input('Enter genre\t:')
        self.director=input('Enter the name of the director\t:')
        self.producer=input('Enter the producer\t:')
        L=[]
        item=input('Enter the name of the actor\t:')
        L.append(item)
        choice=input('Press \'y\' for more \'n\' to quit')
        while(choice == "y"):
            item=input('Enter the name of the actor\t:')
            L.append(item)
            choice=input('Enter \'y\' for more \'n\' to quit')
            self.actors=L
            self.music_director=input('Enter the name of the music director\t:')

    def putdata(self):
        print('Name\t:',self.name)
        print('Year\t',self.year)
        print('Genre\t:',self.genre)
        print('Director\t:',self.director)
        print('Producer\t:',self.producer)
        print('Music_director\t:',self.music_director)
        print('Actors\t:',self.actors)

    def __init__ (self):
        self.name='Fault'
        self.year=2015
        self.genre='Drama'
        self.director='XYZ'
        self.producer='ABC'
        self.music_director='LMN'
        self.actors=['A1', 'A2', 'A3', 'A4']

m=movie()
#m.getdata()
m.putdata()
```

输出如下。

```
Name   : Fault
Year   : 2015
Genre : Drama
Director   : XYZ
```

```
Producer   : ABC
Music_director  : LMN
Actors  : ['A1', 'A2', 'A3', 'A4']
```

10.8 析构函数

构造函数初始化一个类的数据成员，析构函数释放内存。使用__del__创建析构函数，并且通过写出关键字 del 以及对象的名称来调用析构函数。程序清单 10.10 展示了前面提到的 employee 类中析构函数的例子。

程序清单 10.10 destructor1.py

```
class employee:
    def getdata(self):
        self.name=input('Enter name\t:')
        self.age=input('Enter age\t:')
    def putdata(self):
        print('Name\t:',self.name)
        print('Age\t:',self.age)
    def __init__(self, name, age):
        self.name=name
        self.age=age
    def __del__(self):
        print('Done')

#e1=employee()
#e1.getdata()
#e1.putdata()
e2=employee('Naved', 32)
e2.putdata()
del e2
```

输出如下。

```
Name  : Naved
Age   : 32
Done
>>>
```

下面的示例和前面的例子相同。然而，程序清单 10.11 还展示了__class__.__name__的用法，它会显示调用该函数的对象的名称。这很有用，因为对象的名称告诉我们是调用了谁的析构函数（或者它的任何其他方法）。

程序清单 10.11 destructor2.py

```
class employee:
    def getdata(self):
        self.name=input('Enter name\t:')
        self.age=input('Enter age\t:')
    def putdata(self):
        print('Name\t:',self.name)
        print('Age\t:',self.age)
    def __init__(self, name, age):
        self.name=name
        self.age=age
    def __del__(self):
```

```
        print(__class__.__name__,'Done')

#e1=employee()
#e1.getdata()
#e1.putdata()
e2=employee('Naved', 32)
e2.putdata()
del e2
```

输出如下。

```
Name  : Naved
Age   : 32
employee Done
>>>
```

● 关于 name="__main__"，建议读者查看参考资料。

● 在类的定义中，和类相关的文档字符串，可以在 3 个双引号中提及。

● 可以通过 doc 来访问和类相关的文档字符串，如程序清单 10.12 所示。

程序清单 10.12　employeedocstring.py

```
class employee:
    """The employee class"""
    def getdata(self):
      self.name=input('Enter name\t:')
      self.age=input('Enter age\t:')

    def putdata(self):
      print('Name\t:',self.name)
      print('Age\t:',self.age)

    def __init__(self):
      self.name='ABC'
      self.age=20

e1=employee()
e1.getdata()
e1.putdata()
print(e1.__doc__)
```

输出如下。

```
Enter name  : Sakib
Enter age   : 17
Name  : Sakib
Age   : 17
The employee class
>>>
```

本章前面所讨论的就是所谓的实例方法。然而，在类中还可以创建另一种方法，这就是类方法。

10.9　小结

第 9 章介绍了面向对象编程的概念，本章进一步介绍这一主题。本章介绍了类的语法以及如何创建对象，还介绍了构造函数的概念及其创建方式、类型与实现方式等。本章还介绍了析构函数的概念。本章给出了大量的示例，展示了之前所提及的各种概念的实现。第 11 章将介绍继承和多态，这也是面向对象编程所必备的。然而，要继承一个类或实现运算符重载，我们必须掌握类的创建方式及其用法。

10.9.1 术语

- **数据属性和方法**：对象的属性是**数据属性**，属于一个对象的函数叫作**方法**。
- **实例变量和类变量**：实例变量对于每个实例来说都是不同的，类变量是由所有实例共享的一个变量。
- **构造函数**：构造函数初始化数据成员。
- **带参数的构造函数**：和类具有相同名称并且初始化数据成员与接受参数的一个函数。

10.9.2 知识要点

- Python 中的类可以子类化。
- 在 Python 中支持所有的继承类型（包括多重继承）。
- 在 Python 中，可以使用 `class` 关键字来定义类。
- 通过把对象的名称和类的一个实例的名称关联起来，就创建了一个对象，并且使用默认构造函数来初始化对象。
- 使用给定的类名和点运算符，可以调用一个类的函数。
- 尽管定义带参数的 `init` 方法的时候，第一个参数总是 `self`，但剩下的参数是要赋给类的不同数据成员的值。
- 构造函数初始化一个类的数据成员，而析构函数释放内存。
- 使用 `__del__` 创建析构函数，并且通过关键字 del 和对象的名称来调用它。
- `__class__.__name__` 显示了调用函数的对象的名称。
- 与类相关联的文档字符串可以通过 doc 访问。

10.10 练习

选择题

1. 类通常拥有____。
   - （a）函数和数据成员
   - （b）函数和列表
   - （c）列表和元组
   - （d）以上都不对
2. 类可以拥有____。
   - （a）任意多个函数
   - （b）任意类型的数据成员
   - （c）函数局部的一个变量
   - （d）以上都不对

3. 'self'是____。
    （a）相同类的对象   （b）基类的对象
    （c）预定义类的对象   （d）以上都不对

4. Python 中的每一个函数必须拥有至少一个参数，这个参数就是____。
    （a）数据   （b）列表   （c）self   （d）以上都不对

5. init 函数____。
    （a）初始化数据成员   （b）是强制性的
    （c）必须要重载   （d）以上都不对

6. 类中的 init 函数____。
    （a）必须要重载   （b）可以重载   （c）不能重载   （d）以上都不对

7. 类的文档字符串可以使用____来访问。
    （a）__init__   （b）__doc__   （c）__class__   （d）以上都不对

8. 全局变量____。
    （a）可以从任何地方访问   （b）只能在 __init__ 中访问
    （c）以上都对   （d）以上都不对

9. 非局部变量____。
    （a）通常是关联的并随后使用   （b）必须不是关联的
    （c）不存在   （d）以上都不对

10. 一个类的所有实例所共享的一个变量是____。
    （a）类变量   （b）实例变量
    （c）以上都对   （d）以上都不对

11. 对一个实例来说，唯一的变量是____。
    （a）实例变量   （b）类变量   （c）以上都对   （d）以上都不对

12. 以下哪个关键字用来定义一个类？____
    （a）class   （b）def   （c）del   （d）以上都不对

13. 以下哪个关键字用来定义一个析构函数？____
    （a）del   （b）init   （c）以上都对   （d）以上都不对

14. 对象支持如下的哪种操作？____
    （a）实例化   （b）属性引用   （c）以上都对   （d）以上都不对

15. 假设 e1 是一个对象，如下的那行代码用于调用 del？____
    （a）del(e1)   （b）e1.__del__
    （c）以上都对   （d）以上都不对

16. 如果要在类的一个函数中显示对象的名称，使用如下的那行代码？____
    （a）__class.name__   （b）object.name__
    （c）以上都对   （d）以上都不对

17. 在一个类中，所有的变量默认都是____。
    （a）公有的   （b）私有的
    （c）不确定的   （d）取决于变量的类型

18. 在 Python 中，如下哪种运算符用来访问方法？____。
    - （a）点运算符
    - （b）加号
    - （c）[]
    - （d）以上都不对
19. 可以创建对象的列表吗？____。
    - （a）可以，如果变量的类型是公有的
    - （b）可以，任何情况下都可以
    - （c）不可以，任何情况下都不可以
    - （d）可以，如果变量的类型是私有的
20. 类的数据成员____。
    - （a）必须是私有的
    - （b）可以是私有的
    - （c）必须是公有的
    - （d）以上都不对

10.11 理论回顾

1. 什么是对象？在 Python 中，如何创建对象？
2. 说明类中变量的作用域。数据成员可以由所有的对象共享，也可以是对象所独有的。针对这两种情况，分别举出类中数据成员的例子。
3. 什么是构造函数？Python 中有哪些不同类型的构造函数？
4. 在 Python 中，可以重载构造函数吗？
5. 在 Python 中，如何获取文档字符串的名称？
6. 在 Python 中，如何获取对象的名称？
7. 什么是析构函数？在 Python 中如何创建构造函数？
8. 举例说明 Python 中析构函数的用法。
9. 举例说明类的实例化。
10. 说明 Python 中别名的概念。

10.12 编程实践

一个初创企业招募实习生。要存储实习生的 first_name、last_name、address、mobile_number 和 e_mail 的详细信息。

1. 创建一个名为 Intern 的类，它存储上述详细信息。编写两个函数，getdata() 要求用户输入数据，putdata() 显示数据。
2. 在上述的程序中，编写一个 init，它只接受一个参数（self）。
3. 在编程实践 1 中，编写一个 init，它接受 6 个参数，第 1 个参数是 self，剩下的参数是第 1 题中提到变量的值。
4. 在编程实践 3 中，编写一个析构函数。
5. 要创建一个图书馆管理系统，其中，要存储和一本"图书"相关的 name、

publisher、year、ISBN 和 authors 信息。

其中，authors 是包含了图书的所有作者的一个列表。创建一个名为 Book 的类，它存储了上述细节。编写两个函数，getdata() 要求用户输入数据，putdata() 显示数据。

6. 在上面的程序中，编写一个 init，它只接受一个参数（self）。

7. 在编程实践 6 中，编写一个 init，它接受 6 个参数，第 1 个参数是 self，剩下的参数是编程实践 5 中提到变量的值。

8. 在编程实践 7 中，编写一个析构函数并调用它。

9. 创建一个名为 complex 的类，它不仅有两个数据成员 real_part 和 ima_part，还有两个成员函数 getdata() 和 putdata()。

10. 编写一个名为 sub 的函数，它以两个复数作为参数，并且返回这两个复数之差。

11. 编写一个名为 multiply 的函数，它以两个复数作为参数，并且返回这两个复数之积。

12. 编写一个名为 div 的函数，它以两个复数作为参数，并且返回这两个复数之积。

13. 编写一个名为 date 的类，它以 day、month 和 year 作为数据成员，还有 getdata() 和 putdata() 这两个成员函数。实例化这个类，请用户输入数据并显示数据。

第 11 章　继承

学完本章，你将能够

- 理解继承的概念和重要性；
- 区分继承和组合之间的差异；
- 理解继承的类型；
- 了解 self 在方法中的角色；
- 理解继承树中的搜索；
- 理解 super 的概念和重要性；
- 了解为什么需要抽象类。

11.1　继承和组合

如果你有过 C++编程的背景，那么应该学习过继承和组合的重要性。继承是创新性的概念，它确保能解决所有的问题，并且带来编程方式上的一种改变。然而，你必须注意，那些如此高调的事物往往所带来的问题比它们宣称所能解决的问题还要多。继承所带来的问题之多，也超出了你的想象。

很多程序员认为继承是对程序员具有某种吸引力的黑洞，程序员陷入其高调的宣传中，最终却把自己带入一种诱导他们使用多重继承的境地。如果是多重继承是"伏地魔"，而面向对象编程环境就是霍格沃茨学校。因此，最好尽可能地避免多重继承。

面向对象编程拥有自身的魅力，但是也具有其自身的问题。因此，只有在需要的时候才使用继承。此外，记住不要使用多重继承。记住，使用继承能够做到的事情，通过另一种方式也能做到。本章稍后将要介绍的组合（composition）也可以用来轻松地完成继承所能完成的大多数任务。

事后来看，继承意味着一个类获得其父类（所有的或部分的）特征。因此，当我们编写 class SoftwareDeveloper（Employee）的时候，意味着 SoftwareDeveloper 类是 Employee 类的子类。这种关系符合"is a"类型关系。也就是说，SoftwareDeveloper 类是一个 Employee 类。

用来派生其他类的那个类叫作基类（base class），而从基类继承了特征的类叫作派生类（derived class）。在上面的示例中，Employee 是基类，SoftwareEmployee 是派生类。注意，继承并不会影响到基类。派生类可以按照不同的方式来使用基类的模块，后面将会介绍这些方式。

11.1.1 继承和方法

从模块的角度来看，继承可以帮助程序员按照以下方式之一来派生功能。

方法并没有出现在子类中，而只出现在父类中。在这种情况下，如果子类的一个实例调用了所提及的方法，那么它将会调用父类的方法。例如，在程序清单 11.1 中，派生类并没有一个名为 show() 的方法，因此，使用派生类的一个实例调用 show 将会调用父类的 show 方法。

程序清单 11.1 inheritance1.py

```
class ABC:
    def show(self):
        print("show of ABC")


class XYZ(ABC):
    def show1(self):
        print("show of XYZ")


A = ABC()
A.show()
B= XYZ()
B.show()
B.show1()
```

方法同时出现在父类和派生类中。在这种情况下，如果使用派生类的实例来调用该方法，那么将会调用派生类的方法。如果使用基类的实例来调用该方法，那么将会调用基类的方法。注意，在这个例子中，派生类重新定义了该方法。这种**覆盖**（overriding）确保了在继承树中搜索该方法最终只会调用派生类的方法。例如，在程序清单 11.2 中，x.show() 调用了派生类的 show() 方法，而 y.show() 调用了基类的该方法。

程序清单 11.2 inheritance2.py

```
class ABC:
    def show(self):
        print("show of ABC")

class XYZ(ABC):
    def show(self):
        print("show of XYZ")

A=ABC()
A.show()
B=XYZ()
B.show()
```

继承类修改了基类的方法，并且在此过程中，在派生类的方法中，还调用了基类的方法。注意，在下面的代码段中，派生类的 show 方法输出一条消息，然后调用基类的 show 方法并且最终输出另外一条消息。注意，在这种情况下，只有在使用基类的名称来限定该方法的名称的时候，才会调用基类的方法。例如，在程序清单 11.3 中，可以使用 ABC.show(self) 来调用基类的 show 方法。11.3 节将会介绍 self 参数的重要性。

程序清单 11.3 inheritance3.py

```
class ABC:
    def show(self):
            print("show of ABC")

class XYZ(ABC):
    def show(self):
        print("Something before calling the base class function")
        ABC.show(self)
print("Something after calling the base class function")
A = ABC()
A.show()
B= XYZ()
B.show()
```

第一种类型的继承因此称为**隐式继承**（implicit inheritance）。在这种类型中，可以使用派生类的实例来调用基类的方法。

第二种类型的继承叫作**显式覆盖**（explicit overriding）。正如前面所介绍的，派生类将会重新定义基类的方法，并且使用派生类的一个实例来调用该方法将会调用派生类的方法。

第三种类型的继承是最重要的，也是覆盖方法最实用的形式。这种类型的继承允许不生成基类的实例而仍然可以使用该函数。

示例 11.3 综合展示了这 3 种类型的继承。

示例 11.1： 创建一个名为 Student 的类，它拥有 __init__ 方法和 show 方法。Student 类还应该拥有一个名为 name 的数据成员。__init__ 方法应该将值赋给 name，而 show 应该显示该值。创建另一个名为 RegularStudent 的类，它是 Student 类的派生类。这个类也应该有两个方法——__init__ 和 show。__init__ 应该将值赋给 age 并且应该调用基类的 __init__ 方法，并且将 name 的值传递给基类。show 方法必须显示 RegularStudent 的数据。此外，上面的两个类都应该有一个名为 random 的方法，它们都应该彼此独立（如图 11.1 所示）。当使用基类的实例与派生类的实例分别调用基类方法和派生类方法的时候，会发生什么呢？

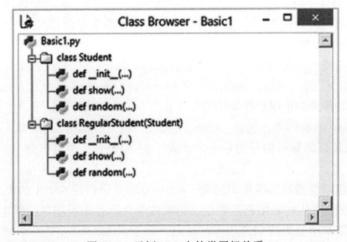

图 11.1 示例 11.1 中的类层级关系

解答： 代码如程序清单 11.4 所示。

程序清单 11.4　Basic1.py

```
class Student:
    def __init__(self,name):
        self.name=name
    def show(self):
        print("Name\t:"+self.name)
    def random(self):
        print("A random method in the base class")

class RegularStudent(Student):
    def __init__(self,name):##overrides the base class method and calls the base class method
        self.age=22
        Student.__init__(self,name)
    def show(self):##redefines the base class method
        print("Name (derived class)\t:"+self.name+" Age\t:"+str(self.age))
    def random(self):##nothing to do with the base class method
        print("Random method in the derived class")

naks=Student("Nakul")
hari=RegularStudent("Harsh")
naks.show()
hari.show()
##The variables can be seen outside the class also
print(naks.name)
print(hari.name)
```

输出如下。

```
Name (derived class)   :Harsh Age    :22
Nakul
Harsh
>>>
```

11.1.2　组合

在一个类中生成另一个类的实例不但使事情变得简单，并且能够帮助程序员完成很多的任务。为了理解这一概念，让我们先来看一个例子。考虑这样的情况，一个 Student 和他的 PhDguide 都是 person 类的一个子类。此外，PhDguide 的数据包含了他所指导的学生的列表。这就是组合的用武之地。就像下面的例子所展示的那样，可以在 PhDguide 类中实例化 student 类。

示例 11.2：创建一个名为 Student 的类，它以 name 和 email 作为其数据成员，并且以 __init__(self, name, email) 和 putdata(self) 作为其方法。__init__ 函数应该把作为参数传递的值赋给所需的变量。putdata 函数应该显示该学生的数据。创建另一个名为 PhDguide 的类，它以 name、email 和 students 作为其数据成员。这里 students 变量是该博导所指导的学生的列表。PhDguide 类应该有 4 个方法，分别是 __init__、putdata、add 和 remove。__init__ 方法初始化变量；putdata 方法显示导师的数据，包括他指导的学生的列表；add 方法向所指导的学生的列表中添加一名学生；remove 方法从学生列表中删除学生（如果该学生存在于所指导的学生列表之中）。

解答：类的细节信息如图 11.2 所示。注意，由于 students 是一个列表，因此需要使用一个 for 循环来显示 students 列表。此外，在向列表中添加学生的时候，传入的参数的数据已经存储到了 s 中（这是 Student 的一个实例），并且把 s 添加到了学生列表中。

删除一个学生的时候，也采用了相同的过程。代码如程序清单 11.5 所示。

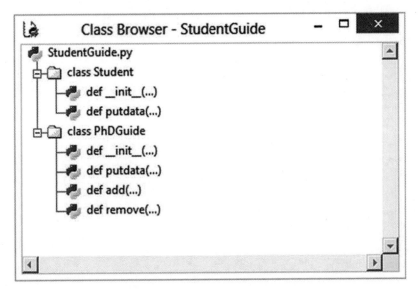

图 11.2 示例 11.2 的类的细节

程序清单 11.5 StudentGuide.py

```python
class Student:
    def __init__(self,name,email):
        self.name=name
        self.email=email
    def putdata(self):
        print("\nStudent's details\nName\t:",self.name,"\nE-mail\t:",self.email)

class PhDGuide:
    def __init__(self, name, email,students):
        self.name=name
        self.email=email
        self.students=students
    def putdata(self):
        print("\nGuide Data\nName\t:",self.name,"\nE-mail\t:",self.email)
        print("\nList of students\n")
        for s in self.students:
            print("\t",s.name,"\t",s.email)
    def add(self, student):
        s=Student(student.name,student.email)
        if s not in self.students:
            self.students.append(s)
    def remove(self, student):
        s=Student(student.name,student.email)
        flag=0
        for s1 in self.students:
            if(s1.email==s.email):
                print(s, " removed")
                self.students.remove(s1)
                flag=1
            if flag==0:
                print("Not found")

Harsh=Student("Harsh","i_harsh_bhasin@yahoo.com")
```

```
Nav=Student("Nav","i_nav@yahoo.com")
Naks=Student("Nakul","nakul@yahoo.com")
print("\nDetails of students\n")
Harsh.putdata()
Nav.putdata()
Naks.putdata()
KKA=PhDGuide("KKA","kka@gmail.com",[])
MU=PhDGuide("Moin Uddin","prof.moin@yahoo.com",[])
print("Details of Guides")
KKA.putdata()
MU.putdata()
MU.add(Harsh)
MU.add(Nav)
KKA.add(Naks)
print("Details of Guides (after addition of students")
KKA.putdata()
MU.putdata()
MU.remove(Harsh)
KKA.add(Harsh)
print("Details of Guides")
KKA.putdata()
MU.putdata()
```

输出如下。

```
Details of students
Student's details
Name     : Harsh
E-mail   : i_harsh_bhasin@yahoo.com

Student's details
Name     : Nav
E-mail   : i_nav@yahoo.com

Student's details
Name     : Nakul
E-mail   : nakul@yahoo.com
Details of Guides

Guide Data
Name     : KKA
E-mail   : kka@gmail.com
List of students

Guide Data
Name     : Moin Uddin
E-mail   : prof.moin@yahoo.com

List of students

Details of Guides (after addition of students

Guide Data
Name     : KKA
E-mail   : kka@gmail.com

List of students
Nakul nakul@yahoo.com

Guide Data
Name     : Moin Uddin
```

```
E-mail   : prof.moin@yahoo.com

List of students
Harsh i_harsh_bhasin@yahoo.com
Nav   i_nav@yahoo.com
<__main__.Student object at 0x03A49650>   removed
Details of Guides

Guide Data
Name   : KKA
E-mail : kka@gmail.com

List of students
Nakul nakul@yahoo.com
Harsh i_harsh_bhasin@yahoo.com

Guide Data
Name   : Moin Uddin
E-mail : prof.moin@yahoo.com

List of students
Nav i_nav@yahoo.com
```

11.2 继承的重要性及其类型

上一章引入了类的概念。其中介绍了类是一个真实的或概念性的实体，它具有清晰的物理边界并且和要解决的问题相关。类拥有属性（数据成员）和行为（方法）。然而，这些类必须要进行扩展，才能够解决具体的问题且不会搞乱最初的类。为了能够做到这一点，Python 应该支持继承。实际上，Python 中之所以出现了类，主要是因为它能够被继承。继承是面向对象编程语言最基本的特性之一。

使用继承，我们可以从一个已有的类（基类）创建新类（派生类）。注意，派生类甚至可以拥有多个基类，这叫作**多重继承**（multiple inheritance），这是人们最不希望看到的一种继承形式。此外，基类自身也可以是其他的类的派生类。派生类将会拥有基类的所有允许的特性，再加上其自身的一些特性。

可以使用类图来描述类。类图是表示类的图，它通常有 3 部分。在下面所使用的表示法中，第 1 部分是类的名称，第 2 部分是属性，第 3 部分是类的方法。图 11.3 展示了这样一个类图，其中基类是 Book 类，Text_Book 是派生类。注意，箭头是从派生类指向基类的。箭头表示"派生自"或"继承自"。图 11.4 展示了这两个类的细节。注意，Book 类拥有如下属性：

- name；
- authors；
- publisher；
- ISBN；
- year。

这个类的类方法是 getdata() 和 putdata()。Text_Book 类还有另一个属性，即 course。图 11.5 中的类浏览器展示了 Book 类和 Text_Book 类的层级关系。对应的程序参见示例 11.3。

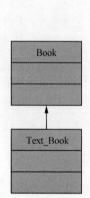

图 11.3　Text_Book 是 Book 类的派生类

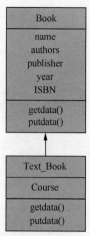

图 11.4　类图通常有 3 部分——类的名称、数据成员和类的方法。Book 类和 Text_Book 类拥有属性和方法

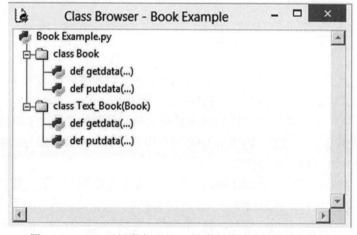

图 11.5　Book 示例类在 Python 的类浏览器中的类层级关系

11.2.1　继承的必要性

在现实中，在较大的程序中，我们很难编写和调试一个类的代码。一旦程序员构造了一个类，很少需要去干涉它。如果我们需要构造的类和已经开发的类具有相同的功能（并且要给新的类添加一些功能），那么从已有的类派生一个类的做法是有意义的。因此，继承帮助我们复用代码。复用代码有其自身的优点。它不但节省时间，而且节省内存。通过复用代码，也提高了程序的可靠性。我们还可以通过继承其他人编写的类来开发这个类。也就是说，继承帮助我们发布库。继承还帮助实现一种更直观、更好、更实用的设计。继承也有一些缺点，这在前一节中介绍过。

继承之所以重要，有如下的一些原因：

- 具有可复用性；
- 提高了可靠性；

- 有助于发布库；
- 可以实现更直观、更好的程序。

11.2.2 继承的类型

本节介绍各种类型的继承和相应的示例。注意，希望读者执行解决示例中给出的那些程序并且分析程序的输出。正如前面所介绍的，继承意味着从已有的类派生出新的类。从其中派生出功能的那个类叫作基类，拥有派生功能的类叫作派生类。有 5 种类型的继承，分别是简单继承、层级继承、多层继承、多重继承和混合继承。

1. 简单继承

简单继承拥有一个基类和一个派生类。示例 11.3 展示了这种类型的继承。这个示例有两个类，分别是 Book 和 Text_Book。Book 类有两个方法——getdata 和 putdata。getdata 方法要求用户输入图书的名字、作者的人数、作者的列表、出版商、ISBN 和出版年份。派生类 Text_Book 还有另外一个名为 course 的属性。getdata 和 putdata 方法扩展了基类的方法（前面介绍过基类的方法）。

示例 11.3：实现图 11.6 所示的层级结构。Book 类以 name、n（作者人数）、authors（作者列表）、publisher、ISBN 和 year 作为其数据成员，派生类以 course 作为其数据成员。派生类方法覆盖（扩展了）基类的方法。

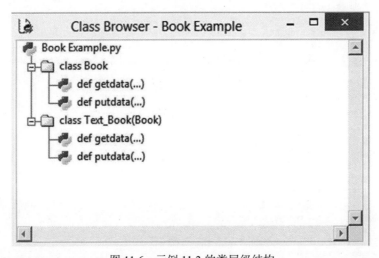

图 11.6 示例 11.3 的类层级结构

解答：程序清单 11.6 实现了上述层级结构。

程序清单 11.6 Book_Example.py

```
class Book:
    def getdata(self):
        self.name=input("\nEnter the name of the book\t:")
        self.n=int(input("\nEnter the number of authors\t:"))
        self.authors=[]
        i=0
```

```
        while i<self.n:
            author=input(str("\nEnter the name of the "+str(i)+"th author\t:"))
            self.authors.append(author)
            i+=1
            self.publisher=input("\nEnter the name of the publisher\t:")
            self.ISBN=input("\nEnter the ISBN\t:")
            self.year=input("\nEnter year of publication\t:")

    def putdata(self):
        print("\nName\t:",self.name,"\nAuthor(s)\t:",self. authors,"\nPublisher\t:",self.publisher,
            "\ nYear\t:",self.year,"\nISBN\t:",self.ISBN)

class Text_Book(Book):
    def getdata(self):
        self.course=input("\nEnter the course\t:")
        Book.getdata(self)
    def putdata(self):
        Book.putdata(self)
        print("\nCourse\t:",self.course)

Book1=Book()
Book1.getdata()
Book1.putdata()
TextBook1=Text_Book()
TextBook1.getdata()
TextBook1.putdata()
```

输出如下。

```
Programming in C#
Enter the number of authors        : 1

Enter the name of the 0th author   : Harsh Bhasin

Enter the name of the publisher    : Oxford

Enter the ISBN                     : 0-19-809740-9

Enter year of publication          : Oxford

Name    : Programming in C#
Author(s)    : ['Harsh Bhasin']
Publisher    : Oxford
Year    : Oxford
ISBN    : 0-19-809740-9

Enter the course    : Algorithms

Enter the name of the book    : Algorithms Analysis and Design

Enter the number of authors    : 1

Enter the name of the 0th author    : Harsh Bhasin

Enter the name of the publisher    : Oxford

Enter the ISBN    : 0-19-945666-6

Enter year of publication    : Oxford

Name    : Algorithms Analysis and Design
```

```
Author(s)  : ['Harsh Bhasin'] Publisher  : Oxford
Year  : Oxford
ISBN  : 0-19-945666-6

Course  : Algorithms
```

2. 层级继承

在层级继承中，单个基类拥有至少两个派生类。示例 11.4 展示了这种类型的继承。示例 11.4 中有 3 个类——Staff、Teaching 和 NonTeaching。Teaching 和 NonTeaching 都是 Staff 类的派生类。Staff 类拥有两个方法——getdata 和 putdata。getdata 方法要求用户输入工作人员的名字和薪酬。派生类 Teaching 拥有另一个叫作 subject 的属性，其 getdata 和 putdata 方法扩展了基类的方法。类似地，派生类 NonTeaching 拥有一个名为 department 的属性，其 getdata 和 putdata 方法扩展了基类的方法。

示例 11.4：实现图 11.7 所示的类层级结构。Staff 类以 name 和 salary 作为其数据成员。派生类 Teaching 以 subject 作为其数据成员。NonTeaching 类以 department 作为其数据成员。派生类的方法覆盖（扩展）了基类的方法。

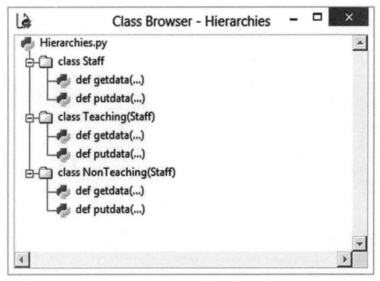

图 11.7 示例 11.4 的类层级结构

解答：程序清单 11.7 实现了上述类层级结构。

程序清单 11.7 Hierarchies.py

```python
##Hierarchies

class Staff:
    def getdata(self):
        self.name=input("\nEnter the name\t:")
        self.salary=float(input("\nEnter salary\t:"))
    def putdata(self):
        print("\nName\t:",self.name,"\nSalary\t:",self. salary)


class Teaching(Staff):
```

```
    def getdata(self):
        self.subject=input("\nEnter subject\t:")
        Staff.getdata(self)
    def putdata(self):
        Staff.putdata(self)
        print("\nSubject\t:",self.subject)

class NonTeaching(Staff):
    def getdata(self):
        self.department=input("\nEnter department\t:")
        Staff.getdata(self)
    def putdata(self):
        Staff.putdata(self)
        print("\nDepartment\t:",self.department)

X=Staff()
X.getdata()
X.putdata()
##Teacher
Y=Teaching()
Y.getdata()
Y.putdata()
##Non Teaching Staff
Z=NonTeaching()
Z.getdata()
Z.putdata()
```

输出如下。

```
Enter the name    :Hari

Enter salary    :50000

Name    : Hari
Salary  : 50000.0


Enter subject    :Algorithms

Enter the name    :Harsh

Enter salary    :70000

Name    : Harsh
Salary  : 70000.0

Subject    : Algorithms

Enter department : HR
Enter the name    : Prasad
Enter salary    : 52000
Name    : Prasad
Salary : 52000.0

Department : HR
>>>
```

3. 多层继承

在多层继承中，一个基类拥有派生类，而派生类自己又是其他的类的基类。示例 11.5

展示了这种类型的继承。其中，有 3 个类——Person、Employee 和 Programmer。Person 类是一个基类。Employee 派生自 Person 类。Programmer 类派生自 Employee 类。Person 类有两个属性，分别是 name 和 age，还有两个方法，分别是 getdata 和 putdata。getdata 方法要求用户输入工作人员的 name 和 age。派生类 Employee 还有另一个名为 emp_code 的属性。其 getdata 和 putdata 方法扩展了基类的方法。类似地，类 Programmer 拥有另一个名为 language 的属性。其 getdata 和 putdata 方法扩展了基类（Employee）的方法。

示例 11.5： 实现图 11.8 所示的类层级结构。Person 类以 name 和 age 作为其数据成员，派生类 Employee 以 emp_code 作为其数据成员，类 Programmer 以 language 作为其数据成员。派生类方法覆盖（扩展了）基类的方法。

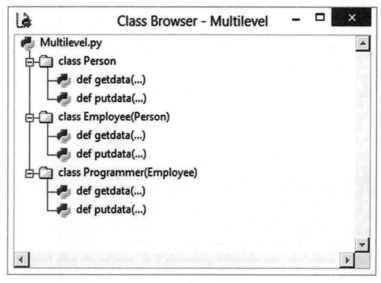

图 11.8　示例 11.5 的类层级结构

解答： 程序清单 11.8 实现了上述类层级结构。

程序清单 11.8　Multilevel.py

```python
class Person:
    def getdata(self):
        self.name=input("\nEnter Name\t:")
        self.age=int(input("\nEnter age\t:"))
    def putdata(self):
        print("\nName\t:",self.name,"\nAge\t:",str(self.age))

class Employee(Person):
    def getdata(self):
        Person.getdata(self)
        self.emp_code=input("\nEnter employee code\t:")
    def putdata(self):
        Person.putdata(self)
        print("\nEmployee Code\t:",self.emp_code)

class Programmer(Employee):
    def getdata(self):
```

```
        Employee.getdata(self)
        self.language=input("\nEnter Language\t:")
    def putdata(self):
        Employee.putdata(self)
        print("\nLanguage\t:",self.language)

A=Person()
print("\nA is a person\nEnter data\n")
A.getdata()
A.putdata()
B=Employee()
print("\nB is an Empoyee and hence a person\nEnter data\n")
B.getdata()
B.putdata()
C=Programmer()
print("\nC is a programmer hence an employee and employee is a person\nEnter data\n")
C.getdata()
C.putdata()
```

输出如下。

```
A is a person
Enter data
Enter Name      :Har
Enter age       28
Name            : Har
Age             : 28
B is an Empoyee and hence a person
Enter data
Enter Name      :Hari
Enter age       29
Enter employee code  :E001
Name            : Hari
Age             : 29
Employee Code   : E001
C is a programmer hence an employee and employee is a person
Enter data
Enter Name          :Harsh
Enter age           30
Enter employee code  :E002
Enter Language      :Python
Name            : Harsh
Age             : 30
Employee Code   : E002
Language        : Python
>>>
```

4. 多重继承和混合继承

在多重继承中，一个类可以派生自多个基类。这种类型的继承可能会有问题，因为它会导致二义性。因此，推荐尽可能避免使用这种类型的继承。然而，本节会介绍一下这种类型的继承以及其相关的问题。

设计的时候可能会组合多种类型的继承。在图 11.9 中，B 和 C 这两个类派生自类 A。然而，对于类 D 来说，类 B 和类 C 都是它的基类。这个例子是将层级继承和多重继承组合到一起了。这种类型称为混合继承。各个类之间的关系如图 11.10 所示。

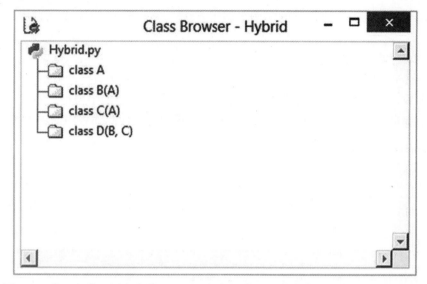

图 11.9 类 B 和类 C 派生自类 A（层级继承），类 D 派生自类 B 和类 C（多重继承）

图 11.10 类 B 和类 C 派生自类 A（层级继承），类 D 派生自类 B 和类 C（多重继承）

11.3 方法

本书前面已经介绍了函数和方法的重要性。方法只是类中具有特定位置参数的函数。实际上，方法帮助程序员完成很多的任务。方法可以是绑定的或未绑定的。一方面，未绑定的方法没有 self 参数。在调用这样的方法的时候，第一个参数必须是类自己的实例。这里需要注意的是，在 Python 3.X 中，未绑定的方法和函数是相同的，而在 Python 2.X 中，它们是不同的。另一方面，当通过限定一个类的实例来访问方法的时候，绑定的方法用 self 作为其第一个位置参数。在这里，不需要传递类的实例。

尽管有上面的一些差异，两种类型的方法具有如下相似性。

● Python 中的方法也是一个对象。绑定的方法和未绑定的方法都是对象。

● 相同的方法可以作为一个绑定方法和未绑定方法调用。后面将进一步澄清这一点。

11.3.1 绑定的方法

可以用各种方式来调用一个方法。如果方法的第一个位置参数是 self，它就是绑定的方法。在这个例子中，类的实例可以通过传递必需的参数来调用该方法。

在下面的示例中，形式为<Object name>.<method name> (Hari.display) 的一个变量也可以用来调用该方法。具有 C#背景的程序员会发现，这和委托的概念类似。

也可以创建类的一个无操作的实例来调用方法。display 的第 3 次调用展示了这种方式。

示例 11.6：调用绑定方法。

解答：这个示例拥有一个名为 student 的类。student 类有一个 display 方法，它接受两个参数，第 1 个参数是位置参数，第 2 个参数是要输出的字符串。注意，display 方法是一个绑定方法，因此通过该类的一个实例来调用它。代码如程序清单 11.9 所示。

程序清单 11.9　Bound.py

```
class Student:
    def display(self, something):
        print("\n"+something)

##Invoking a bound method
Hari = Student()
Hari.display("Hi I am Hari")

##display() can also be invoked through an instance of the method
X= Hari.display
X("Hi I am through X")

##display called again
Student().display("Caling diaplay again")
```

输出如下。

```
Hi I am Hari
Hi I am through X
Caling diaplay again
>>>
```

11.3.2　未绑定的方法

未绑定的方法没有 self 参数，因此并不需要给这种方法传递位置参数。在这样的方法中，变量不应该由 self 来限定。如果按照和前面相同的方式来调用这样的方法，将会导致一个错误，如示例 11.7 中程序清单 11.10 的输出所示。程序清单 11.11 以正确的方式调用了未绑定的方法。必须通过类名而不是对象名来调用这样的方法。在 Python 3.X 中，这样的方法按照和函数相同的方式工作。还要注意，可以使用类来调用常规的函数，其中这些函数是成员，如前面的示例所示。

示例 11.7：调用未绑定的方法。

解答：这个示例扩展了前面的示例，并且添加了 getdata 方法，它并不会以 self 作为参数，因此通过类自身来调用。注意，这和 C++中的静态方法是类似的。代码如程序清单 11.10 和程序清单 11.11 所示。

程序清单 11.10　BoundUnbound.py

```
class Student:
    def display(self, something):
        print("\n"+something)
    def getdata(self,name,age):
        name=name
        age=age
```

```
        print("\nName\t:",name,"\nAge\t:",age)

##Creating a new student
Naved=Student()
name=input("\nEnter the name of the student\t:")
age=int(input("\nEnter the age of the student\t:"))
Naved.getdata(name,age)
```

输出如下。

```
Enter the name of the student :Naved
Enter the age of the student   :22
Traceback (most recent call last):
File "C:/Python/Inheritance/BoundUnbound.py", line 21, in
    <module>
Naved.getdata(name,age)
TypeError: getdata() takes 2 positional arguments but 3 were given
```

程序清单 11.11　BoundUnbound1.py

```
class Student:
def display(self, something):
print("\n"+something)
def getdata(name,age):
print("\nName\t:",name,"\nAge\t:",str(age))

##Creating a new student
Naved=Student()
name=input("\nEnter the name of the student\t:") age=int(input("\nEnter the age of the student\
   t:")) Student.getdata(name,age)
```

输出如下。

```
Enter the name of the student :Naved
Enter the age of the student   :22
Name    : Naved
Age     : 22
>>>
```

11.3.3　方法是可调用的对象

在 Python 中，方法和其他的对象一样，可以存储到一个列表中并且每次在需要的时候调用。在示例 11.8 中，operations 类有一个构造方法 __init__(self, number)，它将第 2 个参数的值赋给名为 number 的数据成员。这个类有两个方法，分别是 square 和 cube。第 1 个方法计算（并返回）数字的平方，第 2 个方法计算（并返回）数字的立方。分别创建了 operations 类的两个实例 X 和 Y。X 初始化为 5，Y 初始化为 4。列表中存储了对象 X.square、X.cube、Y.square 和 Y.cube。然后，依次调用列表的元素。

示例 11.8：方法是可调用的对象。

解答：见程序清单 11.12。

程序清单 11.12　CallableObjects.py

```
class operations:
    def __init__(self, number):
        self.number=number
    def square(self):
        return (self.number*self.number)
    def cube(self):
        return(self.number*self.number*self.number)
```

```
Num1=operations(5)
Num2=operations(4)
List= [Num1.square, Num1.cube, Num2.square, Num2.cube]
for callable_object in List:
print(callable_object())
```

输出如下。

```
25
125
16
64
>>>
```

11.3.4 超类的重要性和用法

类可能有数据成员和成员函数（方法）。方法只是类中的一个函数，使用关键字 def 来定义。正如本章前面所介绍的，方法描述了类的行为。通常，方法的第 1 个参数是类自身的一个示例。第 1 个参数通常记作 self，类似于 C++ 中的 this。使用 self 和变量名表示引用的是实例变量，而不是在全局作用域内的变量。例如，在程序清单 11.13 中，__init__ 方法有两个参数，第 1 个是 self，第 2 个是 name。将 name 赋值给 self.name，表示给局部变量 name 赋值 name（__init__ 的第 2 个参数）。类似地，putdata 方法有一个位置参数，表示调用 putdata 的那个实例的数据必须显示。注意，输出进一步证实了这一点。

程序清单 11.13　Basic.py

```
class Student:
    def __init__(self,name):
        self.name=name
    def putdata(self):
        print("name\t:",self.name)

Hari=Student("Hari")
Hari.putdata()
Naks=Student("Nakul")
Naks.putdata()
```

输出如下。

```
name    : Hari
name    : Nakul
>>>
```

然而，编写的方法也可能没有 self 参数。这些是未绑定的方法。11.3.2 节已经介绍过这一概念。类的方法默认是一个实例方法。因此，通常，通过创建类的实例并使用点运算符就可以调用类的方法。注意，在 C#、Java 等语言也是这种情况。正如本章前面所介绍的，调用一个方法还有其他的方式。

然而，也有其他类型的方法。例如，静态方法不需要以类的实例作为其第 1 个参数就可以调用。

11.3.5 使用 super 调用基类函数

可以使用 super 调用基类的函数。实际上，super 可以用于调用基类的任何函数，并且它清晰地表示要调用基类的函数。为了理解 super 的用法，我们先看看下面的例子。在下面的示例中，BaseClass 有两个方法——__init__ 和 printData。__init__ 有一个位置参数，另一个参数表示初始化 data（BaseClass 的数据成员）。DerivedClass 是 BaseClass 的派生类。这个类有一个 __init__，它接受一个位置参数和两个其他的参数。第 1 个参数初始化 DerivedClass 的数据成员，第 2 个参数使用 super 传递给了基类（BaseClass）的 __init__ 方法。super 接受了类的名字（DerivedClass）和位置参数（self），并且通过传递位置参数以外的所有参数，调用了基类的 __init__。注意，第 2 个函数也以相同的方式使用 super，详见程序清单 11.14。

程序清单 11.14　superDemo.py

```
class BaseClass:
    def __init__(self, data):
        self.data=data
    def printData(self):
        print("Data of the base class\t:",self.data)

class DerivedClass(BaseClass):
    def __init__(self,data1, data2):
        self.data1=data1
        super(DerivedClass, self).__init__(data2)
    def printData(self):
        super(DerivedClass,self).printData()
        print("Data of the derived class\t:",self.data1)

X=BaseClass(4)
X.printData()
Y=BaseClass(5)
Y.printData()
Z=DerivedClass(7,6)
Z.printData()
```

输出如下。

```
Data of the base class   : 4
Data of the base class   : 5
Data of the base class   : 6
Data of the derived class  : 7
>>>
```

11.4　在继承树中搜索

在继承树中搜索一个对象，采用的是自底向上的方式。首先，搜索给定对象的类。如果找到了，那么所找到的对象将用来完成给定的任务；如果没有找到，就搜索其超类（基类）来查找该对象。在具有多个基类的情况下，这可能会导致二义性。

例如，在程序清单 11.15 中，Derived1 类派生自 BaseClass。这个类的 show() 方法显示了 data1 和 data 的值。前者在类中，因此会显示其值。然而，后者并不在该类中，因此会搜索继承树以查找该对象，如图 11.11 所示。注意，data 存在于基类（BaseClass）中，因此会显示其值。对于方法来说，也是这样的。即使派生类并没有一个特定的方法，如果它存在于父类中，或者存在于继承树之上的任何类之中，也是可以调用它的。这里还需要说明，在特定的层级中，通常从左向右搜索对象。

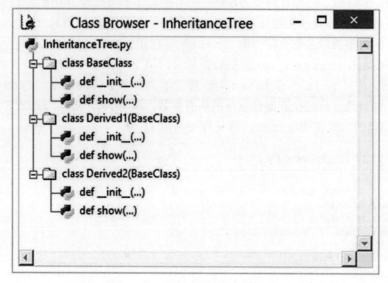

图 11.11 给定示例的类层级结构

程序清单 11.15 InheritanceTree.py

```
class BaseClass:
    def __init__(self,data):
        self.data=data
    def show(self):
        print("\nData\t:",self.data)

class Derived1(BaseClass):
    def __init__(self,data,data1):
        self.data1=data1
        BaseClass.__init__(self,data)
    def show(self):
        print("\nData\t:",self.data1,"\nBase class data\t:",self.data)

class Derived2(BaseClass):
    def __init__(self,data,data2):
        self.data2=data2
        BaseClass.__init__(self,data)
    def show(self):
        print("\nData\t:",self.data2,"\nBase class data\t:",self.data)

X=BaseClass(1)
X.show()
print(X.data)
Y=Derived1(2,3)
Y.show()
Z=Derived2(4,5)
Z.show()
```

输出如下。

```
Data    : 1
1
Data    : 3
Base class data    : 2
```

```
Data      : 5
Base class data    : 4
>>>
```

11.5 类接口和抽象类

在编写类的时候可以指明该类是能够被继承的。尽管指定了，但并不一定要实例化该类。那些不会被实例化而只是用来作为基类的类叫作抽象类（abstract class）。为了理解这个概念，我们来举一个例子。下面的示例中有 4 个类，分别是 BaseClass、Derived1、Derived2 和 Derived3。

BaseClass 有两个方法，分别是 method1 和 method2。第 1 个方法有一些与其相关的任务，而第 2 个方法想要让派生类来实现它。派生类应该有一个名为 action 的方法，以便能够调用上述方法。第 1 个派生类（Derived1）覆盖了 meathod1。因此，如果 Derived1 的一个实例调用了 method1，那将会调用 Derived1 中定义的版本。第 2 个派生类扩展了 method1，它给 method1 添加了一些内容，并且还调用了 BaseClass 的 method1。当从 Derived2 调用 method1 的时候，将会调用 BaseClass 的对应方法，因为在继承树中的搜索将会调用该方法的基类版本。第 3 个派生类（Derived3）也实现了基类中定义的 action 方法。注意，当通过 Derived3 的一个实例调用 method2 的时候，将会调用 method2 的基类版本。这个版本调用 action，并且开始一次新的搜索，由此导致了 Derived3 的 action 被调用。示例 11.9 给出了代码。

注意，上述概念可以扩展，并且一个类可以拥有将要由派生类实现的方法。有趣的是，Python 规定了这样的类不能够实例化，除非其所有这样的方法（即将要由派生类实现的方法）都已经定义了。这样的基类叫作抽象类。本书附录部分还将介绍抽象类的实现。

示例 11.9：实现图 11.12 所示的类层级结构，各个类之间的关系如图 11.13 所示。Derived1 的 method1 将会覆盖基类中的 method1，Derived2 的 method1 将会扩展基类的 method1，并且 Derived3 的 action 将会实现基类的 method2。

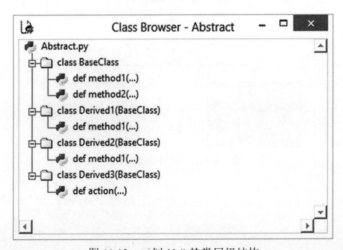

图 11.12 示例 11.9 的类层级结构

解答： 代码如程序清单 11.16 所示。

程序清单 11.16 Abstract.py

```python
class BaseClass:
    def method1(self):
        print("In BaseClass from method1")
    def method2(self):
        self.action()

class Derived1(BaseClass):
    def method1(self):
        print("A new method, has got nothing to do with that of the base class")

class Derived2(BaseClass):
    def method1(self):
        print("A method that extends the base class method")
        BaseClass.method1(self)

class Derived3(BaseClass):
    def action(self):
        print("\nImplementing the base class method")

for className in (Derived1, Derived2, Derived3):
    print("\nClass\t:",className)
    className().method1()

X=Derived3()
X.method2()
```

输出如下。

```
Class : <class '_main__.Derived1'>
A new method, has got nothing to do with that of the base class
Class : <class '_main__.Derived2'>
A method that extends the base class method
In BaseClass from method1
Class : <class '_main__.Derived3'> In BaseClass from method1
Implementing the base class method
```

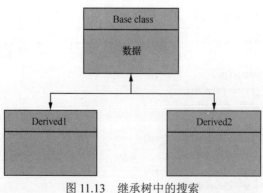

图 11.13　继承树中的搜索

11.6　小结

本章介绍了继承的概念，这是面向对象编程最重要的组成部分之一。继承帮助程序复用代码,并且使程序更加结构化。然而,应该明智地使用继承,因为在很多情况下继承会导致诸如二义性等问题。读者必须认识到,使用继承并不总是必要的。大多数任务能够使用组合来完成。然而,即使使用继承是必要的,也要清楚地知道所需要的继承的类型,所需的方法调用的类型,以及如何使用绑定方法。第 12 章将继续介绍面向对象编程范型,并且会介绍运算符重载的概念。第 10~12 章将帮助读者成功地学会如何使用OOP 来开发软件。

11.6.1　术语

- **继承**:根据已有的类创建子类的过程。
- **基类和派生类**:从该类中派生出其他的类,最初的那个类叫作基类;而继承了基类的类叫作派生类。
- **隐式继承**:使用派生类的一个实例,可以调用基类的方法。
- **显式覆盖**:派生类将会重新定义基类的方法,并且使用派生类的实例调用方法,将会调用派生类的这个方法。

11.6.2　知识要点

- 继承提供了可复用性并且增强了可靠性。
- 继承的类型包括简单继承、多重继承、多层继承、层级继承和混合继承。
- 多重继承可能会导致二义性。
- 绑定的方法拥有一个 self 参数,而未绑定的方法没有 self 参数。
- 类也可以在另一个类中实例化。
- super 可以用来访问基类方法。
- 搜索继承树能够找到要调用的方法的版本。

11.7　练习

选择题

1. 一个类无法实例化,除非其所有的方法都已经被子类定义了,这样的一个类叫作____。
   (a) 抽象类　　　　　(b) 元类　　　　(c) 基类　　　　(d) 以上都不对

2. 一个名为 operation 的类拥有一个 __init__ 方法,它接受一个位置参数和一个整数参数。operation 的两个实例 Num1 和 Num2 的定义如下。这个类有两个函数,第 1 个函数计算一个数字的平方,第 2 个函数计算该数字的立方。创建一个名为 List1 的列表,它包含 4 个方法的名字(分别是 Num1 的两个方法和 Num2 的两个方法)。使用一个 for 循环来调用这些方法,如下面的代码所示。

```
Num1=operation(5)
```

```
Num2=operation(4)
List= [Num1.square, Num1.cube, Num2.square, Num2.cube]
for callable_object in List:
    print(callable_object())
```

包含上述代码的程序（假设其他的代码都是正确的）____。

（a）没有语法错误但是无法执行　　　（b）有语法错误

（c）没有语法错误且可以执行　　　　（d）所给信息不全

3. 在选择题 2 中，程序的输出是____。

（a）代码不正确　　　　　　　　　　（b）25 125 16 64

（c）125 25 64 16　　　　　　　　　（d）以上都不对

4. 在选择题 2 中，列表中的方法的名称类似于 C#中的____。

（a）元类　　　　（b）委托　　　　（c）以上都对　　　（d）以上都不对

5. Python 程序中的 self 类似于____。

（a）C#中的 this　　（b）C#中的 me　　（c）C#中的委托　　（d）以上都不对

6. 在下面的代码段中，假设 Hari 是 Student 的一个实例，应该如何调用 getdata？____

```
def display(self, something):
    print("\n"+something)
def getdata(name,age):
    name=name
    age=age
    print("\nName\t:",name,"\nAge\t:",age)
```

（a）Student.getdata("Harsh", 22)

（b）Hari.getdata("Harsh", 24)

（c）以上都对

（d）以上都不对

7. 通过创建一个类的匿名实例，也可以调用一个方法吗？____

（a）可以

（b）不可以

（c）信息不全

（d）在 Python 中，类没有匿名实例的概念

8. 如下哪种方法用来搜索继承树？____

（a）广度优先搜索　　　　　　　　　（b）深度优先搜索

（c）以上都对　　　　　　　　　　　（d）以上都不对

9. 在继承树的同一层级中，使用什么策略来搜索对象？____

（a）从左到右　　　（b）从右到左　　　（c）任意　　　（d）以上都不对

10. super____。

（a）可以调用基类的 __init__()

（b）可以调用基类的任何方法

（c）不能用来调用基类的方法

（d）以上都不对。super 的用法取决于继承的类型

11. 以下哪种类型的继承导致二义性？____

（a）多重继承　　　（b）多层继承　　　（c）以上都对　　　（d）以上都不对

12. 哪种类型的继承只有一个基类和一个派生类？____
    （a）简单继承 　　（b）层级继承 　　（c）多重继承 　　（d）以上都不对
13. 哪种类型的继承有多个基类和一个派生类？____
    （a）简单继承 　　（b）层级继承 　　（c）多重继承 　　（d）以上都不对
14. 哪种类型的继承有多个派生类和一个基类？____
    （a）简单继承 　　（b）层级继承 　　（c）多重继承 　　（d）以上都不对
15. 一个派生类可以是其他的类的基类吗？____
    （a）可以 　　（b）不可以 　　（c）信息不全 　　（d）以上都不对

11.8 理论回顾

1. 什么是继承？说明继承的重要性。
2. 继承的缺点是什么？用多重继承说明。
3. 继承有什么类型？举例说明。
4. 实现多重继承有什么问题？如何解决这些问题？
5. 什么是组合？它是继承的一种吗？
6. 继承在面向对象编程中是必需的吗？证明你的观点。
7. "is a" 和 "has a" 关系之间有什么区别？举例说明。
8. 在继承和组合中，哪种方法更好？所有通过继承实现的任务都可以用组合来完成吗？
9. 说明 super 的用法。如何使用它来调用基类的方法？
10. Python 中的方法都是对象吗？证明你的观点。可调用的对象的含义是什么？
11. 什么是抽象类？抽象类如何帮助实现 OOP 的目标？
12. 什么是绑定的方法？调用一个绑定方法有哪些不同的方式？
13. 绑定的方法和未绑定的方法之间的区别是什么？举例说明。
14. Python 中的 self 有何重要性？
15. 说明继承树中的搜索机制。

11.9 编程实践

1. 名为 Base1 的类有两个方法——method1(self, message) 和 method2(self)。第 1 个方法输出作为参数传递给该方法的消息。第 2 个方法调用另一个名为 action1(self) 的方法，该方法将在 Base1 的子类（Derived2）中定义。一方面 Base1 的另一个派生类 Derived1 重新定义了 method1，并且对 method2 什么也没做；另一方面，Derived2 对 method1 什么也没做。实现层级结构并且搞清楚在以下情况中发生了什么：
   （a）Base1 的一个实例调用 method1
   （b）Derived1 的一个实例调用 method1

（c）Derived2 的一个实例调用 method1

（d）Base1 的一个实例调用 method2

（e）Derived2 的一个实例调用 method2

（f）Derived1 的一个实例调用 method2

（g）Derived2 的一个实例调用 action

2. 一个名为 operation 的类有一个 __init__ 方法，它接受一个位置参数和一个整数。这个类有两个函数，第 1 个函数计算一个数字的平方根，第 2 个函数计算一个数字的立方根。还创建了 operation 的两个实例 Num1 和 Num2。创建了一个名为 List1 的列表，其中包含 4 个方法的名称（Num1 的两个方法和 Num2 的两个方法）。实现上面的类，并且使用一个 for 循环来调用列表中的所有可调用对象。

3. 一个 employee 类有两个方法，分别是 getdata(name, age) 和 getdata1(self, name, age)。getdata 方法将值存储在局部变量中。另一个名为 putdata 的方法显示数据。编写一个程序来调用该方法（第一个方法是未绑定的方法，第二个是绑定的方法），并且显示数据。

第 12 章　运算符重载

学完本章，你将能够
- 理解运算符重载的重要性；
- 实现构造函数重载；
- 理解并能够使用各种方法实现运算符重载；
- 针对复数和分数实现运算符重载；
- 理解析构函数的重要性。

12.1　简介

在所有的编程语言中，运算符都是针对基本数据结构而定义的。例如，在 Python 中，+运算符将两个数字或两个浮点数相加，或者将两个字符串拼接起来。然而，对于用户定义的类型，程序员不能直接使用这些运算符。

运算符重载帮助程序员为用户定义的对象定义已有的运算符。这使编程语言变得更加强大且更容易使用。这种简单性和直观性反过来使语言变得更有趣。

在 Python 中，运算符重载是通过定义具体方法（后续各节将会讨论）而做到的。运算符重载可以用来根据类而拦截 Python 运算符，甚至能够重载内置的运算，例如，属性访问等。帮助实现运算符重载的方法有专门的名称，并且在实例化用到相关运算符的类的时候，Python 会调用这些方法。此外，运算符重载并不一定总是必需的。

本章将讨论运算符重载。本章内容按照如下方式组织：12.2 节回顾__init__并且介绍它是如何重载的，12.3 节介绍一些常用的运算符重载方法，12.4 节给出一个重载二元运算符的示例，12.5 节介绍+=运算符的重载，12.6 节介绍比较运算符的重载，12.7 节介绍布尔运算符的重载，12.8 节回顾析构函数的概念，12.9 节是本章小结。

12.2　回顾 __init__

第 10 章介绍过 __init__ 函数。该函数初始化一个类的成员。具有 C++ 和 Java 背景的读者会发现，__init__ 和构造函数之间很相似，难以区分（在 C++中，构造函数的名称和类的名称是一样的）。前面提到过 __init__ 不能够重载，这种说法并不完全正确。尽管我们不能够在同一个类中拥有两个 __init__ 函数，但是有一种实现构造函数重载的方法，下面介绍它。

正如前面所介绍的，__init__ 的作用是初始化类的成员。在示例 12.1 中，一个名为

complex 的类拥有两个成员，分别是 real 和 imaginary，它们由 __init__ 函数的参数来初始化。注意，类的成员通过 self.real 和 self.imaginary 来表示，并且函数的参数由 real 和 imaginary 来初始化。这个示例还有一个名为 putData() 的函数，负责显示成员的值。在_main_() 函数中，c1 是 complex 类的一个实例。对象 c1 由 5 和 3 初始化，并且调用了该类的 putData() 以显示复数。

示例 12.1：创建一个名为 complex 的类，它拥有两个成员，分别是 real 和 imaginary。这个类应该有一个 __init__，该函数有两个参数，分别用来初始化 real 和 imaginary，还有一个名为 putData 的函数，用于显示该复数。在 __main__ () 函数中创建 complex 的一个实例，用(5, 3)初始化它并通过调用 putData 函数来显示该复数。

解答：代码如程序清单 12.1 所示。

程序清单 12.1　Example1.py

```
class Complex:
  def __init__(self, real, imaginary):
    self.real = real
    self.imaginary = imaginary
  def putData(self):
    print(self.real," + i ",self.imaginary)
def __main__():
  c1=Complex(5, 3)
  c1.putData()

__main__()
```

输出如下。

```
5 + i 3
>>>
```

让我们来看看 __init__ 的另一个例子。示例 12.2 负责向量的实现。在这个示例中，一个名为 Vector 的类包含了两个名为 args 和 length 的数据成员。由于 args 可能包含任意多项，因此 __init__ 以*args 作为参数。putData 函数显示该向量，并且_len_ 函数计算 Vector 的长度（即参数的数目）。

示例 12.2：创建一个名为 Vector 的类，它可以实例化任意长度的一个向量。设计必需的 __init__ 函数，以及重载 len 运算符的一个函数。这个类还应该有一个 putData 函数，用于显示该向量。使用具有以下元素个数的向量来实例化这个类：

● 零个；
● 一个；
● 两个；
● 3 个。

解答：代码如程序清单 12.2 所示。

程序清单 12.2　Example2.py

```
class Vector:
  def __init__(self, * args):
    self.args=args
  def putData(self):
    print(self.args)
```

```
    print('Length',len(self))
  def __len__(self):
    self.length = len(self.args)
    return(self.length)

def __main__():
  v0= Vector()
  v0.putData()
  v1 = Vector(2)
  v1.putData()
  v2 = Vector(3, 4)
  v2.putData()
  v3 = Vector(7, 8, 9)
  v3.putData()

__main__()
```

输出如下。

```
()
Length          0
(2,)
Length          1
(3, 4)
Length          2
(7, 8, 9) Length   3
>>>
```

注意，在上面的例子中，__init__ 和很多带不同参数的构造函数的效果是相同的。尽管 __init__ 从字面的意义上并没有重载，但是程序的效果和有多个重载的构造函数一样。

重载 __init__()

可以通过将 None 赋值给参数（一些参数或全部参数，位置参数除外），从而重载构造函数。为了理解这一点，考虑一个名为 Complex 的类。这个类必须有两个构造函数，其中一个接受两个参数，另一个没有参数。在第 1 种情况下，要使用 __init__ 的参数来初始化 Complex 的实部和虚部。在第 2 种情况下，实部和虚部都应该为 0。一种最简单的解决方法就是检查两个参数是否为 None。如果两个参数都为 None，数据成员应该为 0；反之，它们应该包含在 __init__ 中传递的参数。程序清单 12.3（见示例 12.3）仍然完成了上述任务。

示例 12.3： 构造一个名为 Complex 的类，它以 real 和 ima 作为其数据成员。这个类应该有一个 __init__（用来初始化其数据成员），还有一个 putData（负责显示复数）。

解答： 代码如程序清单 12.3 所示。

程序清单 12.3 Example3.py

```
class Complex:
  def __init__(self, real=None, ima=None):
    if((real == None)&(ima==None)):
      self.real=0
      self.ima=0
    else:
      self.real=real
      self.ima=ima
  def putData(self):
```

```
        print(str(self.real)," +i ",str(self.ima))
```

```
c1=Complex(5,3)
c1.putData()
c2=Complex()
c2.putData()
```

输出如下。

```
5 +i 3
0 +i 0
```

12.3　重载二元运算符的方法

表 12.1 所示的方法帮助我们重载像+、-、*和/这样的二元运算符。这些运算符作用于两个运算数——self 和所需类的另一个实例。当在两个对象之间使用一个运算符的时候，将会调用对应的方法。例如，对于一个名为 Complex 的类的对象 c1 和 c2 来说，c1+c2 将会调用_add_方法。类似地，-运算符将会调用_sub_方法，*将会调用_mul_方法，依次类推。表 12.1 列出了这些方法，以及应该通过哪个运算符来调用该方法。

表 12.1　　　　　　　　　　　　　　　　重载二元运算符的方法

任　务	方　法	说　明
加法	_add_	帮助重载+运算符。通常，它会接受两个参数——位置参数和要相加的实例
减法	_sub_	帮助重载-运算符。通常，它会接受两个参数——位置参数和要减去的实例
乘法	_mul_	帮助重载*运算符。通常，它会接受两个参数——位置参数和要相乘的实例
除法	_truediv_	帮助重载/运算符。通常，它会接受两个参数——位置参数和要做除法运算的实例

后续各节将介绍上述运算符的用法。

12.4　以分数为例重载二元运算符

通过如下示例，更容易理解表 12.1 给出的运算符的重载。如下示例针对 fraction 类重载加法（+）、减法（-）、乘法（*）和除法（/）运算符。fraction 类表示标准的分数，它拥有一个分子和一个分母。这个类的方法的细节如下。

1. __init__

__init__通过将分子设置为 0，将分母设置为 1 来初始化该类。因此，以下语句创建了一个分数 0/1。

```
x=fraction()
```

2. _add_

add 负责重载+运算符。以下语句调用了 x 的 _add_ 并以 y 作为"其他"参数。

z=x+y

因此，它必须有两个参数——一个位置参数（self）和一个分数（other）。两个分数 $\frac{a_1}{b_1}$ 和 $\frac{a_2}{b_2}$ 的加法按照如下方式来执行。b_1 和 b_2 的最小公倍数（Least Common Multiple，LCM）变成了最终分数的分母，分子通过如下公式计算。

$$分子 = \left(\frac{LCM}{b_1}\right)a_1 + \left(\frac{LCM}{b_2}\right)a_2$$

注意，最终的分数存储在另一个分数（s）之中。方法 _add_ 返回 s。

3. _sub_

sub 负责重载-运算符。以语句调用 x 的 _sub_ ，并以 y 作为"其他"参数。

t=x-y

因此，它必须有两个参数——一个位置参数（self）和一个分数（other）。两个分数 $\frac{a_2}{b_2}$ 和 $\frac{a_2}{b_2}$ 的减法按照如下方式来计算。b_1 和 b_2 的 LCM 变成了最终分数的分母，分子通过如下公式计算。

$$分子 = \left(\frac{LCM}{b_1}\right)a_1 - \left(\frac{LCM}{b_2}\right)a_2$$

注意，最终的分数存储在另一个分数（d）之中。方法 _sub_ 返回 d。

4. _mul_

mul 负责重载*运算符。以下语句调用 x 的 _mul_ 并以 y 作为 other 参数。

prod=x*y

因此，它必须有两个参数——一个位置参数（self）和一个分数（other）。两个分数 $\frac{a_1}{b_1}$ 和 $\frac{a_2}{b_2}$ 的积按照如下方式来计算。

分子通过如下公式计算。

$$分子 = a_1 a_2$$

分母通过以下的公式计算。

$$分母 = b_1 b_2$$

注意，最终的分数存储在另一个分数（m）之中。方法 _mul_ 返回 m。

5. _truediv_

truediv 负责重载/运算符。以下语句调用 x 的 _truediv_ 并以 y 作为 other 参数。

div = x/y

因此，它必须有两个参数——一个位置参数（self）和一个分数（other）。两个分数

$\dfrac{a_1}{b_1}$ 和 $\dfrac{a_2}{b_2}$ 的除法按照如下方式来计算。

分子通过如下公式计算。

$$分子 = a_1 b_2$$

分母通过以下的公式计算。

$$分母 = b_1 a_2$$

注意，最终的分数存储在另一个分数（answer）之中。方法 _truediv_ 返回 answer。

示例 12.4： 创建一个名为 fraction 的类，它以一个分子和分母作为其成员。针对这个类，重载如下运算符：

- +；
- -；
- *；
- /。

创建 LCM（最小公倍数）和 GCD（Greatest Common Divisor，最大公约数）方法，以便完成上述任务。LCM 方法求两个数的 LCM，GCD 方法求两个数的 GCD。注意，LCM(x, y) GCD(x, y) = x y。

解答： 这个实现方式前面已经讨论过了。程序清单 12.4 执行所需的任务并且输出如下结果。

程序清单 12.4　Fraction_add.py

```
##fractions
class fraction:
    def __init__(self):
        self.num=0;
        self.den=1;
    def getdata(self):
        self.num=input("Enter the numerator\t:")
        self.den = input("Enter the denominator\t:")
    def display(self):
        print(str(int(self.num)),"/",str(int(self.den)))
    def gcd(first, second):
        if(first<second):
            temp=first
            first=second
            second=temp
        if(first%second==0):
            return second
        else:
            return(fraction.gcd(second, first%second))
    def lcm(first, second):
        ##print("GCD is",str(fraction.gcd(first,second)))
        return((first*second)/fraction.gcd(first,second))
    def _add_(self,other):
        s=fraction()
        lc=fraction.lcm(int(self.den), int(other.den))
        s.num=((lc/int(self.den))*int(self.num))+((lc/int(other.den))*int(other.num))
        s.den=lc
        return(s)
```

```
    def _sub_(self,other):
        lc=fraction.lcm(int(self.den), int(other.den))
        d=fraction()
        d.num=((lc/int(self.den))*int(self.num))-((lc/int(other.den))*int(other.num))
        d.den=lc
        return(d)
    def _mul_(self,other):
        m=fraction()
        m.num=int(self.num)*int(other.num)
        m.den=int(self.den)*int(other.den)
        return(m)
    def _truediv_(self,other):
        answer=fraction()
        answer.num=int(self.num)*int(other.den)
        answer.den=int(self.den)*int(other.num)
        return(answer)

x=fraction()
x.getdata()
print("First fraction\t:")
x.display()
y=fraction()
y.getdata()
print("Second fraction\t:")
y.display()
z=x._add_(y)
print("Sum\t:")
z.display()
t=x._sub_(y)
print("Difference\t:")
t.display()
prod=x._mul_(y)
print("Product")
prod.display()
div=x._truediv_(y)
print("Division")
div.display()
```

输出如下。

```
Enter the numerator     :2
Enter the denominator   :3
First fraction  :
2 / 3
Enter the numerator     :4
Enter the denominator   :5
Second fraction  :
4 / 5
Sum  :
22 / 15
Difference   :
-2 / 15
Product
8 / 15
Division
10 / 12
>>>
```

这真的需要吗?

注意,本章包含上述示例是为了说明二元运算符的重载。**Python** 早已经为分数提供了加法、减法、乘法和除法运算功能(参见第 2 章)。不重载这些运算符,而使用如下代码,也能够完成同样的任务。

```
>>> from fractions import Fraction
>>> X=Fraction(20,4)
>>> X Fraction(5, 1)
>>> Y=Fraction(3,5)
>>> Y Fraction(3, 5)
>>> X+Y Fraction(28, 5)
>>> X-Y Fraction(22, 5)
>>> X*Y Fraction(3, 1)
>>> X/Y Fraction(25, 3)
>>>
```

12.5　重载+=运算符

+=运算符给一个给定对象增加了一定的量。例如,如果 a 的值为 5,a+=4 使它变为 9。然而,该运算符对于整数、实数和字符串有效。对于整数、实数和字符串使用+=的示例如下。

```
>>> a=5
>>> a+=4
>>> a
9
>>> a=2.3
>>> a+=1.3

>>> a
3.5999999999999996
>>> a="Hi"
>>> a+=" There"
>>> a
'Hi There'
>>>
```

为了让+=对于用户定义的数据类型(或对象)有效,我们需要对它进行重载。_iadd_帮助完成这一任务。示例 12.5 展示了_iadd_对于 complex 类的一个对象的用法。复数拥有实部和虚部。用一个给定的复数加上另一个复数,会将它们的实部和虚部分别相加。代码程序清单 12.5 所示。注意,_iadd_接受两个参数。第 1 个参数是位置参数,第 2 个参数是另一个叫作 other 的对象。把 other 的实部添加到第 1 个对象的实部中,把 other 的虚部加到第 1 个对象的虚部中。_iadd_返回 self。类似地,读者可以根据需要为自己的类重载_iadd_。

示例 12.5:为 complex 类(参见示例 12.1 和示例 12.3)重载+=。

解答:代码如程序清单 12.5 所示。

程序清单 12.5　iadd.py

```
##overlaoding += for Complex class
```

```
class Complex:
    def __init__(self, real, imaginary):
        self.real=real
        self.imaginary=imaginary
    def _iadd_(self, other):
        self.real+=other.real
        self.imaginary+=other.imaginary
        return self
    def display(self):
        print("Real part\t:",str(self.real)," Imaginary part\t:",str(self.imaginary))

X=Complex(2,3)
Y=Complex(4,5)
X.display()
Y.display()
X._iadd_(Y)
X.display()
X._iadd_(Y)
X.display()
```

输出如下。

```
Real part   : 2    Imaginary   part  : 3
Real part   : 4    Imaginary   part  : 5
Real part   : 6    Imaginary   part  : 8
Real part   : 10   Imaginary   part  : 13
>>>
```

12.6   重载>和<运算符

大于（>）运算符和小于（<）运算符对于整数、分数和其他的预定义类型也按照常规的方式工作。然而，要对用户定义的类使用这些运算符，程序员必须重载这些运算符。在 Python 中，可以使用_gt_和_lt_来重载>运算符和<运算符。_gt_根据第 1 个对象是否大于第 2 个对象，返回 true 或 false。类似地，_lt_根据第 1 个对象是否小于第 2 个对象，返回 true 或 false。

示例 12.6 针对一个名为 Data 的类重载_gt_和_lt_。Data 类有一个名为 value 的数据成员。_gt_比较实例 self 的 value 和另一个实例 other 的 value。如果 self 的 value 大于 other 的 value，就返回 true；否则，返回 false。类似地，_lt_也比较实例 self 的 value 和另一个实例 other 的 value。如果 self 的 value 小于 other 的 value，就返回 true；否则，返回 false。

示例 12.6：编写一个程序来创建名为 Data 的类，它以 value 作为其数据成员。为该类重载>和<运算符。实例化这个类，并且使用_lt_和_gt_来比较对象。

解答：前面已经介绍了_lt_和_gt_的机制。代码如程序清单 12.6 所示。

程序清单 12.6   Comparision.py

```
class Data:
    def __init__(self, value):
        self.value=value
    def display(self):
        print("data is ",str(self.value))
```

```
        def _lt_(self,other):
            return(self.value<other.value)
        def _gt_(self,other):
            return(self.value>other.value)
X=Data(5)
Y=Data(4)
X.display()
Y.display()
print(X._lt_(Y))
```

输出如下。

```
data is  5
data is  4
False
```

12.7 重载 _boolEan_ 运算符——_bool_ 与 _len_ 的优先级

程序员使用 if 和 while 的时候，会检查在 if 和 while 中传入的条件。如果条件为真，跟在 if 和 while 后面的语句块将会执行；否则，就不会执行它们。我们也可以为用户定义的对象定义布尔运算符。为了完成这个任务，程序员需要一些方法来帮助进行重载。Python 提供了两个布尔运算符—— _bool_ 和 _len_。如果所请求的条件满足，_bool_ 方法返回 true；否则，它返回 false。_len_ 方法求数据成员的长度，如果它为空，就返回 false。只有在类的 _bool_ 没有定义的时候，才可以使用 _len_ 方法来检查布尔条件。当一个类的 _bool_ 和 _len_ 都定义了的时候，_bool_ 的优先级高于 _len_。

例如，在下面的示例中，对于代码 if(X) 来说，如果 X 是该类的一个实例并且在实例化该类的时候没有传递参数，返回 false。注意，程序清单 12.7 中使用_len_。示例 12.7 检查了数据成员 value 的长度，并且如果 value 不为空，返回 true；否则，返回 false。

示例 12.7：创建一个名为 data 的类。如果在实例化该类的时候没有传递参数，那么返回 false；否则，返回 true。

解答：代码如程序清单 12.7 所示。

程序清单 12.7   len1.py

```
class Data:
    def _len_(self):
        return 0
X=Data()
if X:
    print("True")
else:
print("False")
```

输出如下。

```
False
```

示例 12.8：上面的例子的另一个变体以一个 value 作为其数据成员。如果 value 为空，返回 false；否则，返回 true。

解答：代码如程序清单 12.8 所示。

程序清单 12.8　len2.py

```
class Data:
    def __init__(self, value):
        self.value=value
    def _len_(self):
        if len(self.value)==0:
            return 0
        else:
            return 1

##X= Data()
##if X:
## print("True")
##else:
## print("False")

Y=Data("hi")
if Y:
    print("True")
else:
    print("False")

X= Data("")
if X:
    print("Ture")
else:
    print("False")
```

输出如下。

```
Ture
False
```

注意，如果该类中也定义了_bool_，那么它比_len_方法的优先级更高。_bool_根据每个给定的条件返回 true 或 false。重载_bool_可能并不是那么有用，因为 Python 中的每个对象都要么为真，要么为假。示例 12.9 给出了一个例子，其中_bool_和_len_都定义了。

示例 12.9： 定义_bool_和_len_。

解答： 代码如程序清单 12.9 所示。

程序清单 12.9　bool.py

```
class Data:
    def __init__(self, value):
        self.value=value
    def _len_(self):
        if len(self.value)==0:
            return 0
        else:
            return 1
    def _bool_(self):
        if len(self.value)==0:
            print("From Bool")
            return False
        else:
            print("From Bool")
            return True
```

```
Y=Data("hi")
if Y:
    print("True returned")
else:
    print("False returned")
X= Data("")
if X:
    print("Ture returned")
else:
    print("False returned")
```

输出如下。

```
True
From Bool
False
>>>
```

12.8　析构函数

当收回一个类的对象的空间的时候，自动调用析构函数。析构函数和构造函数相反。当创建一个新的的对象的时候，调用构造函数；当收回对象的空间的时候，调用析构函数。需要注意的是，在 Python 中，析构函数并不像在其他的面向对象语言中那么重要。实际上，很多程序员认为析构函数是"废弃的"，原因如下。

● **垃圾回收**：垃圾回收是 Python 的特性之一。也就是说，只要收回了对象（一个类的实例），也会收回分配给该对象的内存。因此，几乎不需要显式的析构函数。

此外，预测需要在哪个位置调用析构函数变得很困难。例如，在程序清单 12.10 中，只要给对象赋一个值，就会调用析构函数。但是从概念上讲，用户可能想要在剩下的任务中使用该对象。

● **没有垃圾回收**：这是不使用析构函数的另一个原因。有的时候，析构函数会阻碍垃圾回收。如果这是有意的行为，那还好；如果不是经过深思熟虑的，就不太好了。大多数时候，让 Python 自己进行垃圾回收是比较好的。示例 12.10 展示了一个名为 Data 的类，它有一个显式的析构函数(__del__)。注意，当回收内存的时候，调用了析构函数。

示例 12.10：析构函数的使用。

解答：代码如程序清单 12.10 所示。

程序清单 12.10　Destructor.py

```
class Data:
    def __init__(self, value):
        self.value=value
    def display(self):
        print("Value\t:",str(self.value))
    def __del__(self):
        print("Destructor called")

X=Data(5)
X.display()
X='Hi'
```

```
del(X)
```

既然讨论完了析构函数的问题，最好构造一个显式的方法来结束这种行为，而不是允许调用析构函数。

12.9 小结

重载意味着相同的符号具有多种含义。重载可以分为两种——名称重载和符号重载。运算符是一种符号，它告诉编译器执行某种数学运算，也可以被重载。也就是说，运算符重载可以定义为给一个运算符多种定义。Python 允许针对用户定义的数据类型来重载运算符。在 Python 中，可以通过重载必需的方法并且在需要的时候调用它们，从而实现运算符重载。这里需要强调的是，重载运算符是类的一个成员。本章介绍了运算符重载的概念，并使用丰富的示例说明其思路。希望读者通过做练习获得清晰的认识，并且能够在实际情况中使用本章介绍的方法。

12.9.1 术语

运算符重载：这是一种机制，可以赋予已有的对象一种新的含义。

12.9.2 知识要点

- 运算符重载帮助程序员针对用户定义的对象来定义一个已有的运算符。
- 在 Python 中，所有的运算符都可以重载。
- 运算符重载可以使用特殊的方法来实现。
- _bool_ 比 _len_ 的优先级更高。

12.10 练习

选择题

1. 使用运算符重载，程序员能够____。
   （a）针对用户定义的数据类型定义一个已有的运算符
   （b）创建新的运算符
   （c）以上都对
   （d）以上都不对
2. 在 Python 中，运算符重载可以通过以下哪种方式实现？____
   （a）在要做运算的对象的类中定义相应的方法
   （b）可以按照和 C++中相同的方式来重新定义运算符
   （c）对于定义的运算符，Python 有预定义的方法

　　　（d）以上都不对

3. __init__ 可以重载吗？____

　　（a）可以　　　　　　　　　　　　（b）不可以

　　（c）只能够针对特定的类重载　　　（d）以上都不对

4. 如果要将相同的 __init__ 设计为接受不同数目的参数，如下的哪种形式是正确的？____

　　（a）def __init__(self)　　　　　（b）def __init__(self, *args)

　　（c）def __init__(self, args)　　（d）（b）和（c）都对

5. 上述任务可以通过以下哪种方式来实现？____

　　（a）在 __init__ 中不给定任何参数　　（b）让某些参数等于 NONE

　　（c）以上都对　　　　　　　　　　　　（d）以上都不对

6. 如下哪个方法用来重载+运算符？____

　　（a）_add_　　　　　（b）_iadd_　　　（c）_sum_　　　　（d）以上都不对

7. 如下哪个方法用来重载−运算符？____

　　（a）_diff_　　　　　（b）_sub_　　　（c）_minus_　　　（d）以上都不对

8. 如下哪个方法用来重载*运算符？____

　　（a）_prod_　　　　　（b）_mul_　　　（c）以上都对　　　（d）以上都不对

9. 对于如下给定的哪个类型，确实需要运算符重载？____

　　（a）Complex　　　　（b）Fraction　　　（c）极坐标系　　　（d）以上都不对

10. 以下哪种运算符使用_iadd_重载？____

　　（a）+　　　　　　　（b）+=　　　　　　（c）++　　　　　　（d）以上都不对

11. 在 Python 中，>和<运算符能够重载吗？____

　　（a）可以　　　　　　　　　　　　（b）不可以

　　（c）只能针对具体的类　　　　　　（d）以上都不对

12. _bool_还是_len_的优先级更高？____

　　（a）_bool_　　　　　　　　　　　（b）_len_

　　（c）二者的优先级一样高　　　　　（d）以上都不对

12.11　理论回顾

1. 什么是运算符重载？说明其重要性。

2. 说明 Python 中的运算符重载机制。

3. Python 所有的运算符都可以重载吗？

4. 可以使用 in 运算符来测试成员关系。在 Python 中，contains 方法可以用来测试成员关系。创建一个包含 3 个列表的类，针对这个类重载成员关系运算符。

5. 说明如下方法的作用并说明运算符重载所使用的运算符。

　　（a）_add_　　　　　（b）_iadd_　　　（c）_sub_　　　（d）_mul_

　　（e）_div　　　　　　（f）_len_　　　　（g）_bool_　　　（h）_gt_

　　　(i) _lt_　　　　　　　(j) _del_

6. 本章没有介绍如下方法，说明如下方法的作用并针对 complex 类使用它们。
　　(a) _getitem_　　(b) _setitem_　(c) _iter_　　　　(d) _next_

12.12　编程实践

1. 创建一个名为 Distance 的类，它有 meter 和 centimeter 两个数据成员。该类的成员函数是 putData()，它从用户那里接受 meter 和 centimeter 的值，putData() 会显示数据成员。还有一个 add 方法，会将两个 Distance 实例相加。两个 Distance 实例（假设为 d1 和 d2）的加法需要将两者对应的 centimeter 相加（即 d1.centimeter+s2.centimeter），如果和小于 100，其和就是相加的结果；否则，其和为 (d1.centimeter+s2.centimeter)%100。meter 之和是将两个实例的 meter 相加（即 d1.meter+d2.meter），如果 (d1.centimeter+d2.centimeter) <100，meter 相加的结果就是其和；否则，其和为 (d1.meter+d2.meter+1)。

2. 针对上述类重载+运算符。+运算符应该通过 add 函数执行相同的任务。
两个 Distance 实例（假设 d1 和 d2）的减法需要将相应的 centimeter 相减 (d1.centimeter-d2.centimeter)。meter 之差应该是两个 Distance 实例的 meter 相减的结果 (d1.meter-d2.meter)。

3. 针对 distance 类重载–运算符。假设 d1-d2 始终意味着 d1>d2。

4. 针对 Distance 类重载+=运算符。+=运算符（即 d1+=d2）要求将 d1 和 d2 相加（其含义如前所述）并且使用 (d1+d2) 更新 d1。注意，d2 的值是不能修改的。

5. 针对 Distance 类，重载*运算符。

6. 假设一个国家要引入一种新的货币系统，替换掉现有的货币。在新系统中，12 枚旧的 Tanjali 货币等于一枚新的货币。Hari 与 Aslam 分别有 37 枚和 92 枚 Tanjali 货币，他们想将其换成新的货币以购买电影票。如果一张票需要 60 枚新货币，他们能够看上电影吗？

7. 现在，帮助人们开发一个程序，其中有一个名为 nat_currency 的类，并且重载+运算符，它将 nat_currency 的两个实例相加。

8. 对于编程实践 7，重载–运算符。

9. 对于编程实践 7 中的 nat_currency 类，重载+=运算符。

10. 对于编程实践 7 中的 nat_currency 类，重载*运算符。

11. 创建一个名为 date 的类，它拥有 dd、mm 和 yyyy（分别表示日期、月份和年份）这几个成员。重载+运算符，它将 date 类的两个实例相加。

12. 有一个名为 irr 的假设的数字，形式为 $c\sqrt{d}$，其中 d 为常量。两个实例的 irr 可以像下面这样相加。如果第一个 irr 数为 $r_1 = a_1 + c_1\sqrt{d}$，第二个 irr 数是 $r_2 = a_2 + c_2\sqrt{d}$，r_1 和 r_2 相加将会得到 $r_1 + r_2 = (a_1 + a_2) + (c_1 + c_2)\sqrt{d}$。

r_1 和 r_2 的差是 $r_1 - r_2 = (a_1 - a_2) + (c_1 - c_2)\sqrt{d}$ 。r_1 和 r_2 的积是 $r_1 \times r_2 = (a_1 a_2 + c_1 c_2 d) + (a_1 c_2 + a_2 c_1)\sqrt{d}$ 。

创建一个名为 irr 的类，并且重载+运算符。

13. 针对 irr 类，重载-运算符。

14. 针对 irr 类，重载+=运算符。

15. 针对 irr 类，重载*运算符。

16. 一个向量表示为 $ai + bj + ck$ ，其中 i 是 x 轴上的一个单位向量， j 是 y 轴上的一个单位向量，k 是 z 轴上的一个单位向量。两个向量相加，需要将对应的 i 部分相加，对应的 i 部分相加，对应的 k 部分相加。也就是说，对于两个向量，$v_1 = a_1 i + b_1 j + c_1 k$ ，而 $v_2 = a_2 i + b_2 j + c_2 k$ ，其和将会是 $v = v_1 + v_2 = (a_1 + a_2)i + (b_1 + b_2)j + (c_1 + c_2)k$ 。类似地，两个向量之差需要将对应的 i 部分相减，对应的 j 部分相减，对应的 k 部分相减。也就是说，对于两个向量 $v_1 = a_1 i + b_1 j + c_1 k$ 和 $v_2 = a_2 i + b_2 j + c_2 k$ ，二者之差就是 $v = v_1 - v_2 = (a_1 - a_2)\,i + (b_1 - b_2)j + (c_1 - c_2)k$ 。

17. 创建一个名为 vector 的类，它有 3 个数据成员，分别是 a、b 和 c。这个类必须有一个 getData() 函数，该函数要求用户输入 a、b 和 c 的值；putData() 函数将会显示 vector。

18. 针对 vector 类，重载+运算符。

19. 针对 vector 类，重载-运算符。

20. 针对 vector 类，重载+=运算符。

第 13 章　异常处理

学完本章，你将能够
- 理解异常处理的概念；
- 认识异常处理的重要性；
- 使用 `try/except`；
- 手动抛出异常；
- 编写一个程序引发用户定义的异常。

13.1　简介

编写一个程序是一项牵涉较多工作的任务。编程需要深思熟虑，掌握语法以及解决问题的能力。尽管付出了各种努力，也有可能会产生一些错误或者得到意料之外的输出。这些错误可以按照如下方式进行分类。第一类错误是那些由于语法问题导致的错误，编译器是可以拦截这些错误的。在编译一个程序的时候，遇到这样的错误，就会出现一些标准的消息。可以通过学习语法，或者在遇到问题的时候，根据每个问题的需要来修改代码，从而解决这一类错误。程序清单 13.1 是具有语法错误的代码的示例。注意，在 funl('Harsh' 这条语句中，缺少了右圆括号。

程序清单 13.1　fun1.py

```
def fun1(a):
    print('\nArgument\t:',a)
    print('\nType\t:',type(a))

fun1(34)
fun1(34.67)
fun1('Harsh'
```

当执行这段代码的时候，就会出现图 13.1 的那条消息。

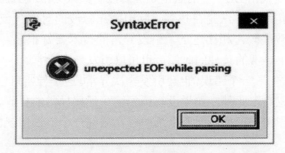

图 13.1　错误消息

　　第二种类型的错误更加复杂一些。有的时候，程序会在执行过程中停止工作，或者无法按照预期的方式执行。这可能是由于不正确的用户输入、无法打开某个文件、程序无权访问某些内容等问题导致的。这叫作异常（exception）。异常是"改变了程序流程的事件"。当错误发生的时候，Python 会调用这些事件，或者程序员可以显式地调用它们。

　　异常要用于处理一些情况。因此，如果一些事情确实发生了，程序员必须能够借助一部分代码处理这种情况。为了理解这一点，考虑如下例子。

　　假设你想要设计一种机器学习技术，以识别一个给定的 EEG 是否表示一次脑电癫痫棘波。你决定所要使用的算法、语言和工具等。然而，你不能够获取数据。你将怎么做？直接放弃这个项目，并且进入异常处理部分。也就是说，当上述情况出现的时候，就引发一次异常。我们考虑异常处理的一个最常见的例子。如果某人编写了一个程序，对用户输入的两个数进行除法运算，如果输入的分母为 0，就应该引发一个异常。

　　处理异常最常见的一种方式是编写一个语句块，在其中，人们期待一个异常发生。如果在该语句块中的某个位置引发一个异常，程序控制将进入这个负责处理异常的部分。我们期待出现异常的语句块就是 try 语句块，而负责处理异常的部分就是 expect 语句块。本章将介绍处理异常的一些方法。然而，有 C++ 或 C# 背景的读者将会很熟悉上述技术，并且会发现本章内容很简单。尽管 Python 有一种处理异常的机制，还是希望读者学会编写自己的类来处理异常。因此，读者必须回顾关于类和对象的章节。

　　Python 中的异常处理可以使用如下任何一种形式完成：

- try/expect；
- try/expect/finally；
- raise；
- assert。

　　本章主要介绍前 3 种方法。本章按照如下方式组织：13.2 节介绍异常处理的重要性和机制，13.3 节介绍 Python 中一些内置的异常，13.4 节通过举例来概括这些过程，13.5 节介绍如何构造用户友好的异常，13.6 节给出异常处理的另一些示例，13.7 节是本章小结。

13.2　重要性和机制

　　异常处理机制可以帮助程序员发现一些问题。例如，考虑前一节讨论的问题。你有了一个病人的 EEG，想要找出 EEG 中的脑电癫痫棘波。如果无法找到脑电癫痫棘波，你可能直接引发一个异常。传统的方法是在找到了脑电癫痫棘波的时候（或者在没找到什么内容的时候）返回一个整数编码，相比之下，引发异常的技术要好很多。类似地，在检测到某些特殊情况或者一种不寻常的条件的时候，也可以引发一个异常。

　　在运行时，如果发生了一个错误，也会引发一次异常。这个异常可以通过相应的 expect 处理，或者可以直接忽略。此外，如果没有预先编写处理异常的代码，那么 Python 的默认错误处理机制将发挥作用。正如前面所介绍的，在遇到一个错误情况的时候，在 try 语句之后恢复执行。

　　Python 还拥有 try/finally 语句能够处理程序终止的情况。拥有 Java 背景的程序员应该很熟悉 finally。finally 用于处理程序终止的情况，不管是否发生了异常。例如，在设计那种必须出现结束界面的软件的时候，不管是否发生了一个异常，对象的内存最终都必须回收。在这些情况下，finally 很有用。

13.2.1 try/catch 的例子

假设有一个列表，其中包含学生的一个有序集合。第一个位置包含了得最高分的学生的名字，排名第二的学生的名字位于列表中的第二个位置，依次类推。

```
>>>L = ['Harsh', 'Naved', 'Snigdha', 'Gaurav']
```

要访问指定位置的一个元素，用户需要输入索引。

```
>>>Index=input('Enter the index')
```

现在，使用如下语句访问位于该位置的元素。

```
>>>print(L[int(index)])
```

因此，如果用户输入 1，将会输出 'Naved'；如果用户输入 2，将会输出 "Snigdha"。然而，如果输入大于 3 的任何内容，将会出现如下消息。

```
Traceback (most recent call last):
File "<pyshell#5>", line 1, in <module>
print(L[int(index)])
IndexError: list index out of range
```

使用 try/catch 语句块（见程序清单 13.2）可以处理该错误。

程序清单 13.2　code.py

```
def code():
    L = ['Harsh', 'Naved', 'Snigdha', 'Gaurav']
    try:
        index=input('Enter index\t:')
        print(L[index])
    except IndexError:
        print('List index out of bound')
        print('This statement always executes')
```

注意，try 语句块所包含那部分的代码之中，可能会出现异常。如果在那里发生了一个运行时错误，except 部分将会处理它。还要注意，except 可能有预定义的异常的名称。except 之后的语句总是会执行，而不管是否引发了异常。希望读者注意，程序的控制权并没有回到异常真正发生的地方。程序只能够处理在请求的块中发生的异常，在此之后，将继续正常执行。异常处理机制的语法如下所示。

语法

```
try:

##code where exception is expected

except <Exception>:
##code to handle the exception
##rest of the program
```

13.2.2 手动引发异常

到目前为止，我们的讨论都集中在这样一种情况，异常由 Python 自身引发并捕获。在 Python 中，我们也可以手动引发异常。关键字 raise 用来显式地触发一个异常。这个关键字后面跟着<exception name>（这个名称和被捕获的异常的名称相同）。这里的异常处理机制和前面所描述的是相同的。也就是说，对应的 expect 将会处理抛出的异常。语法如下所示。

语法

```
try:

raise <something>

expect <something>:
##code which handles the exception
##rest of the code
```

如果没有捕获到这样的异常，它们将按照和上一节介绍的相同方式处理。13.4 节中的示例会给出代码，其中引发并捕获异常。

13.3 Python 中内置的异常

如果程序员能够引发特定的异常，程序就可以更加高效一些。为了能够做到这一点，我们必须知道 Python 中预定义的异常，然后才能够在正确的地方使用它们。本节介绍 Python 中一些最常见的异常。下一节将介绍这些异常的用法。

● **AssertionError 异常**

当一个断言失败的时候，引发 AssertionError 异常。

● **AttributeError 异常**

当一次赋值失败的时候，引发 AttributeError 异常。

● **EOFError 异常**

当到达文件的最后一个单词的时候，程序试图继续读取，就会引发 EOFError 异常。

● **FloatingPointError 异常**

当浮点数操作失败的时候，就会引发这个异常。

● **ImportError 异常**

如果代码中的 import 语句无法加载所提及的模块，就会引发这个异常。它和 Python 的较新版本中的 ModuleNotFoundError 相同。

● **IndexError 异常**

当一个序列超出其范围的时候，就会引发这个异常。

● **KeyError 异常**

如果在一个字典中没有找到对应键，将会引发这个异常。

- **OverflowError 异常**

注意，每种数据类型都能够保存某些值，并且对其所能保存的最大值总是有一个限制。当超出这个限制的时候，就会引发 OverflowError 异常。

- **RecursionError 异常**

在执行使用了递归的代码的时候，如果达到了最大迭代深度，就会引发 RecursionError 异常。

- **RuntimeError 异常**

如果发生了一个错误，并且它不属于所提及的分类中的任何一个，就会引发 RuntimeError 异常。

- **StopIteration 异常**

如果某人使用_next_()并且没有更多的对象能够处理，就会引发该异常。

- **SyntaxError 异常**

当代码的语法不正确时，就会引发该异常。例如，缺少 import 语句或者其他类似的内容。

- **IntendationError 异常**

当使用的缩进不正确的时候，就会引发这种异常。

- **TabError 异常**

如果使用的空格或者制表符不一致，就会导致这种异常。

- **SystemError 异常**

如果发现了一些内部的错误，就会引发该异常。当引发该异常的时候，异常会显示所遇到的问题。

- **NotImplementedError 异常**

如果一个对象没有得到支持，或者提供支持的部分还没有实现，就会引发该异常。

- **TypeError 异常**

如果传递了一个参数并且它不是所期望的参数，就会引发 TypeError 异常。例如，在将用户提供的两个数相除的一个程序中，传入一个字符，就会引发该异常。

- **ValueError 异常**

当给函数传入一个错误的值（或者试图通过一个变量传入）时，将会引发 ValueError 异常。例如，如果传递了超出整数范围的一个值，将会引发该异常。

- **UnboundLocalError 异常**

如果引用一个变量，而该作用域中不存在该变量的值，就会引发该错误。

- **UnicodeError 异常**

当遇到和 Unicode 编码或解码相关的错误的时候，就会引发该异常。

- **ZeroDivisionError 异常**

除法和模除运算符都有两个参数，如果第二个参数为 0，将会引发该异常。

13.4 过程

本节将回顾两个数的除法，并且总结如何应用目前为止所学习的概念。考虑这样一个函数，它以两个数字作为输入，并且将这两个数字相除。如果调用了这个函数，并且传递了两个整数作为参数（例如 3 和 2），如果第 2 个数字不是 0，将会得到预期的输出值。然而，如果第 2 个数字是 0，将会发生一个运行时错误和一条错误消息。也就是说，Python 会自动处理异常。代码如程序清单 13.3 所示。

通过提供一条用户友好的、易于理解的消息，可以让程序更加用户友好一些。使用异常处理可以做到这一点。

程序清单 13.3　No_Exception.py

```
def divide(a,b):
    result =a/b
    print('Result is\t:',result)
divide(3,2)
divide(3,0)
```

输出如下。

```
Traceback (most recent call last):
File "C:/Python/Exception handling/No_Exception.py",
line 5, in <module>
divide(3,0)
File "C:/Python/Exception handling/No_Exception.py",
line 2, in divide
result =a/b
ZeroDivisionError: division by zero
```

13.4.1　异常处理——try/except

使用 try/except 结构处理运行时错误，就可以解决上述问题。可能引发异常的那部分代码放在了 try 语句块中。如果引发了一个异常，将会在 except 语句块中处理它。except 语句块拥有一条用户友好的错误消息，或者能够处理该异常的代码。程序清单 13.4 展示了 try 语句块的用法，并且显示了在 except 中如何处理一个运行时错误。注意 try 语句块中将两个数相除的语句。如果第 2 个数字为 0，将会引发一个异常，并且 except 语句块中的语句将会执行。

程序清单 13.4　divide.py

```
def divide(a, b):
    try:
        d=a/b
        print('Result is\t:',str(d))
    except:
        print('Exception caught')

divide(2,3)
divide(2,0)
```

输出如下。

```
Result is   : 0.6666666666666666
Exception caught
```

13.4.2　引发异常

程序员也可以引发具体的异常。例如，如果第 2 个数字为 0，程序清单 13.5 将会引发 ZeroDivisionError 异常。注意，对应的 except 语句块捕获了这个异常。如果用户确定在给定的条件下会引发哪个异常，就可以这么做。此外，程序员也可能无法引发正确的异常，导致 Python 的自动异常处理机制启动。

13.3 节已经介绍了一些常见的异常及其含义。此外，还有更多的异常（请参考网上的资源）。

程序清单 13.5　divide_raise.py

```python
def divide(a, b):
    try:
        if b==0:
            raise ZeroDivisionError
        d=a/b
        print('Result is\t:',str(d))
    except ZeroDivisionError:
        print('Exception caught:ZeroDivisionError ')


divide(2,3)
divide(2,0)
```

输出如下。

```
Result is   : 0.6666666666666666
Exception caught:ZeroDivisionError
```

13.5　构造用户友好的异常

到目前为止，我们已经看到了 Python 的自动异常处理功能。也就是说，即便没有 try/except，Python 也会处理异常。前面已经介绍了如何使用 try/except。引发异常的方法使异常处理更有意义，因此，程序员可以在需要的时候引发特定的异常。然而，到目前为止，我们还没有看到如何处理这种情况，这需要我们引发一个用户定义的异常。本节将介绍如何构造和使用用户定义的异常。

假设有这样一种情况，其中程序需要引发一个特定的异常。然而，没有一个预定义的异常来处理这种情况。在这个例子中，一个类将用来处理需要创建的异常。这个类将会是 Exception 类的一个子类，因此，它可以用来引发异常。程序清单 13.6 展示了引发异常的情况。在代码中，创建了一个名为 My Error 的类，它派生自 Exception。这个类的 __init__ 可能包含了一条消息，当引发异常的时候会输出该消息。当引发该异常的时候，关键字 raise 后面跟着所编写的类的名称。希望读者观察输出，并且理解在 __init__ 中写入的第一条消息会显示出来，后面跟着 except 语句块中的消息。尽管这只是一个人为的示例，但它展示了如何创建处理异常的类。

程序清单 13.6　MyException.py

```python
class MyError (Exception):
    def __init__(self):
        print('My Error type error')


def divide(a, b):
    try:
        if b==0:
            raise MyError
        d=a/b
```

```
        print('Result is\t:',str(d))
    except MyError:
            print('Exception caught : MyError ')

divide(2,3)
divide(2,0)
```

输出如下。

```
Result is    : 0.6666666666666666
My Error type error
Exception caught: My Error
```

13.6　异常处理的示例

程序清单 13.7 从给定的列表中找出最大的值。思路很简单。一开始，将第一项当作
"max"（最大项）。然后遍历给定列表的各项。在遍历的时候，如果任何的元素比 "max"
还要大，那就将该数值存储到变量 "max" 中。最后输出 "max" 的值。

程序清单 13.7　findMax.py

```
def findMax(L):
    max=L[0]
    for item in L:
        if item>max:
            max=item
    print('Maximum\t:',str(max))

L=[2, 10, 5, 89, 9]
findMax(L)
```

输出如下。

```
Maximum : 89
```

注意，如果 L 的内容是字符串（例如，L=["Harsh," "Nakul," "Naved," "Sahil"]），将会按
照规则来比较字符串，然后输出最大的字符串（"Sahil"）。该程序对于整数、字符串和浮点
数都有效。然而，下面的列表将会引发异常。

```
L= [2, 'Harsh', 3.67]
```

输出如下。

```
Traceback (most recent call last):
File "C:/Python/Exception handling/Example/findMax.py", line 15, in <module>
findMax(L)
File "C:/Python/Exception handling/Example/findMax.py", line 4, in findMax
if item>max:
TypeError: unorderable types: str() > int()
>>>
```

通过将可能出现问题的代码放到 try 语句块中，可以处理这一问题。此外，如果列表
的所有项都是由用户输入的，那么发生运行时错误的可能性就比较大。在这种情况下，程
序员必须确保所有内容（包括项的输入以及对函数的调用），都放到 try 语句块中。程序清
单 13.8 展示了由用户输入项并且实现了异常处理的版本。注意，第 1 次运行会得到期望的
结果，而第 2 次运行将会导致运行时错误，并且由此调用异常处理机制。

程序清单 13.8 findMax_exception

```
def findMax(L):
    max =L[0]
    for item in L:
        if item>max:
            max =item
    print('Maximum\t:',str(max))


L=[]
item=input('Enter items (press 0 to end)\n')
try:
    while int(item) !=0:
        L.append(item)
        item=input('Enter item (press 0 to end)\n')
    print('\nList \n')
    print(L)
    findMax(L)
except:
print('Run time error')
```

第 1 次运行之后，输出如下。

```
Enter items (press 0 to end)
3
Enter item (press 0 to end)
2
Enter item (press 0 to end)
5
Enter item (press 0 to end)
12
Enter item (press 0 to end)
8
Enter item (press 0 to end)
98
Enter item (press 0 to end)
1
Enter item (press 0 to end)
0
List
['3', '2', '5', '12', '8', '98', '1']
Maximum   : 98
```

第 2 次运行之后，输出如下。

```
Enter items (press 0 to end)
2
Enter item (press 0 to end)
8
Enter item (press 0 to end) Harsh
Run time error
```

此外，还要注意，如果向代码中添加了 finally，不管是否发生异常，finally 中的语句总是会执行。包含了 finally 和 except 的代码如程序清单 13.9 所示。注意，第 1 次运行之后，得到了期望的结果，并且输出了 finally 中给出的消息。第 2 次运行之后，出现了一个运行时错误，并且调用了异常处理机制，也输出了 finally 中的消息。

希望读者能够理解，当出现了 finally 的时候，就不需要任何形式的 except 了。这段代码能够正确运行，是因为用一个 finally 来处理运行时错误，然而，注意，expect

是通过 finally 来完成其本职工作的，而且 finally 也用于完成释放内存等清理工作。

程序清单 13.9　findMax_exception1.py

```python
def findMax(L):
    max =L[0]
    for item in L:
        if item>max:
            max =item
    print('Maximum\t:',str(max))

L=[]
item=input('Enter items (press 0 to end)\n')
try:
    while int(item) !=0:
        L.append(item)
        item=input('Enter item (press 0 to end)\n')
    print('\nList \n')
    print(L)
    findMax(L)
except:
    print('Run time error')
finally:
    print('This is always executed')
```

第 1 次运行之后，输出如下。

```
Enter items (press 0 to end)
1
Enter item (press 0 to end)
4
Enter item (press 0 to end)
2
Enter item (press 0 to end)
89
Enter item (press 0 to end)
3
Enter item (press 0 to end)
0
List
['1', '4', '2', '89', '3'] Maximum : 89
This is always executed
```

第 2 次运行之后，输出如下。

```
Enter items (press 0 to end)
3
Enter item (press 0 to end)
1
Enter item (press 0 to end)
7
Enter item (press 0 to end)
harsh
Run time error
This is always executed
```

13.7　小结

本章介绍了处理异常的一种重要方式。尽管 Python 通过内置的机制能够处理异常，但异常处理的知识使编程更加高效、用户友好和健壮。第一步是识别出异常可能存在于其中的那部分代码，并且将这部分代码放入 try 语句块中。也可以手动捕获异常并在 except 语句块中处理异常。finally 语句块处理那些未处理的异常，并且即便没有异常，也会执行其中的语句。本章还介绍了 Python 中可以捕获的一些最常见的异常。希望读者在自己的程序中使用本章所学习的知识和概念。

13.7.1 语法

try/except 的语法

```
try:
##code where exception is expected expect <Exception>:
##code to handle the exception
## rest of the program
```

手动引发异常的语法

```
try:
raise <something>
except <something>:
##code which handles the exception
##rest of the code
```

13.7.2 知识要点

- 在运行时，如果出现了一个错误，将会引发异常。
- Python 中的异常处理可以使用如下任何一种形式实现。
  - try/catch
  - try/finally
  - raise
  - assert
- 在 Python 中，程序员可以手动引发异常。
- 可能引发异常的代码部分放到了 try 语句块中。如果引发了一个异常，将会在 except 语句块中处理它。
- 帮助引发用户定义的异常的类，应该是 Exception 类的子类。
- 不管是否发生异常，finally 中的语句始终要执行。

13.8 练习

选择题

1. 异常处理____。
  （a）可以处理程序中的运行时错误　　（b）可以提高程序的健壮性

　　　　（c）以上都对　　　　　　　　　　　　　（d）以上都不对

2. 异常处理是____需要的。

　　（a）语法错误　　　　（b）运行时错误　　（c）以上都对　　　（d）以上都不对

3. 以下哪一项是 Python 所不支持的？____

　　（a）嵌套的 try　　　　　　　　　　　（b）重新抛出一个异常

　　（c）以上都支持　　　　　　　　　　　（d）以上都不支持

4. 在除以 0 的情况下，会引发如下哪种异常？____

　　（a）Divide　　　　　　　　　　　　　（b）ZeroDivisionError

　　（c）以上都对　　　　　　　　　　　　（d）以上都不对

5. 如下哪一项会引发 IndexError 异常？____

　　（a）数组索引越界　　（b）超出范围　　（c）访问数组　　　（d）以上都不对

6. 如下哪种说法是正确的？____

　　（a）对于每一个 try 都有一个 catch

　　（b）每一个 try 必须包含一个 raise

　　（c）一个 try 可以处理任意类型的异常

　　（d）一个 catch 可以处理它负责处理的异常，除非将它用于处理所有的异常，它才
　　　　能够捕获所有异常

7. 一个 try 可以有多少个 "except"？____

　　（a）1 个　　　　　　　　　　　　　　（b）两个，但只能在特定条件下

　　（c）任意数目　　　　　　　　　　　　（d）以上都不对

8. 可以引发哪种类型的异常？____

　　（a）预定义的　　　（b）用户定义的　　（c）以上都对　　　（d）以上都不对

9. 对于能够引发异常的类，其基类是什么？____

　　（a）Exception　　　（b）Error　　　（c）以上都对　　　（d）以上都不对

10. raise 的正确语法是____。

　　（a）raise <name of the exception>

　　（b）raise(<name of the exception>)

　　（c）raise(new <user defined exception>)

　　（d）以上都对

13.9　理论回顾

1. 编译时和运行时之间的区别是什么？
2. 什么是异常处理？
3. 说明异常处理的机制。
4. 说明如何创建一个派生自 exception 的类。这个类如何用来引发异常？
5. 说明异常类的功能。

13.10 编程实践

1. 一元二次方程 $ax^2 + bx + c = 0(a \neq 0)$ 的解通过 $x = \dfrac{-b \pm \sqrt{b^2 - 4ac}}{2a}$ 得出。

   编写一个程序,请用户输入 a、b 和 c 的值并计算方程的根。

   在上面的问题中使用 try/except 来处理如下情况。

   (a)计算一个负数的平方根

   (b)除以 0

   (c)不正确的输入格式

2. 创建一个名为 negative_discriminant 的类,它是 exception 的子类。现在,在编程实践 1 中,当 $b^2 - 4ac$ 为负数的时候,引发 negative_discriminant 异常。两个复数的除法定义如下。如果 $c_1 = a_1 + ib$ 是第一个复数,$c_2 = a_2 + ib_2$ 是第二个复数,那么复数

$$c = (a_1 a_2 - b_1 b_2)/(a_2^2 + b_2^2) + i(a_1 b_2 + b_1 a_2)/(a_2^2 + b_2^2)$$

3. 创建一个名为 Complex 的类并且在执行除法运算的方法中实现异常处理。

4. 对于编程实践 3 中定义的 Complex 类,使用异常处理来防止用户输入一个非实数。

5. 在 Complex 类中,创建一个函数来将复数转换为极坐标形式。

6. 使用列表实现栈,加入异常处理。

7. 使用列表实现队列,加入异常处理。

8. 实现链表的操作,并且当用户输入的数字为负数的时候,抛出一个异常。假设链表的数据部分只包含数字。

9. 编写程序来接受用户输入的水中的氯的百分比浓度,并验证这个百分比浓度是否在许可的范围之内。如果不在,程序应该引发一个异常。

10. 编写一个程序来求给定矩阵的逆矩阵。当这个矩阵的行列式的值为 0 的时候,程序应该引发一个异常。

第 14 章　数据结构简介

学完本章，你将能够
- 理解数据结构的重要性；
- 澄清数据结构的概念；
- 定义栈、队列、树和图；
- 定义算法并且认识算法的特征；
- 理解抽象数据类型；
- 区分迭代算法和递归算法；
- 实现冒泡排序、选择排序和合并排序。

14.1　简介

本书前面 13 章介绍了过程式编程和面向对象编程。到目前为止所学习的概念构成了程序设计的基础。既然已经学习了基本的概念，让我们朝着成为程序员的道路继续前进。要成为一名程序员，必须具备数据结构的知识。在涉及数据存储的任何项目中，组织和访问数据的方式都很重要。数据的底层组织方式通常称为数据结构（data structure）。数据结构的知识不仅能够帮助我们编写高性能和高效的程序，而且能够通过其内在的特征，解决手边的各种问题。本章简单介绍数据结构的概念并且讨论一些最重要的数据结构的算法。

我们从数据结构的分类开始。数据结构可能是基本数据结构和辅助数据结构。基本数据结构是语言所提供的那些结构。例如，在 C 中，int、float 和 char 都是基本数据结构。本书第 2 章已经介绍了 Python 的基本数据结构和数据类型。

辅助数据结构由基本数据结构构成。栈、队列、树和图都是辅助数据结构的例子。辅助数据结构可以进一步划分为线性的和非线性的。栈和队列是线性的数据结构，而树和图是非线性的数据结构。这些分类如图 14.1 所示。

本章按照如下方式组织：14.1 节介绍数据结构的定义及其类型（这一节给出栈和队列这样的线性数据结构的定义，还介绍图和树这样的非线性数据结构的定义），14.2 节介绍抽象数据类型（Abstract Data Type，ADT），14.3 节介绍算法的定义，14.4 节介绍数组，14.5 节介绍迭代和非迭代的算法（这一节通过 3 种常用的排序方法——选择排序、冒泡排序和合并排序的示例来介绍），14.6 节是本章小结。

1. 数组

我们首先介绍最简单的一种数据结构——数组。数组包含了在连续的内存位置上同构的元素。数组用于存储相似的元素，并且如果将这些元素存储在连续的内存位置上，访问它们所需的时间相对较短。对于 C、C++、Java 等语言来说，数组是不可或缺的部分。然而，在 Python 中，使用库来实现数组。本书第 18 章将介绍多维数组的形式、用法和应用。14.4 节将详细介绍和数组相关的各种算法。

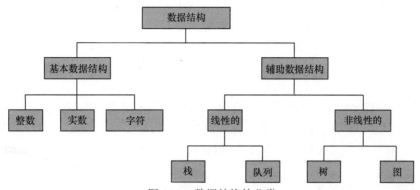

图 14.1　数据结构的分类

数组：数组包含了在连续内存位置上的同构元素。

2. 栈

栈是一种线性的数据结构，它遵从后进先出（Last In First Out，LIFO）的原则。为了理解栈的概念，考虑在 Microsoft Word 中打开一个文档的情况。当使用"打开"对话框并使用浏览窗口找到文档的时候，如果不关闭浏览窗口，是无法关闭"打开"对话框的。此外，只有在关闭了"打开"对话框之后，才能够关闭 Word 应用程序。浏览窗口是最后打开的，但必须首先关闭。这就像是一摞书，只有最后放在最上面的那本书可以先取走。栈用于子程序调用和回溯。栈使用一个叫作 TOP 的索引作为标志，这个索引的初始值为-1。当向栈中添加一个元素的时候，TOP 的值增加 1。第 15 章将介绍栈的算法及其应用。

栈：栈是遵从后进先出（Last In First Out，LIFO）原则的一种线性数据结构。

3. 队列

队列是遵从先进先出（First In First Out，FIFO）原则的一种数据结构。顾客服务使用的就是队列的思路。第一个进入的人比随后进入的人更早得到服务。当我们向一台打印机发送多条打印命令的时候，这些命令存储到了一个队列中，然后按照发出命令的顺序来依次打印相应的文档。操作系统在调度算法、假脱机（例如，用于打印机）和很多其他地方使用了队列。使用两个索引 REAR 和 FRONT 来标志队列（静态的）。当向队列中插入一个元素的时候，REAR 增加 1；当从队列中删除一个元素的时候，FRONT 增加 1。第 15 章将介绍插入和删除队列的算法，还将会介绍队列的一些重要应用。

队列：队列是遵从先进先出（First In First Out，FIFO）原则的一种线性数据结构。

4. 图

图可以定义为包含了两个有限集的一个集合，即顶点的集合（V）和边的集合（E）。可以使用二维数组或链表来表示图。图可以有权重，在这种情况下，图所对应的矩阵将会在必要的位置有一个权重值。使用广度优先搜索或深度优先搜索的方法来遍历图。有趣的是，这些遍历使用诸如栈和队列这样的线性数据结构来实现。

图在很多计算问题中有着广泛的应用。实际上，在使用图解决问题的时候，有专门的一类算法。第 17 章将会介绍算法的概念和图的应用。

图： 图可以定义为 $G = (V, E)$，其中，V 是顶点的一个有限的、非空的集合，而 E 是边的一个有限的、非空的集合。E 的每一个元素是(x, y)，而 x 和 y 属于顶点的集合。

5. 树

树是没有任何回路或隔离的顶点（或边）的图。一棵树是一个图，因此，树也拥有顶点和边。没有回路和隔离的顶点，使树对于很多诸如搜索、求复杂度的问题很有用。树通常用于表示一种层级关系。有一种特殊的树叫作二叉树，它在每一层最多只有两个子节点。第 17 章将会介绍树。

树： 树是没有任何回路或隔离的顶点或边的图。

6. 其他数据结构

后续的各章将会介绍与树和图相关的概念。树和图都属于非线性数据结构。正如前面所提到的，树和图在搜索、排序、求最小生成树以及解决计算科学领域中的一些重要问题方面，有着广泛的应用。

除了上述的数据结构之外，还有丛（plex）这样的其他一些数据结构，但它们超出了本书的讨论范围。本书第 9 章讨论了文件的概念。文件的组织是用于众多领域（包括数据库管理系统）的一个吸引人的主题。

14.2 抽象数据类型

每一种语言都用诸如 int、float 这样的预定义数据类型。针对每种数据类型，都定义了能够应用于这些数据类型的运算。如前所述，要支持这些数据类型，需要用户定义的数据类型。现在，如果还没有这些类型的定义，至少必须声明适用于这些数据类型的运算。较高层级的抽象就是为了使这些数据类型的用途和用法更加清晰。

抽象数据类型包含了元素，以及操作这些元素的运算的集合。运算告诉我们要做什么，而不是如何做到的。也就是说，ADT 并不是关于实现的，它只要正确就行了，它是关于任务的。任务的较高层级的抽象很重要。实际上，至于哪些运算构成 ADT，由设计者决定。关于运算的数目和运算的类型，并没有硬性的规则。ADT 的一个示例就是栈。正如前面所介绍的，栈是遵从后进先出（Last In First Out，LIFO）原则的一种线性数据结构。如下这些运算可以帮助描述栈。

- push(item)：在栈的顶部插入 item。
- pop()：从栈的顶部取出一个元素。
- isfull()：如果栈已经满了，返回 True。

● isempty()：如果栈空了，返回 True。
● overflow()：如果引发了一个溢出异常，返回 True。
● underflow()：如果引发了下界溢出，返回 True。

注意，在上面的描述中，各种函数都澄清了要做什么，而不是如何去做。ADT 的其他示例包括队列、列表、树、图等。读者可能还会注意到，诸如 C++、Java、C#、Python 等语言都通过类来支持 ADT。

ADT 的实现需要数据结构。因此，数据结构的选择变成了最有争议的问题之一。对于手边的每一个问题，必须选择一个合适的数据结构，还需要注意效率问题。

例如，可以使用诸如数组和链表的数据结构来实现栈数据结构。

在学习了数据结构的定义之后，我们将关注点集中到解决问题的方法上。14.3 节将介绍算法的概念，14.4 节将介绍数组。

14.3　算法

要完成任何任务，都需要规划一系列的行动步骤。例如，你需要完成由 4 项子任务组成的一项任务，其中，每项子任务都只有在完成了前一项子任务之后才能进行。你可能先执行第 1 项子任务，然后执行第 2 项，然后是第 3 项，最后是第 4 项。后面给出了这样的过程的一个示例。在这个过程中，假设某人拥有了制作乳粥的菜谱所需的一些原料。

原料包括 1 升牛奶，1/4 杯米，6 勺糖，一些干果（杏仁、葡萄干和腰果）。制作乳粥的步骤如图 14.2 所示。

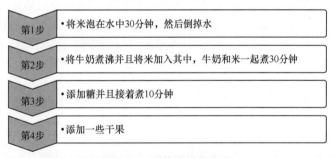

第1步 ·将米泡在水中30分钟，然后倒掉水
第2步 ·将牛奶煮沸并且将米加入其中，牛奶和米一起煮30分钟
第3步 ·添加糖并且接着煮10分钟
第4步 ·添加一些干果

图 14.2　制作乳粥的步骤

完成一个特定任务所需的一系列的步骤叫作算法（algorithm）。尽管实现一个特定的任务有很多种方法，但算法设计师必须寻找一种最高效的方法来完成任务，既要考虑空间，也要考虑时间。然而，这种高效性还不能牺牲正确性。此外，一个算法的每一条语句必须是含义明确的。一个好的算法的特征可以概括如下。

● **正确性**：一种算法必须在任何情况下都产生正确的结果，或者说，它必须明确地声明它对哪些情况是无效的。
● **明确性**：算法的每一条语句必须是具有确定性的。
● **高效性**：算法所需的时间必须尽可能短，并且所需的空间必须尽可能少。
● **有限性**：给定的算法中的步骤必须是有限的。

算法的时间或空间复杂度可以用渐近分析函数来表示。这些函数针对算法在比较方面的性能给出了一种表示思路。实际上，我们对于一定大小规模的问题所需要的时间的严格计算公式并不感兴趣，而只是希望通过一个函数了解算法对于一个较大的值 n 的行为是怎样的。

- **大 O 表示法**：描述了一个算法的上界。从形式上讲，对于一个函数 $f(t)$，$O(f(t))$ 的定义如下。

$$g(t) = O(f(t)), 对于 n \geqslant n_0, g(t) \leqslant cf(t)$$

- **Ω 表示法**：描述了一个算法的下界。从形式上讲，对于一个函数 $f(t)$，$\Omega(f(t))$ 的定义如下。

$$g(t) = \Omega(f(t)), 对于 n \geqslant n_0, g(t) \geqslant cf(t)$$

- **θ 表示法**：描述了算法的严格边界。从形式上讲，对于一个函数 $f(t)$，$\theta(f(t))$ 的定义如下。

$$g(t) = \theta(f(t)), 对于 n \geqslant n_0, c_1 g(t) \leqslant f(t) \leqslant c_2 g(t)$$

14.4 数组

数组是一种拥有相同类型的元素的线性数据结构。数组的元素存储在连续的内存单位中。具有 C 编程背景的读者应该已经学习过数组了。本节实现了数组的插入和删除。插入可以在数组开始、结尾和中间的某个位置进行。类似地，删除也可以在开始、结尾或中间的某个位置进行。为了在开始处插入一个元素，需要所有的元素都向右移动一个位置，从而给新插入的项（item）腾出地方。将这个项插入相应的位置，并且数组的长度增加一个单位。示例代码如下所示。

```
##Shift each element of the array one position to the right
arr[0] = item
length = length +1
```

第 1 步所需的时间是 $O(n)$，第 2 步和第 3 步所需的时间都是 $O(1)$。因此，在开头处插入一个元素相关的复杂度为 $O(n)$。在结尾处插入一个元素需要将给定数组的长度增加 1。因此，该任务的复杂度为 $O(1)$，由于我们要在变量 length 中记录元素的数目。

```
arr[length] = item length = length +1
```

在一个特定位置之后插入一个元素，需要将该位置之后的所有元素都移动一位，然后将该元素放到该位置，并且将数组的长度增加 1。

```
#shift all elements after 'position' by one.
arr[pos] = item
length = length +1
```

上述任务的平均复杂度为 $O(n)$。从开始处删除一个元素，需要从第 2 个位置开始，将所有的元素向左移动一位，然后将数组的长度减少 1，如下所示。

```
#shift all the elements to the right (starting from the second element)
length = length -1
```

将所有元素向左移动一位的复杂度是 $O(n)$，因此整个过程的复杂度为 $O(n)$。从一个特定位置删除一个元素，需要将从该位置之后的一位（position +1）开始到末尾的所有元素都移动一位，然后将数组的长度减去 1，如下所示。

```
#shift all the elements to the right (starting from position +1)
length = length -1
```

将所有元素向左移动一位的复杂度 $O(n)$，因此整个过程的复杂度为 $O(n)$。从末尾删除一个元素需要将数组的长度减去 1。这个操作所需的时间为 $O(1)$，如下所示。

```
length = length -1
```

使用 C 中的函数可以完成这个任务，但是这需要用到指针。实现数组中插入和删除的 C 程序如下所示。

实现从给定的数组中插入元素和删除元素的 C 代码如下。

```c
void insert_end(int * arr,int * length, int item)
    {
    int i;
    *(arr+*length)=item;
    *length=*length+1;
    printf("\nAfter insertion\n");
    for(i=0;i<*length;i++)
        {
        printf("%d->",*(arr+i));
        }
    }
void insert_beg(int * arr, int *length, int item)
    {
    int i;
    for(i=*(length)-1; i>=0; i--)
        {
        *(arr+i+1)=*(arr+i);
        //printf("\nFrom %d to %d, shifting %d",i, i+1, *(arr+i));
        }
    *(arr+i+1)=item;
    *length=*length+1;
    printf("\nAfter insertion\n");
    for(i=0;i<*length;i++)
        {
        printf("%d->",*(arr+i));
        }
    }
void insert_after(int * arr, int *length, int position, int item)
    {
    int i;
    for(i=*(length)-1; i>=position+1; i--)
        {
        *(arr+i+1)=*(arr+i);
        //printf("\nFrom %d to %d, shifting %d",i, i+1,*(arr+i));
        }
    *(arr+i+1)=item;
    *length=*length+1;

    printf("\nAfter insertion\n");
    for(i=0;i<*length;i++)
```

```
                {
                printf("%d->",*(arr+i));
                }
            }
    void del_beg(int *arr, int *length)
        {
        int i;
        if(*length!=0)
            {
            for(i=0;i<*(length); i++)
                {
                *(arr+i)=*(arr+i+1);
                }
            *length=*length-1;
            printf("\nAfter deletion\n");
            for(i=0; i<*length;i++)
                {
                printf("%d->",*(arr+i));
                }
            }
        else
            {
            printf("\nCannot delete\n");
            }

    void del_end(int *arr,int *length)
        {
        int i;
        if(*length !=0)
            {
            *length= *length-1;
            printf("\nAfter deletion\n");
            for(i=0; i<*length;i++)
                {
                printf("%d->",*(arr+i));
                }
            }
        else
            {
            printf("\nCannot delete");}
    void main()
        {
        int arr[20], i,length=0;
        clrscr();
        insert_end(arr, &length, 32);
        insert_end(arr, &length, 23);
        insert_beg(arr, &length, 19);
        insert_beg(arr, &length, 87);
        insert_after(arr, &length, 2, 78);
        del_beg(arr, &length);
        del_end(arr, &length);
        getch();
        }
```

　　注意，在 C 语言中，使用模块化编程方法来完成上述任务比较复杂且难以理解。它需要用到指针，并且在每个函数中要传递数组的地址及其长度。使用 Python 实现在数组中插入和删除元素很简单。这需要用到数组类。表 14.1 给出了完成上述任务的函数。

表 14.1　　　　　　　　　　　　　　　　　数组的函数

函数名称	所完成的任务
append	在数组末尾添加一个元素
insert	在指定位置添加一个元素，该函数有两个参数，第 1 个参数是元素，第 2 个参数是位置
count	统计参数所重复的次数
pop	取出数组顶部的元素
remove	从给定的位置删除元素
reverse	将数组中的元素顺序颠倒
tostring	将给定的数组转换为字符串

Python 中关于数组的函数的示例代码如下。

```
from array import array
arr = array('i')
arr.append(3)
arr
Out[4]: array('i', [3])
arr.append(5)
arr
Out[6]: array('i', [3, 5])
arr.insert(1,23)
arr
Out[8]: array('i', [3, 23, 5])
arr.insert(0,32)
arr
Out[11]: array('i', [32, 3, 23, 5])
arr.count(3) Out[12]: 1 arr.pop(2) Out[13]: 23 arr
Out[14]: array('i', [32, 3, 5])
arr.remove(3)
arr
Out[16]: array('i', [32, 5])
arr.reverse()
arr
Out[18]: array('i', [5, 32])
arr.tostring()
Out[19]: b'\x05\x00\x00\x00 \x00\x00\x00'
arr.write(file)
--------------------------------------------------------------------------------

AttributeError  Traceback (most recent call last)
<ipython-input-20-e7f729e1f6ad> in <module>()
----> 1 arr.write(file)
AttributeError: 'array.array' object has no attribute
'write'.
```

14.5　迭代算法和递归算法

要理解迭代算法和递归算法的区别，我们考虑排序的 3 种算法（分别是冒泡排序、选择排序和合并排序）的例子。前两种排序是迭代算法的例子，第 3 种排序是递归算法的例子。

14.5.1　迭代算法

在迭代过程中，每一条语句都在另一条语句之后执行。线性搜索、冒泡排序和选择排序等都是迭代算法的例子。

1. 冒泡排序

在冒泡排序中，首先将第 1 个元素和第 2 个元素进行比较，然后将第 1 个元素和第 3 个元素进行比较，依次类推。如果所比较的元素比第 1 个元素小，就将两个元素交换。在第 1 次迭代之后，最大的元素放到了最后的位置。对第 2 个元素重复这个过程，依次类推，如图 14.3 所示。如下算法展示了这个过程。

```
int [] bubble(a[], n)
    {
        for(i=0; i<n, i++)
        {
            for(j=i+1; j<n;j++)
            {
            if( a[i]<a[j+1])
                {
                    temp=a[j];
                    a[j]=a[j+1]
                    a[j+1]=temp;
                }
            }
        }
    return a;
    }
```

表 14.2 给出了每条语句所执行的次数。第 1 条语句执行了 $n+1$ 次，循环中的语句执行了 n 次。每次迭代中，内部循环执行了 $n-i$ 次，因此，总的执行次数为 $n(n-i-1)$。if 语句块的执行次数则取决于数据。注意，总执行次数的最高次项为 n^2。因此，整个算法的复杂度为 $O(n^2)$。

表 14.2　　　　　　　　　　　　　　　　冒泡排序的分析

int [] bubble(a[], n)	每条语句执行的次数
{	
for(i=0; i<n, i++)	$(n+1)$
{	
for(j=i+1; j<n;j++)	$n(n-i)$
{	
if(a[i]<a[j+1])	$n(n-i-1)$
{	
temp=a[j];	取决于数据，最小为 0，最大为 $n(n-i-2)$
a[j]=a[j+1];	取决于数据，最小为 0，最大为 $n(n-i-2)$
a[j+1]=temp;	取决于数据，最小为 0，最大为 $n(n-i-2)$

续表

int [] bubble(a[], n)	每条语句执行的次数
}	
}	
}	
return a;	1
}	

第1次迭代

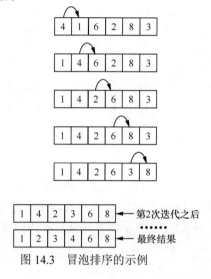

图 14.3 冒泡排序的示例

2. 选择排序

在选择排序中，先将第 1 个元素和剩下的元素进行比较，任何较小的一个元素都用来替代第 1 个元素。结果是最小的元素位于第 1 个位置。对第 2 个元素重复这个过程。如下算法表示了这个过程。

```
Int [] selection(a[], n)
    {
    for(i=0; i<n, i++)
        {
        for(j=i+1; j<n;j++)
            {
        if( a[i]<a[j])
                {
                    temp=a[i];
                    a[i]=a[j];
                    a[j]=temp;
                }
            }
        }
    return a;
    }
```

注意，这个算法使用了一个嵌套循环。外部循环执行了 n 次，内部循环的复杂度为 $O(n^2)$。

图 14.4 展示了这个过程。第 1 个位置是 4，它和第 2 个位置的元素进行比较，由于第 2 个位置的元素是 4，因此数字互相交换。现在，1 和 6、2、8、3 一个一个地进行比较。由于没有比 1 小的元素了，因此这些数字分别保持不动。

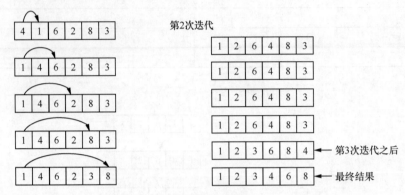

图 14.4　选择排序的示例

14.5.2　递归算法

递归算法是那些在过程中调用同一个过程的算法。递归需要一个基本条件，且必须知道基本条件的解。如果算法中没有给出基本条件，那么算法就不会终止，在程序执行的时候，最终会导致栈溢出。递归算法的示例有二叉搜索、合并排序、快速排序等。

1. 合并

给定两个有序的列表 a1 和 a2，它们分别有 n1 和 n2 个元素，合并后的列表是至多拥有 n1+n2 个元素的一个有序列表。

两个列表按照如下方式合并。

指针 i 保持在第 1 个列表的第 1 个索引的位置，j 位于第 2 个列表的第 1 个索引。结果数组 c 初始化为[ ]并且指针 k 指向 C 的第 1 个位置。如果为 a 的元素小于位于 b 的元素，那么把 a 的第 i 个元素复制到 c，并且指针 i 和 k 增加 1。如果位于 a 的元素大于位于 b 的元素，那么把 b 的第 j 个元素复制到 c，并且指针 j 和 k 增加 1。如果位于 a 的元素和位于 b 的元素相等，将 a 的第 i 个元素复制到 c，并且将指针 i、j 和 k 都增加 1。重复这个过程，直到 i 变成 n1，或 j 变成 n2。此时，如果 i<n1，将第 1 个数组中 i 之后的所有元素都复制到 c；否则（如果 j<n2），将第二个数组中 j 之后的所有元素复制到 c。

```
Int [] Merge (a1, a2, n1, n2)
    {
    i=0;
    j=0;
    k=0;
    c=[];
        while((i<n1) && (j<n2))
            {
            if (a1[i] <a2[j])
                {
```

```
                    c[k]= a1[i];
                    k++;
                    i++
                    }
            else if (a2[j] <a1[i])
                    {
                    c[k]= a2[j];
                    k++;
                    j++;
                    }
            else if (a2[j] ==a1[i])
                    {
                    c[k]= a2[j];
                    k++;
                    j++;
                    i++;
                    }
        }
        while( i<n1)
                {
                c[k++]=a1[i++];
                }
        while(j<n2)
                {
                c[k++]=a2[j++];
                }
        return c;
        }
```

2. 合并排序

合并排序的过程如下所示。较低的点指向数组的第 1 个索引，较高的点位于数组的最后一个索引。如果较低点的值等于较高点的值，那么数组中只有一个元素，因此，返回该数组（该数组只有一个元素，于是它一定是排序好的）。否则，将数组分割为两部分，对每部分分别递归地使用合并排序，并且使用前面所介绍的过程来合并最终结果。

```
Merge_Sort(a, low, high)
{
if (low==high)
{
Return a;
}

else

}
}
```

合并的复杂度为 $O(n)$（注意，这里是依次执行的循环）。合并排序将数组划分为两部分，直到形成了一个单独的元素。因此，如果元素最初的数目为 n，在第一次迭代后，两部分都各自拥有 $n/2$ 个元素。在下一次迭代之后，两部分分别拥有 $n/4$ 个元素，依次类推。如果元素的数目变为 1，这个过程结束。也就是 $\dfrac{n}{2^i}=1$，因此 $i = \log_2 n$。合并排序的复杂度为 $O(n \log_2 n)$。

14.6   小结

在设计程序的时候，最重要的事情之一就是高效地完成任务。在效率方面，必须考虑空间和时间。管理时间复杂度需要开发更好的算法，而空间复杂度则由各种因素决定。本章介绍了数据结构的概念，以便高效地存储、管理和访问数据。本章还讨论了算法的分类，给出了所提及的各种数据结构的定义。本章还介绍了复杂度的概念，给出了迭代算法和递归算法的示例以说明这一概念。希望读者熟悉本章介绍的概念。后续的各章将继续讨论栈、队列的各种应用及链表实现。一言以蔽之，糟糕的程序员关心代码，优秀的程序员关心数据结构。

14.6.1   术语

- **数组**：由存储在连续内存区域的同构元素组成。
- **栈**：一种线性的数据结构，它遵从后进先出的原则。
- **队列**：遵从先进先出原则的一种数据结构。
- **图**：可以定义为 $G = (V, E)$，其中，V 是顶点的一个有限的、非空的集合，而 E 是边的一个有限的、非空的集合。E 的每一个元素是 (x, y)，而 x 和 y 属于顶点的集合。
- **树**：没有任何回路或隔离的顶点或边的图。
- **大 O 表示法**：描述了一个算法的上界。从形式上讲，对于一个函数 $f(t)$，$O(f(t))$ 的定义如下。

$$g(t) = O(f(t)),\ 对于 n \geqslant n_0, g(t) \leqslant cf(t)$$

- **Ω 表示法**：描述了一个算法的下界。从形式上讲，对于一个函数 $f(t)$，$\Omega(f(t))$ 的定义如下。

$$g(t) = \Omega(f(t)),\ 对于 n \geqslant n_0, g(t) \geqslant cf(t)$$

- **θ 表示法**：描述了算法的严格边界。从形式上讲，对于一个函数 $f(t)$，$\theta(f(t))$ 的定义如下。

$$g(t) = \theta(f(t)), 对于 n \geqslant n_0, c_1 g(t) \leqslant f(t) \leqslant c_2 g(t)$$

14.6.2   知识要点

- 算法应该有正确性、明确性、高效性和有限性。
- 数组是拥有相同类型的元素的一种线性数据结构。
- 迭代过程是其中每条语句在另一条语句之后运行的过程。
- 线性搜索、冒泡排序、选择排序等都是迭代算法的示例。
- 冒泡排序的复杂度为 $O(n^2)$。
- 选择排序的复杂度为 $O(n^2)$。

● 合并排序的复杂度为 $O(n \log_2 n)$。

14.7 练习

选择题

1. 如下哪种说法是正确的？____
   （a）数据结构用于组织元素
   （b）数据结构可以用来高效地访问元素
   （c）数据结构的知识帮助程序员编写高效的程序
   （d）以上都对

2. 如下哪一项是基本数据结构的例子？____
   （a）int   （b）float   （c）char   （d）以上都对

3. 如下哪一项是一个线性数据结构？____
   （a）队列   （b）栈   （c）树   （d）以上都对

4. 如下哪一项是非线性数据结构的例子？____
   （a）树   （b）图   （c）以上都对   （d）以上都不对

5. 遵从先进先出原则的一种线性数据结构是____。
   （a）队列   （b）栈   （c）文件   （d）以上都不对

6. 遵从后进先出原则的一种线性数据结构是____。
   （a）队列   （b）栈   （c）File   （d）以上都不对

7. 在可用的空间利用率方面，哪种队列更加高效？____
   （a）线性队列   （b）环形队列
   （c）以上效率相同   （d）无法比较

8. 队列可以用于如下的哪种应用？____
   （a）调度中的轮询   （b）假脱机   （c）顾客服务   （d）以上都对

9. 哪种搜索使用队列？____
   （a）深度优先搜索   （b）广度优先搜索
   （c）以上都对   （d）以上都不对

10. 哪种搜索使用栈？____
    （a）深度优先搜索   （b）广度优先搜索
    （c）以上都对   （d）以上都不对

11. 一棵树____。
    （a）可能有一条隔离的边   （b）可能有一个循环
    （c）可能有一个隔离的顶点   （d）以上都不对

12. 图____。
    （a）可能有一个循环   （b）可能有一条隔离的边
    （c）可能有一个隔离的顶点   （d）以上都不对

14.8 理论回顾

1. 什么是数据结构？说明数据结构的重要性。
2. 如何区分基本数据结构和辅助数据结构。给出每种类型的例子。
3. 如何区分线性数据结构和非线性数据结构？给出每种类型的例子。
4. 什么是队列？为队列的静态实现编写一个算法。
5. 什么是栈？为栈的静态实现编写一个算法。
6. 说明栈的一些应用。说明在盲目搜索中如何使用栈。
7. 给出树的定义。树和图有何区别？
8. 什么是图？说明图的一些应用。
9. 迭代算法和递归算法之间的区别是什么？给出每种类型的例子。
10. 什么是抽象数据类型？通过示例来说明。
11. 什么是数组？编写一个算法实现以下数组操作。
    （a）在开始处插入一个元素
    （b）在结尾处插入一个元素
    （c）在一个给定元素之后插入一个元素
    （d）从开始处删除一个元素
    （e）从结尾处删除一个元素
    （f）从数组中删除一个指定的元素
12. 说明什么是冒泡排序。冒泡排序的复杂度是多少？
13. 对冒泡排序给出修改建议，以降低其复杂度。
14. 说明什么是选择排序。选择排序的复杂度是多少？
15. 对选择排序给出修改建议，以将其复杂度降低到 $O(n \log_2 n)$。
16. 编写一个算法来合并有序的数组。说明其复杂度。
17. 编写一个算法来实现合并排序。其复杂度是多少？
18. 冒泡排序和选择排序哪一个更好？
19. 选择排序和合并排序哪一个更好？
20. 在合并排序和选择排序中，谁的空间复杂度更低？

14.9 编程实践

1. 编写一个程序来实现栈。
2. 编写一个程序来实现队列。
3. 编写一个程序在数组中执行如下操作。
    （a）在开始处插入一个元素
    （b）在结尾处插入一个元素

（c）在一个给定元素之后插入一个元素

（d）从开始处删除一个元素

（e）从结尾处删除一个元素

（f）从数组中删除一个指定的元素

4．编写一个程序来实现冒泡排序。冒泡排序的复杂度是多少？

5．编写一个程序来实现选择排序。

6．编写一个程序来合并有序的数组。编写一个程序来实现合并排序。

7．编写一个程序来组合两个给定的数组。

8．编写一个程序来找出给定数组中最大的元素。

9．编写一个程序来找出一个给定数组中第二大的元素。

10．编写一个程序将给定数组的元素顺序反转。

第 15 章　栈和队列

学完本章，你将能够

● 理解栈和队列的重要性；
● 使用动态表来实现栈；
● 理解后缀表达式、前缀表达式和中缀表达式；
● 将中缀表达式转换为后缀表达式或后缀表达式，以及将后缀表达式转换为中缀表达式；
● 理解栈和队列的应用。

15.1　简介

前面各章介绍了栈和队列。本章继续深入这一主题，并且介绍栈与队列的各种实现和应用。数据结构很重要，因为在递归算法、表达式的转换和计算、操作系统以及轮询等常规的 CPU 调度算法中，都可以找到它们的应用。这里要指出的是，Python 为栈和队列都提供了库。然而，希望程序员了解所提及的数据结构的实现，并且能够理解各种实现所对应的优点和问题。

本章不仅介绍中缀表达式、后缀表达式和前缀表达式，还详细讨论表达式的转换和求值。这个主题在编译器设计中也得到了应用。栈和队列的基于链表的实现可以参考下一章，因为下一章才正式介绍链表。

本章按照如下的方式组织：15.2 节介绍基本的术语和栈基于数组的实现，15.3 节讨论栈的基础实现，15.4 节继续讨论这一主题，15.5 节介绍栈的两个重要应用——反转字符串以及把中缀表达式转换为后缀表达式和前缀表达式，15.6 节介绍队列的基本知识及其实现，15.7 节是本章小结。建议读者在继续学习之前回顾一下第 14 章。

15.2　栈

栈是遵从后进先出（Last In First Out，LIFO）和先进后出（First In Last Out，FILO）原则的一种线性的数据结构。栈可以使用具有固定大小（假设为 n）的数组来实现。TOP 表示要插入元素的位置。TOP 的初始值为-1。每次把一个元素插入栈的顶部，TOP 的值就增加 1，直到其变为（$n-1$），在这之后，将会引发"溢出"异常。栈的插入操作叫作压入（push）。压入的算法如算法 15.1 所示。

算法 15.1

```
push(item):
    if TOP ==(n-1):
    print("Overflow")

    else:

    TOP=TOP+1
    a[TOP]=item
```

如果 TOP 不为-1，可以从栈的顶部删除一个元素；如果 TOP 为-1，这一操作将会引发下标越界异常。否则，位于 TOP 的元素将会返回，并且 TOP 的值会减去 1。这一操作叫作弹出（pop）。弹出的算法如算法 15.2 所示。

算法 15.2

```
pop()
    if TOP == -1:
    print("Underflow")
    else
    temp=a[TOP] TOP=TOP-1 return(temp)
```

压入和弹出操作都需要 $O(1)$的时间。假设给定栈的所有占位符都是满的，并且每个元素都要弹出，那么总的时间将会是 $nO(1) = O(n)$。

示例 15.1：编写程序来实现一个栈。

解答：具体理论已经介绍过了。代码如程序清单 15.1 所示。

程序清单 15.1　stack.py

```python
class Stack:
    def __init__(self,n):
        self.TOP=-1
        self.a=[]
        self.n=n
    def overflow(self):
        if self.TOP==(self.n-1):
            return True
        else:
            return False
    def underflow(self):
        if self.TOP==-1:
            return True
        else:
            return False
    def push(self, data):
        if Stack.overflow(self):
            print("Overflow...")
        else:
            self.TOP=self.TOP+1
            self.a.append(data)
            print("TOP =",self.TOP)
    def pop(self):
        if Stack.underflow(self):
            print("Underflow...")
            return (-1)
        else:
```

```
            temp=self.a.pop()
            self.TOP=self.TOP-1
            print("TOP=",self.TOP)
            return(temp)

s= Stack(5)
s.push(3)
s.push(2)
s.push(4)
s.push(1)
s.push(21)
s.push(71)
i=0
```

输出如下。

```
TOP = 0
TOP = 1
TOP = 2
TOP = 3
TOP = 4

Overflow...
TOP= 3
21
TOP= 2
1
TOP= 1
4
TOP= 0
2
TOP= -1
3
```

15.3　栈的动态实现

对于上面讨论的问题，只要达到了最大数目的限制（栈所拥有的元素数目的最大值），就会发生溢出。处理这一问题的一种方式是，当达到了最大数目限制之后，要插入一个新的元素，就将栈的大小增加 1。然而，这并不是该问题的一个恰当的解决方案，因为每次创建一个新的数组，之前的数组的值都要复制到这个新数组中。

假设创建一个栈的时候它有了第 1 个元素，那么插入第 2 个元素的时候，要将栈的大小增加 1，并且将之前的元素复制到新的栈中。这意味着在插入第 2 个元素的时候，有一次复制操作和一次插入操作。注意，在第 n 次插入的时候，将一共有（n-1）次复制操作和一次插入操作。总的来说，有 $O(n^2)$ 次复制操作。程序清单 15.2 展示了栈的动态实现。

程序清单 15.2　Stack_dynamic1.py

```
class Stack:
    def __init__(self,n):
        self.TOP=-1
        self.a=[]
        self.n=n
    def check(self):
        if self.TOP==(self.n-1):
```

```
            self.resize()
    def underflow(self):
        if self.TOP==-1:
            return True
        else:
            return False
    def push(self, data):
        Stack.check(self)
        self.TOP=self.TOP+1
        self.a.append(data)
        print("TOP =",self.TOP)
    def pop(self):
        if Stack.underflow(self):
            print("Underflow...")
            return (-1)
        else:
            temp=self.a.pop()
            self.TOP=self.TOP-1
            print("TOP=",self.TOP)
            return(temp)
    def resize(self):
        self.n=self.n+1

s=Stack(5)
s.push(3)
s.push(2)
s.push(4)
s.push(1)
s.push(21)
s.push(71)
i=0
while i<5:
    temp=s.pop()
    if temp!= -1:
        print(temp)
    else:
        print("Underflow")
i+=1
```

输出如下。

```
TOP = 0
TOP = 1
TOP = 2
TOP = 3
TOP = 4
TOP = 5
TOP= 4
71
TOP= 3
21
TOP= 2
1
TOP= 1
4
TOP= 0
2
```

15.4　动态实现栈的另一种方法

上面解决的问题可以通过以下方式来解决，在数组元素数目达到最大限制的时候，将数组的大小增加 1 倍。这种解决方案比那些将数组大小增加 1 的方案要好，因为使用这种方法的时候，复制操作是 $O(n)$ 次。因此，对于第 1 项，创建一个新的数组（初始数组）。第 2 次插入的操作将栈的大小增加 1，并且将之前的项复制到新的栈中。这意味着，在插入第 2 个元素的时候，将会有一次复制操作和一次插入操作。在第 3 次插入的时候，创建了一个大小为 4 的新栈，并且需要两次复制操作和一次插入操作。在第 4 次插入的时候，不需要创建一个新的栈。希望读者自己进行数学分析。注意，这会为你提供一种逐步分析的思路。程序清单 15.3 展示了这一实现。

程序清单 15.3　Stack_dynamic2.py

```python
class Stack:
    def __init__(self,n):
        self.TOP=-1
        self.a=[]
        self.n=2*n
    def check(self):
        if self.TOP==(self.n-1):
            self.resize()
    def underflow(self):
        if self.TOP==-1:
            return True
        else:
            return False
    def push(self, data):
        Stack.check(self)
        self.TOP=self.TOP+1
        self.a.append(data)
        print("TOP =",self.TOP)
    def pop(self):
        if Stack.underflow(self):
            print("Underflow...")
            return (-1)
        else:
            temp=self.a.pop()
            self.TOP=self.TOP-1
            print("TOP=",self.TOP)
            return(temp)
        def resize(self):
            self.n=self.n+1

s=Stack(5)
s.push(3)
s.push(2)
s.push(4)
s.push(1)
s.push(21)
s.push(71)
i=0
while i<5:
```

```
    temp=s.pop()
    if temp!= -1:
        print(temp)
    else:
        print("Underflow")
i+=1
```

下一章将会介绍用链表来实现栈。我们现在继续来看看栈的一些应用。

15.5 栈的应用

栈可以用来执行各种任务，如反转一个字符串，计算后缀表达式，将中缀表达式转换为后缀表达式，以及计算后缀表达式。让我们先来看如何将一个字符串中的字符反转。

15.5.1 反转一个字符串

在如下过程中，可以用栈来将一个字符串反转。对于一个给定的字符串，每次接收其一个字符，并且将其存入一个栈中。当所有的字符都存入栈中时，我们开始从栈中弹出字符。例如，如果输入的字符串是"harsh"，那么使用栈将字符串反转的过程如图 15.1 所示。

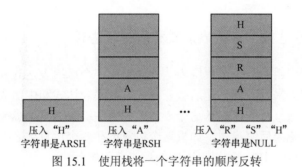

图 15.1　使用栈将一个字符串的顺序反转

示例 15.2：要求用户输入一个字符串，使用栈（用列表作为栈）将该字符串的顺序反转。

解答：前面已经介绍了方法。具体代码如程序清单 15.4 所示。

程序清单 15.4　reverse.py

```
str= input('Enter a string\t:')
rev_string=''
a=[]
for i in str:
    a.append(i)
i=0
while i<len(str):
    x=a.pop()
    rev_string=rev_string+x
    i=i+1
print(rev_string)
```

输出如下。

```
Enter a string  :harsh hsrah
```

示例 15.3：使用栈将用户输入的一行字符串反转。不需要实现栈。可以使用列表作为栈。

解答：过程是相同的。然而，要使用 split() 函数将输入的一行字符串分割为单词，具体代码如程序清单 15.5 所示。

程序清单 15.5　revline.py

```
line=input('Enter a line\t:')
a=[]
rev_line=''
words=line.split()
print(words)
for i in words:
    a.append(i)

i=0
while i<len(words):
    rev_line+=a.pop()
    rev_line+=' '
    i+=1
print(rev_line)
```

输出如下。

```
Enter a line   :I am Harsh
['I', 'am', 'Harsh'] Harsh am I
```

15.5.2　中缀表达式、前缀表达式和后缀表达式

栈的另一个重要应用是将一个中缀表达式转换为一个后缀表达式和前缀表达式。为了理解这一点，让我们先来看看什么是后缀表达式、前缀表达式和中缀表达式。当在两个运算数之间有一个二元运算符的时候，这个表达式称为中缀表达式。如果运算符在两个运算数之后，这个表达式称为后缀形式。如果这个运算符在两个运算数之前，这个表达式就是前缀形式。例如，a 和 b 相加，可以以不同的形式表示如下。

- 中缀表达式：$a+b$。
- 后缀表达式：$ab+$。
- 前缀表达式：$+ab$。

可以通过如下过程来计算一个后缀表达式。

1. 计算后缀表达式

（1）将后缀表达式 P 初始化为 NULL，从而使栈一开始为空。

（2）对于表达式 E 中的下一个输入的符号 s，重复如下步骤，直到给定的字符串中有一个符号。

① 如果 s 是一个运算数，将其压入栈中；如果它是运算符，从栈中弹出两个符号（假设依次为 x 和 y）。

② 像 $x+y$ 这样应用运算符，并且将结果压入栈中。

我们假设表达式 $E=ab+cd$，让我们依次来看看上述过程。

计算这个后缀表达式的过程如表 15.1 所示。

表 15.1　　　　　　　　　　将一个后缀表达式转换为前缀形式的过程

符　号	栈	操作过程
a	A	push(*a*)
b	a, b	push(*b*)
+	.	x = pop(), y = pop(), $x+y$
.	$(a+b)$	push($(a+b)$)
c	$(a+b)$, c	push(*c*)
×	.	x = pop(), y = pop(), $x+y$
.	$c \times (a+b)$	(push($(c \times (a+b))$))
d	$(c \times (a+b))$, d	push(*d*)
/	.	x = pop(), y = pop(), $x+y$
.	$(c \times (a+b))/d)$	.push($(c \times (a+b))/d$)

现在，我们来看看如何将中缀表达式转换为后缀表达式。

2. 从中缀表达式到后缀表达式的转换

通过执行以下步骤可以完成转换。

（1）在给定的表达式 E 的末尾放置一个右圆括号。

（2）在栈顶压入一个左圆括号。

（3）将 P 初始化为 NULL。

（4）重复如下步骤，直到 E 中只剩下一个符号。

① 对于每一个符号 s，如果 s 是一个运算数，将其压入 P 中；如果 s 是左圆括号，将其压入栈中；如果 s 是一个运算符，将其压入栈中。

② 如果栈的顶部包含了一个拥有较低优先级的运算符（或者不是一个运算符），将 s 压入栈；否则，从栈中弹出最顶部的符号，将其放入 P 中并且将即将输入的运算符压入栈中。

③ 如果 s 是右圆括号，继续从栈中弹出符号直到遇到一个左圆括号。

将中缀表达式转换为后缀表达式的方式是类似的。只不过需要先将给定的字符串反转。在这之后，只要应用上面介绍的过程就行了，最后还应该将结果字符串反转。

3. 从中缀表达式到前缀表达式的转换

将一个中缀表达式转换为前缀表达式的过程如下。

（1）将给定的表达式 E 反转，记为 E'。

（2）在给定的表达式 E 的末尾放置一个右圆括号。

（3）在栈顶压入一个左圆括号。

（4）将 P 初始化为 NULL。

（5）重复如下步骤，直到 E 中只剩下一个符号。

① 对于每一个符号 s，如果 s 是一个运算数，将其压入 P 中；如果 s 是左圆括号，将其压入栈中；如果 s 是一个运算符，将其压入栈中。

② 如果栈的顶部包含了一个拥有较低优先级的运算符（或者不是一个运算符），将 s 压入栈中；否则，从栈中弹出最顶部的符号，将其放入 P 中并且将即将输入的运算符压入

栈中。

　　③ 如果 s 是右圆括号，继续从栈中弹出符号直到遇到一个左圆括号。

（6）将获得的输出 P 反转，记为 P'。

15.6　队列

　　如 15.1 节所述，队列是遵从先进先出原则的一种线性数据结构。队列通过 FRONT 和 REAR 来标记。一开始，FRONT 和 REAR 的值都是-1。当向队列中添加一个新元素的时候，如果 REAR 的值不是(n-1)，REAR 的值增加 1。当从队列中删除一个元素的时候，如果 FRONT 的值不是-1，FRONT 的值增加 1。在第 1 次插入的时候，FRONT 和 REAR 的值都会增加 1，并且 FRONT 和 REAR 的值都会变成 0。在删除的时候，如果 REAR 和 FRONT 的值相同，二者的值都变为-1。

　　向队列中插入值的算法如算法 15.3 所示。

算法 15.3

```
Insert(item)
   {
   if( REAR == (n-1)):
   {
   print   ("overflow");
   }

   else
       {
       if(FRONT == -1)
       {
       FRONT  =   REAR  =   0;
       a[REAR]  =item;
       }
   else
       {
       REAR  =   REAR  +1;
       a[REAR]  =   item;
       }

   }
   }
```

　　从一个队列中删除元素的算法如算法 15.4 所示。该算法返回从队列中删除的一个值。如果返回-1，表示下界越界了。

算法 15.4

```
int delete()
{
   if (FRONT == -1)
   {
   print("Underflow")
   }
   else if (FRONT == REAR)
```

```
{
temp    =   a[FRONT];
REAR   =-1; FRONT   =   -1; return   temp;
}
else
{
temp=   a[FRONT];
FRONT   =   FRONT   +   1;
return   temp;
}
}
```

示例 15.4 展示了队列的静态实现。

示例 15.4：使用列表实现队列。

解答：在程序清单 15.6 中，使用一个名为 a 的列表实现了队列。FRONT 和 REAR 的初始值都是−1。

程序清单 15.6　Queue.py

```
class Queue:
    def __init__(self,n):
        self.FRONT=-1
        self.REAR=-1
        self.a=[]
        self.n=n
    def overflow(self):
        if self.REAR==(self.n-1):
            return True
        else:
            return False
    def underflow(self):
        if self.FRONT==-1:
            return True
        else:
            return False
    def insert(self, data):
        if  Queue.overflow(self):
            print('Overflow')
        elif self.FRONT==-1:
            self.FRONT=self.FRONT+1
            self.REAR=self.REAR+1
            self.a.append(data)
            print("Front=",str(self.FRONT), "\tRear", str(self. REAR),"\tData\t:",
                str(self.a[self.REAR]))
        else:
            self.REAR=self.REAR+1
            self.a.append(data)
            print("Front=",str(self.FRONT),"\tRear",str(self.REAR),"\tData\t:",
                str(self.a[self.REAR]))
    def delete(self):
        if self.FRONT==-1:
            return (-1)
        elif self.FRONT==self.REAR:
            temp=self.a[self.FRONT]
            print("FRONT=",self.FRONT)
            self.FRONT=-1
            self.REAR=-1
            return temp
        else:
```

```
                temp=self.a[self.FRONT]
                self.FRONT=self.FRONT+1
                print("FRONT=",self.FRONT)
                return(temp)

q= Queue(5)
q.insert(3)
q.insert(2)
q.insert(4)
q.insert(1)
q.insert(21)
q.insert(71)
i=0
while i<6:
    temp=q.delete()
    if temp!= -1:
        print(temp)
    else:
        print("Underflow")
    i+=1
```

输出如下。

```
Front    =    0    Rear    0    Data    :    3
Front    =    0    Rear    1    Data    :    2
Front    =    0    Rear    2    Data    :    4
Front    =    0    Rear    3    Data    :    1
Front    =    0    Rear    4    Data    :    21
Overflow
FRONT= 1
3
FRONT= 2
2
FRONT= 3
4
FRONT= 4
1
FRONT= 4
21
Underflow
```

15.7　小结

很多研究者认为数据结构比过程更重要。栈和队列是这些重要内容中最重要的方面。本章介绍了栈和队列的实现，以及如何将后缀表达式转换为中缀表达式，以及如何将中缀表达式转换为后缀表达式。本章没有讨论如何把中缀表达式转换为前缀表达式，这个实现方式给读者留作练习。希望读者查看本书末尾所提供的链接，找到栈和队列的更多应用并实现它们。最后，下一章还将介绍基于链表的实现。

15.7.1　术语

- 栈：遵从后进先出原则的一种线性的数据结构。
- 队列：遵从先进先出原则的一种线性数据结构。

15.7.2　知识要点

● 在栈与队列中插入和删除元素的复杂度都是 $O(1)$。
● 如果 TOP 的值为-1，则栈为空的。
● 在静态实现中，如果 TOP 为 $n-1$，那么栈为满的；其中 n 是栈所能容纳的元素的最大数目。
● 在向栈中插入一个元素的时候，栈的 TOP 值增加 1。
● 从栈中删除一个元素的时候，栈的 TOP 值减去 1。
● 计算后缀表达式，将中缀表达式转换为后缀表达式和前缀表达式，都需要用到栈。
● 队列的应用包括顾客服务、轮询、打印机假脱机等。

15.8　练习

选择题

1. 叠放在一起的图书使最后放上去的图书最先被取走。这和如下哪种结构类似？ ＿＿＿
　　（a）栈　　　　　　　（b）队列　　　　　　（c）图　　　　　　　（d）树
2. 栈的静态实现的一次 POP 操作的时间复杂度是＿＿＿。
　　（a）$O(1)$　　　　　（b）$O(n)$　　　　　（c）$O(n^2)$　　　　（d）以上都不对
3. 栈的静态实现的一次 PUSH 操作的时间复杂度是＿＿＿。
　　（a）$O(1)$　　　　　（b）$O(n)$　　　　　（c）$O(n^2)$　　　　（d）以上都不对
4. 栈的静态实现的一次 PUSH 操作的空间复杂度是＿＿＿。
　　（a）$O(1)$　　　　　（b）$O(n)$　　　　　（c）$O(n^2)$　　　　（d）以上都不对
5. 在栈的动态实现中，使用了如下的哪种数据结构？ ＿＿＿
　　（a）图　　　　　　　（b）树　　　　　　　（c）链表　　　　　　（d）以上都不对
6. 栈的静态或动态实现相比较，哪一种更加灵活？ ＿＿＿
　　（a）静态　　　　　　　　　　　（b）动态
　　（c）二者同样灵活　　　　　　　（d）无法判定
7. 表达式$((a-b)\,c)/d$ 的前缀形式是＿＿＿。
　　（a）$/\times-1bcd$　　　（b）$-abc\times/d$　　（c）$/\times-abcd$　　（d）以上都不对
8. 选择题 7 中的表达式的后缀形式是＿＿＿。
　　（a）$ab-c\times d/$　　　（b）$ab-cd\times/$　　（c）$abc+-/$　　（d）以上都不对
9. 以下哪种说法是正确的？ ＿＿＿
　　（a）一个表达式的前缀形式只是其后缀形式的反转
　　（b）将一个中缀表达式转换为一个后缀表达式，与将其转换为前缀表达式的过程相似
　　（c）两种说法都对
　　（d）以上说法都不对

10. 计算后缀表达式需要用到如下哪种数据结构？＿＿＿
　　（a）栈　　　　　　（b）队列　　　　（c）图　　　　　（d）树

11. 客户服务和如下的哪种数据结构类似？＿＿＿
　　（a）栈　　　　　　（b）队列　　　　（c）图　　　　　（d）树

12. 轮询算法需要如下的哪种数据结构？＿＿＿
　　（a）栈　　　　　　（b）队列　　　　（c）图　　　　　（d）树

13. 在队列的静态实现中，添加一个元素的时间复杂度是＿＿＿。
　　（a）$O(1)$　　　　（b）$O(n)$　　　（c）$O(n^2)$　　　（d）以上都不对

14. 队列的动态实现需要如下哪种数据结构？＿＿＿
　　（a）图　　　　　　（b）树　　　　　（c）链表　　　　（d）以上都不对

15. 如下的哪种情况是环形队列的应用？＿＿＿
　　（a）交通信号灯　　　　　　　　　（b）内存管理
　　（c）较大整数的相加　　　　　　　（d）以上都对

15.9　理论回顾

1. 写出栈的静态实现的一种算法。这种实现的问题是什么？
2. 说出解决上述问题的任意两种方法。
3. 说出栈的任意两种引用。实现其中任意一种。
4. 写出一种算法，通过两个栈来实现一个队列。
5. 指出队列的几种应用。在使用轮询算法进行调度的时候，是如何使用队列的？请说明。
6. 什么是环形队列？写出实现环形队列的一个算法。
7. 什么是双向队列？
8. 写出一种算法，将一个中缀表达式转换为一个后缀表达式。
9. 写出一种算法，将一个中缀表达式转换为一个前缀表达式。
10. 写出一种算法，将一个后缀表达式转换为一个中缀表达式。

15.10　附加题

1. 计算如下的后缀表达式。
　　（a）$ab-c\times$　　　（b）$ab-cd/\times$　　（c）$ab+cd/-f+$　　（d）$ab\cdot c-$
　　（e）$x\mathrm{Sin}$

2. 将如下表达式转换为后缀表达式。
　　（a）$(a+b)-(c/d)\times f$　　　　　（b）$(a/b)\times(c+d)$
　　（c）$a/(b+c)-d$　　　　　　　　（d）$(c\cdot d)\times((a+b)/f)$
　　（e）$a+((b/c)\times(d\cdot f))$

3. 将如下的表达式转换为前缀表达式。

（a）$a - ((b / d) \times f)$ （b）$a / (b \times (c + d))$

（c）$(b / (a + c)) \times (d - f)$ （d）$c \cdot ((d \times (a - b)) / f)$

（e）$(a + b) / c \times (d \cdot f)$

15.11 编程实践

1. 编写一个程序静态实现栈。
2. 编写一个程序，用两个栈实现队列。
3. 实现轮询算法。
4. 什么是环形队列？编写一个程序来实现一个环形队列。
5. 编写一个程序，将一个中缀表达式转换为一个后缀表达式。
6. 编写一个程序，将一个中缀表达式转换为一个前缀表达式。
7. 编写一个程序，将一个后缀表达式转换为一个中缀表达式。

第 16 章 链表

学完本章，你将能够
- 理解为什么需要链表及其重要性；
- 向给定的链表插入项，或从中删除项；
- 使用链表实现栈和队列；
- 理解和链表相关的问题。

16.1 简介

上一章介绍了两种最重要的数据结构，即栈和队列。栈是遵从后进先出原则的一种线性数据结构，而队列是遵从先进先出原则的一种线性数据结构。也就是说，在这些数据结构中，只能够从一个特定的位置插入或删除元素。本章介绍的数据结构在元素的插入和删除方面更具有灵活性。上一章还介绍了栈和队列的静态实现。然而，关于使用链表的动态实现则有意放到了后面。本章介绍的链表将帮助用户完成栈和队列的动态实现。这里需要指出的是，Python 为创建链表以及所支持的操作提供了函数。本章的目的则是让读者熟悉这些操作的机制。

链表是一种以节点为基本单元的结构。每一个节点有两部分，分别是 DATA 和 LINK。DATA 部分包含了值，而 LINK 部分包含了下一个节点的地址（如图 16.1 所示）。

图 16.1 链表的基本单位是节点。链表可以有任意多个节点。最后一个节点的 LINK 部分为 NULL

链表应用于很多地方，例如，动态栈和队列的实现，以及诸如树和图这样的非线性结构的实现。这里需要指出的是，尽管使用链表使动态实现更加容易，但它们也有自身的问题。在某些情况下，链表不能用来实现树。在实现非线性数据结构的时候，是否需要使用链表是要深思熟虑的。例如，如果我们有一个平衡二叉树或者一个堆，那么使用数组要比链表好很多。

链表包含了通过 LINK 连接起来的节点。如前所述，每个节点有数据和一个 LINK，而数据可能是一个基本数据结构或者甚至是辅助数据结构，LINK 是指向下一个节点的一个指针。因此，一个链表的第一个节点标记为 HEAD。还要注意，最后一个节点的 LINK 为 NULL，表示在最后一个节点之后没有节点了。因此，识别链表的第一个节点和最后一个节点很容易。在链表中，可以执行如下操作。

- 在开始处插入节点。
- 在中间插入节点。
- 在末尾插入节点。
- 在开始处删除节点。
- 在中间删除节点。
- 从末尾删除节点。

下一节将会详细介绍上述的每一种操作。在每一个算法的后面，都给出了一个图来举例说明。

16.2 操作

链表可以用于各种应用之中。然而，为了能够使用它们，必须理解从链表开头处、结尾处和特定位置插入与删除元素的过程。本节会关注这些必备的过程。

1. 在开始处插入

为了在开始处插入一个节点，要创建一个新的节点（假设为 TEMP）以及要插入 TEMP 的 DATA 部分的数据。现在 TEMP 的 NEXT 将指向链表的 HEAD，并且最终 TEMP 变成了 HEAD。算法 16.1 展示了在开始处插入节点的代码。

算法 16.1

```
insert_beg (VALUE)
{
//Create a node called
TEMP. TEMP = node()
//Now put the given value (VALUE) in the data part of TEMP.
TEMP->DATA = VALUE
//Set the LINK part of TEMP to FIRST.
TEMP->LINK = FIRST
//Rename TEMP to FIRST.
}
```

算法 16.1 的说明如图 16.2 所示。

2. 在特定节点之后插入

要在一个特定的节点之后插入节点，需要创建一个名为 PTR 的节点指针。一开始，PTR 指向 HEAD。PTR 的 LINK 变成了当前节点的 LINK，直到当前节点拥有了我们想要插入新节点中的值。创建了名为 TEMP 的新节点，并且将 VALUE 插入其 DATA 部分，让 PTR 的 LINK 成为 PTR1。最终，PTR 的 LINK 将指向 TEMP 并且 TEMP 的 LINK 将指向 PTR1。算法 16.2 展示了在一个给定的节点（其数据为 VAL）之后插入一个节点的代码。

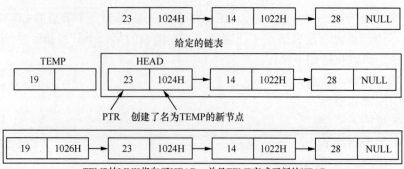

图 16.2　在开始处插入节点

算法 16.2

```
Insert_middle (VAL, VALUE)
{
PTR = FIRST
while (PTR->DATA != VAL)
{
PTR=PTR-> LINK
}
PTR1=PTR ->LINK
//Create a new node called TEMP TEMP = node()
TEMP->DATA = VALUE
TEMP->LINK = PTR1
PTR->LINK = TEMP
}
```

图 16.3 说明了该算法。

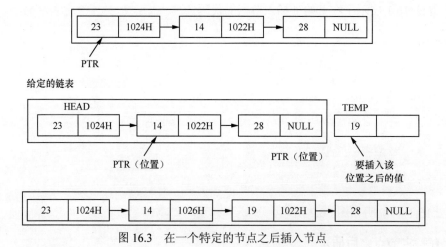

图 16.3　在一个特定的节点之后插入节点

3. 在末尾插入

要在末尾插入一个节点，需要创建一个名为 PTR 的节点指针。一开始，PTR 指向 HEAD。PTR 的 LINK 变成了当前节点的 LINK，直到当前节点的 LINK 为 NULL。创建了名为 TEMP 的新节点，并且将 VALUE 插入其 DATA 部分，让 PTR 的 LINK 成为 PTR1。最终，PTR 的 LINK 将指向 TEMP 并且 TEMP 将为 NULL。算法 16.3 展示了在末尾插入一个节点的代码。

算法 16.3

```
Insert_end (VALUE)
{
PTR = FIRST
while (PTR->LINK != NULL)
{
PTR=PTR-> LINK
}
//Create a new node called TEMP
TEMP->DATA = VALUE
PTR->LINK = TEMP
TEMP->LINK = NULL
}
```

图 16.4 展示了这个过程。

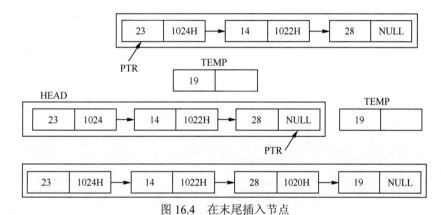

图 16.4　在末尾插入节点

4. 从开始处删除

要从开始处删除一个节点，需要使 HEAD 的 LINK 变成新的 HEAD。此外，根据需要，HEAD 的 DATA 可能会存储到某个内存位置。算法 16.4 展示了删除链表的第一个节点的代码。

算法 16.4

```
Delete_beg ()
{
Set backup = HEAD->DATA
Rename HEAD->LINK as HEAD
}
```

图 16.5 展示了这一过程。

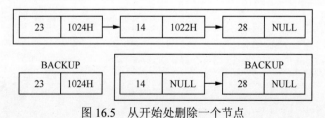

图 16.5　从开始处删除一个节点

5. 删除一个特定节点（VALUE=VAL）之后的节点

要删除特定节点之后的一个节点，需要按照以下过程进行。创建一个节点指针 PTR，一开始，它指向 HEAD。PTR 的 LINK 变成 PTR->LINK，直到 PTR->DATA 的变成 VAL。如果这个 PTR 的 LINK 指向了 PTR1，并且 PTR1 的 LINK 指向 PTR2，PTR 将指向 PTR2，并且根据需要，PTR1 的 DATA 将被保存。算法 16.5 展示了完成上述任务的代码。

算法 16.5

```
del_middle(VAL)
{
PTR = HEAD
while ((PTR->LINK)->DATA != VAL))
{
PTR=PTR->LINK
}
PTR->NEXT = PTR1
PTR1->NEXT PTR2
PTR->NEXT = PTR2
}
```

图 16.6 展示了这个过程的一个例子。

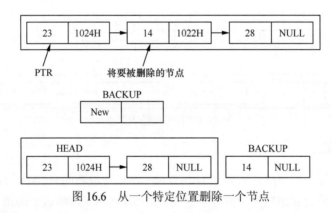

图 16.6 从一个特定位置删除一个节点

6. 从末尾删除

要从末尾删除一个节点，使用如下过程。创建一个节点指针 PTR，它最初指向 HEAD。PTR 的 LINK 变为 PTR->LINK，直到 PTR->LINK->LINK 变为 NULL。最终，PTR 的 LINK 将指向 NULL。根据需要，PTR->LINK 的 DATA 将存储起来。算法 16.6 展示了完成上述任务的代码。

算法 16.6

```
del_end ()
{
PTR = FIRST
while ((PTR->NEXT)->NEXT != NULL)
{
PTR=PTR->LINK
}
```

```
Set backup = (PTR->NEXT)->DATA PTR->NEXT = NULL
}
```

图 16.7 给出了这一过程的一个示例。

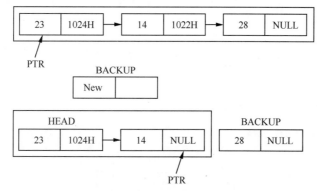

图 16.7 从末尾删除一个节点

示例 16.1： 编写一个程序来实现单个链表的各种操作。

解答： 前面已经介绍了每种操作的算法。程序清单 16.1 给出了上述算法的 Python 实现。注意，这段代码一共有 6 个函数（在链表类中），每一个函数都实现了相应的算法。

程序清单 16.1　Linkedlist.py

```python
class Node:
    def __init__(self):
        self.data=None
        self.link=None
    def setVal(self, val):
        self.data=val
    def getVal(self):
        return self.data
    def setNext(self, next1):
        self.link=next1
    def getNext(self):
        return self.link
    def hasNext(self):
        if self.link!=None:
            return True
        else:
            return False

class LinkedList:
    def __init__(self):
        self.head=None
        self.length=0
    def listLength(self):
        current=self.head
        count=0
        while current!=None:
            count=count+1
            current=current.getNext()
        return count
    def insertBeg(self,val):
        tempNode=Node()
        tempNode.setVal(val)
```

```
                tempNode.setNext(self.head)
                self.head=tempNode
                self.length+=1
        def insertEnd(self, val):
                tempNode=Node()
                tempNode.setVal(val)
                if self.length==0:
                    self.head=tempNode
                else:
                    current=self.head
                    while current.getNext()!=None:
                        current=current.getNext()
                    current.setNext(tempNode)
                    self.length+=1
        def insertAfter(self, val2, val):
                tempNode=Node()
                tempNode.setVal(val)
                current=self.head
                while current.data!=val2:
                    current=current.getNext()
                current1=current.getNext()
                current.setNext(tempNode)
                tempNode.setNext(current1)
        def del_beg(self):
                current=self.head
                if current!=None:
                    current=self.head
                    next1=current.link
                    self.head=next1
                    self.length=self.length-1
                else:
                    print('Cannot delete')
        def del_end(self):
                current=self.head
                if current!=None:
                    while (current.link).link!=None:
                        current=current.link
                    current.link=None
                else:
                    print('Cannot delete')
        def del_after(self, val):
                flag=0
                current=self.head
                while current.data!=val:
                    current=current.link
                current1=current.link
                current2=current1.link
                current.link=current2
                self.length=self.length-1
        def clear(self):
                self.head=None
        def traverse(self):
                current=self.head
                while current!=None:
                    print(current.data,end=" ")
                    current=current.getNext()

L=LinkedList()
print('\nList');
L.traverse()
```

```
        L.insertBeg(2)
        print('\nList');
        L.traverse()
        L.insertBeg(5)
        print('\nList');
        L.traverse()
        L.insertBeg(7)
        print('\nList');
        L.traverse()
        L.insertAfter(5,8)
        print('\nList')
        L.traverse()
        L.insertEnd(9)
        print('\nList')
        L.traverse()
        print('\nLength\t',str(L.listLength()))
        L.del_beg()
        print('\nList')
        L.traverse()
        L.del_after(8)
        print('\nList')
        L.traverse()
        L.del_end()
        print('\nList')
        L.traverse()
        L.clear()
        print('\nList');
        L.traverse()
        L.del_beg()
        L.traverse()
        L=LinkedList()
        print('\nList');
        L.traverse()
        L.insertBeg(2)
        print('\nList');
        L.traverse()
        L.insertBeg(5)
        print('\nList');
        L.traverse()
        L.insertBeg(7)
        print('\nList');
        L.traverse()
        L.insertAfter(5,8)
        print('\nList')
        L.traverse()
        L.insertEnd(9)
        print('\nList')
        L.traverse()
        print('\nLength\t',str(L.listLength()))
        L.del_beg()
        print('\nList')
        L.traverse()
        L.del_after(8)
        print('\nList')
        L.traverse()
        L.del_end()
        print('\nList')
        L.traverse()
        L.clear()
        print('\nList');
```

```
L.traverse()
L.del_beg()
L.traverse()
```

输出如下。

```
List
List
2
List
5 2
List
7 5 2
List
7 5 8 2
List
7 5 8 2 9
Length    5

List
5 8 2 9
List
5 8 9
List
5 8
List
Cannot delete
```

上述的链表是作为单个链表引用的。链表还有其他的变体，例如，双向链表。在双向链表中，每个节点有两个指针，分别是 PREVIOUS 和 NEXT，还有 DATA 部分。PREVIOUS 连接到之前的节点，NEXT 连接到下一个节点。此外，最后一个节点的 NEXT 为 NULL，这表示该节点不会连接到任何一个节点。双向链表的第一个节点也具有一个特殊的名称。

例如，如果 A 和 B 的连接如图 16.8 所示，那么 A 的 NEXT 是 B 的地址，而 B 的 PREVIOUS 是 A 的地址。

图 16.8　双向链表的一个节点通过两个指针 NEXT 和 PREV 来连接

在一个双向列表中，可以执行如下操作。
● 在开始处插入一个节点。
● 在中间插入一个节点。
● 在末尾插入一个节点。
● 从开始处删除一个节点。
● 从中间删除一个节点。
● 从末尾删除一个节点。

链表还有另一种变体，这是一个环形链表。在环形链表中，最后一个节点连接到第一个节点。也就是说，最后一个节点的 NEXT 包含了第一个节点的地址。

16.3 使用链表实现栈

正如前面所介绍的，栈只支持两种操作，即在末尾插入一个元素和在末尾删除一个元素。栈使用一个链表来实现，因此，它只需要实现两种操作。只拥有 insert_end(VAL) 和 del_end 这两个操作（参见 16.2 节）的链表就是栈。第一个操作等同于 push，第二个操作等同于 pop()。示例 16.2 展示了使用链表实现的栈。

示例 16.2：编写一个程序，使用链表实现栈。

解答：具体代码如程序清单 16.2 所示。

程序清单 16.2　Stack.py

```python
class Node:
    def __init__(self):
        self.data=None
        self.link=None
    def setVal(self, val):
        self.data=val
    def getVal(self):
        return self.data
    def setNext(self, next1):
        self.link=next1
    def getNext(self):
        return self.link
    def hasNext(self):
        if self.link!=None:
            return True
        else:
            return False

class Stack:
    def __init__(self):
        self.head=None
        self.length=0
    def Length(self):
        current=self.head
        count=0
        while current!=None:
            count=count+1
            current=current.getNext()
        return count
    def push(self, val):
        tempNode=Node()
        tempNode.setVal(val)
        current=self.head
        if current!=None:
            while current.getNext()!=None:
                current=current.getNext()
            current.setNext(tempNode)
            self.length+=1
        else:
            self.head=tempNode
    def pop(self):
        current=self.head
```

```
            if current!=None:
                while (current.link).link!=None:
                    current=current.getNext()
                data=current.data
                current.link=None
                self.length-=1
            else:
                print('Underflow')
                data=-1
            return data
        def traverse(self):
            current=self.head
            while current!=None:
                print(current.data,end=" ")
                current=current.getNext()

S=Stack()
print('\nStack')
S.traverse()
S.push(2)
print('\nStack')
S.traverse()
#[2]
S.push(5)
print('\nStack')
S.traverse()
#[2,5]
S.push(3)
print('\nStack')
S.traverse()
#[2,5,3]

val=S.pop()
if val!=-1:
    print('\n',str(val), 'popped')
print('\nStack')
S.traverse()

#[2,5]
val=S.pop()
if val!=-1:
    print('\n',str(val), 'popped')
print('\nStack')
S.traverse()
```

输出如下。

```
Stack
Stack
2
Stack
2 5
Stack
2 5 3
5 popped

Stack
2 5
2 popped

Stack
2
```

16.4 使用链表实现队列

正如前面所介绍的，队列只支持两种操作，即在末尾插入节点和在开头删除节点。队列使用一个链表来实现，因此只需要实现这两种操作。只有 insert_end(VAL) 和 del_beg 这两种操作的一个链表就是一个队列。第一个操作和 en_queue 相同，第二个操作和 de_queue() 相同。示例 16.3 展示了使用链表实现的一个队列。

示例 16.3：编写一个程序，使用链表实现队列。

解答：具体代码如程序清单 16.3 所示。

程序清单 16.3　Queue.py

```python
class Node:
    def __init__(self):
        self.data=None
        self.link=None
    def setVal(self, val):
        self.data=val
    def getVal(self):
        return self.data
    def setNext(self, next1):
        self.link=next1
    def getNext(self):
        return self.link
    def hasNext(self):
        if self.link!=None:
            return True
        else:
            return False
class Queue:
    def __init__(self):
        self.head=None
        self.length=0
    def Length(self):
        current=self.head
        count=0
        while current!=None:
            count=count+1
            current=current.getNext()
        return count
    def enqueue(self, val):
        tempNode=Node()
        tempNode.setVal(val)
        current=self.head
        if current!=None:
            while current.getNext()!=None:
                current=current.link
            current.link=tempNode
            tempNode.link=None
            self.length+=1
        else:
            self.head=tempNode
            self.length=self.length+1
    def dequeue(self):
```

```
        current=self.head
        if current!=None:
            current=self.head
            next1=current.link
            self.head=next1
            self.length=self.length-1
        else:
            print('Cannot delete')
    def traverse(self):
        current=self.head
        while current!=None:
            print(current.data,end=" ")
            current=current.getNext()

Q=Queue()
print('\nQueue')
Q.traverse()
Q.enqueue(2)
print('\nQueue')
Q.traverse()
Q.enqueue(5)
print('\nQueue')
Q.traverse()
#[2,5]
Q.enqueue(7)
print('\nQueue');
Q.traverse()
#[2,5,7]
Q.dequeue()
print('\nQueue');
Q.traverse()
#[5,7]
Q.dequeue()
print('\nQueue');
Q.traverse()
#[7]
```

输出如下。

```
Queue
2
Queue
2 5
Queue
2 5 7
Queue
5 7
Queue
7
```

16.5　小结

　　链表包含了相互连接的节点。每个节点有两部分内容——DATA 部分和 LINK 部分。DATA 部分可能包含了一个基本的或一个复杂的数据结构。LINK 部分包含了下一个节点的地址。因此，最后一个节点的 LINK 部分为 NULL。我们可以有整数、浮点数、字符甚至字符串的链表。希望读者能够探索用户定义的数据结构的链表，并且使用它们来解决问题。

本书最后给出的参考资料讨论了与多项式加法和减法相关的问题。希望读者能够熟悉理论，并且使用链表来实现操作。此外，双向链表和环形链表的算法按照与本章所介绍的单个链表类似的方式来开发。在学习了链表和数组之后，鼓励读者找出链表的优点和缺点（例如，额外的开销、指针等）。链表最重要的特性是灵活性。

16.5.1　术语

节点：链表最基本的单元。它有两个部分——DATA 部分和 LINK 部分。链接指向下一个节点。

16.5.2　知识点

- 链表的最后一个节点的链接为 NULL。
- 本章讨论的操作的复杂度分析如下。

操　　　作	复　杂　度
在开始处插入节点	$O(1)$
在末尾插入节点	$O(n)$
在中间插入节点	$O(n)$
从开始处删除节点	$O(1)$
从末尾删除节点	$O(n)$
从中间删除节点	$O(n)$

16.6　练习

选择题

1. 单个链表的最后一个元素指向____。
   （a）第一个元素　　　（b）NULL　　　（c）任意元素　　　（d）以上都不对
2. 链表可以____。
   （a）增长　　　（b）缩短　　　（c）以上都对　　　（d）以上都不对
3. 在一个问题中，我们需要最多 100 项，如果只有该数据结构的最后一个元素能够访问，哪种数据结构最合适？____
   （a）栈　　　（b）队列　　　（c）链表　　　（d）栈和链表
4. 在一个链表中，可以从什么位置插入一个元素？____
   （a）开始处　　　（b）结尾处　　　（c）任意位置　　　（d）以上都不对
5. 在和链表进行比较的时候，如下哪一项使数组缺乏优越性？____
   （a）数组拥有固定的大小
   （b）数组的元素存储在连续的内存位置上
   （c）很难从给定的位置添加/删除一个元素

（d）以上都对

6. 在链表中增加索引排序的复杂度是____。

（a）$O(n)$　　　　（b）$O(1)$　　　　（c）$O(n^2)$　　　　（d）以上都不对

7. 在动态数组中增加索引排序的复杂度是____。

（a）$O(1)$　　　　（b）$O(n)$　　　　（c）$O(n^2)$　　　　（d）以上都不对

8. 在数组的末尾插入一个元素的复杂度是____。

（a）$O(1)$　　　　（b）$O(n)$　　　　（c）$O(n^2)$　　　　（d）以上都不对

9. 在链表的末尾插入一个元素的复杂度是____。

（a）$O(1)$　　　　（b）$O(n)$　　　　（c）$O(n^2)$　　　　（d）以上都不对

10. 考虑浪费的空间（如指针等），链表中的空间复杂度是____。

（a）$O(1)$　　　　（b）$O(n)$　　　　（c）$O(n^2)$　　　　（d）以上都不对

11. 考虑浪费的空间（如指针等），数组中的空间复杂度是____。

（a）$O(1)$　　　　（b）$O(n)$　　　　（c）$O(n^2)$　　　　（d）以上都不对

12. 考虑浪费的空间（如指针等），动态表中的空间复杂度是____。

（a）$O(1)$　　　　（b）$O(n)$　　　　（c）$O(n^2)$　　　　（d）以上都不对

13. 要完成在中间添加一个元素的操作，时间复杂度最低的数据结构是____。

（a）数组　　　　（b）链表　　　　（c）以上都对　　　（d）以上都不对

14. 要完成在末尾添加一个元素的操作，时间复杂度最低的数据结构是____。

（a）数组　　　　（b）链表　　　　（c）以上都对　　　（d）以上都不对

15. 在环形链表中，最后一个元素指向____。

（a）第一个元素　（b）中间的元素　（c）NULL　　　　（d）以上都不对

16.7　理论回顾

1. 什么是链表？写出如下操作的算法。

（a）在链表的开头插入一个元素

（b）在链表的末尾插入一个元素

（c）在链表中给定的元素之后插入一个元素

（d）从链表开头删除一个元素

（e）从链表末尾删除一个元素

（f）从链表中给定的元素之后删除一个元素

2. 推导出以上每个操作的时间复杂度。

3. 什么是双向链表？写出如下操作的算法。

（a）在双向链表的开头插入一个元素

（b）在双向链表的末尾插入一个元素

（c）在双向链表中给定的元素之后插入一个元素

（d）从双向链表开头删除一个元素

（e）从双向链表末尾删除一个元素

（f）从双向链表中给定的元素之后删除一个元素

4．推导出以上每个操作的时间复杂度。

5．写出使用链表实现栈的算法。

6．写出使用链表实现队列的算法。

7．写出将一个链表反转的算法。

8．写出使用两个栈来实现一个队列的算法。

9．写出判断一个给定的字符串是否是回文的算法。

10．写出求链表中的最大元素的算法。

16.8 编程实践

通过编程解决理论回顾中的问题 1、问题 3 和问题 5 到问题 10。

16.9 探索和设计

本章介绍了链表。期望读者实现双向链表和环形链表的算法。

第 17 章　二叉搜索树

学完本章，你将能够
- 理解树和图的术语及表示；
- 理解二叉搜索树的重要性；
- 实现二叉搜索树的插入、搜索和遍历。

17.1　简介

考虑你所在的大学的层级结构。在每一个不同学科的学院中，有一位院长。学院中的教职员工组成了各个不同的系，各个系有自己的系主任。这些系主任还要担任各个委员会的主席。这种层级结构可以看成具有 O 个层的一棵树，院长是第 1 层，各个系是第 2 层，依次类推。

我们以 Tic-Tac-Toe 游戏为例子。一开始的时候，第 1 个玩家将填充 3×3 的棋盘中 9 格中的任意一格。在这次移动之后，第 2 个玩家可能会在剩下的任意的方格中填充其他的标记，但是要记住限制条件。这款游戏可以表示为一棵树。同样，锦标赛也可以表示为一棵树。

在机器学习的例子中，决策树帮助我们学习。堆也是一种树，帮助我们以 $O(1)$ 的时间复杂度求得最大值和最小值。

树和图还有大量的应用。本章介绍树和图，并且主要讨论一种特定类型的树，即二叉搜索树，它对搜索很重要，而且是很多其他重要话题的基础。

本章内容如下：17.2 节介绍树和图的定义、术语以及表示，17.3 节介绍二叉搜索树（Binary Search Tree，BST），17.4 节是本章小结。

17.2　定义和术语

到目前为止，我们学习了栈和队列这样的线性数据结构。上一章介绍了这些数据结构的实现和应用。然而，很多应用需要用到非线性数据结构。本章介绍非线性数据结构，也就是图和树。然而，本章主要关注二叉搜索树。我们先从图的定义及其表示开始学习。

17.2.1　图的定义和表示

图是一个集合(V, E)，其中，V 是一个有限的、非空的顶点集合。集合 E 包含了元组(x, y)，

其中 x 和 y 属于集合 V。图 17.1 展示了图 $G = (V, E)$，其中 V 是 (A, B, C, D)，而集合 E 是 $\{(A, B), (A, D), (B, C), (B, D), (C, D)\}$。

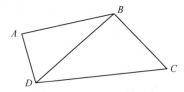

图 17.1　图 $G = (V, E)$，V 是 (A, B, C, D)，E 是 $\{(A, B), (A, D), (B, C), (B, D), (C, D)\}$

图的边可能有权重，这样的图就称为权重图。可以使用一个矩阵或一个链表来表示图。如果在顶点 i 和顶点 j 之间存在一条边，矩阵中的第 i 行和第 j 列将为 1；否则，该元素将为 0。在权重图中，这些元素可能表示对应边的权重。和图 17.1 中的图对应的矩阵如下所示。

$$\begin{bmatrix} 0 & 1 & 0 & 1 \\ 1 & 0 & 1 & 1 \\ 0 & 1 & 0 & 1 \\ 1 & 1 & 1 & 0 \end{bmatrix}$$

注意，第 1 行第 2 列的元素为 1，因为在第 1 个顶点 A 和第 2 个顶点 B 之间存在一条边。同理，在 A 和 D 之间也存在一条边，因此，第 1 行第 4 列的元素为 1。也可以使用链表的集合来表示一个图，其中，每个链表将指向和相应的顶点相连接的顶点。图 17.1 中图 G 的链表表示如图 17.2 所示。注意，A 的链表包含了 B 和 D，因为 A 连接到 B 和 D。同理，B 的链表包含了 A、C 和 D。

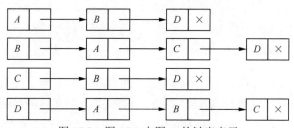

图 17.2　图 17.1 中图 G 的链表表示

图是最重要的数据结构之一。这种数据结构有着非常广泛的应用，例如，找出最短路径、对 Web 页面排序等。实际上，关于图算法有一个专门的学科。

17.2.2　树的定义、分类和表示

树是一种非线性数据结构。树基本上是一个图，只不过没有形成任何回路，也没有分离的边或顶点。图 17.3（a）给出了不是树的图的一个例子，因为该图中存在一个回路。图 17.3（b）是一棵树，因为它不包含任何回路，也没有分离的顶点或边。图 17.3（c）中的图并不是一棵树，因为它包含了一条分离的边。

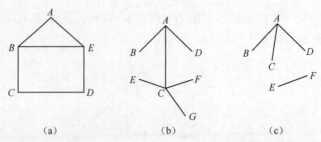

（a）　　　　　　　　　（b）　　　　　　　　（c）

图 17.3　是图但不是树的例子[（a）和（c）]，以及树的例子（b）

可以根据节点的子节点的数目来划分树。如果一棵树的每一个节点最多有两个子节点，它可以称为二叉树。如果一棵树中最底层的节点没有子节点，除此之外的其他每一个节点都有两个子节点，它可以称为完全二叉树。图 17.5 展示了一棵完全二叉树。一棵树的根总是在第 0 层，根节点的子节点位于第 1 层，以此类推。图 17.4 中的树是一棵二叉树，因为每一个节点都有 0 个、1 个和两个子节点。注意，节点 A 位于第 0 层，节点 B 和节点 C 位于第 1 层，节点 D、E 和 F 位于第 2 层。

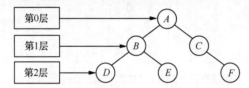

图 17.4　二叉树，其中每个节点有 0 个、1 个或两个子节点

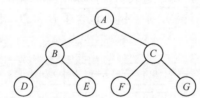

图 17.5　完全二叉树，其中除了最底层的节点之外（它们都没有子节点），每个节点都有两个子节点

拥有两层的完全二叉树的节点的数目是 3；拥有 3 层的完全二叉树的节点数目为 7；拥有 4 层的完全二叉树的节点数目为 15。拥有 n 层的完全二叉树的节点的数目为 $2n+1$。在图 17.5 所示的树中，A 是树的根，因为它位于第 0 层。节点 B 和节点 C 是兄弟，因为它们有相同的父节点（A）。此外，节点 D 和 E 是兄弟，F 和 G 也是兄弟。节点 D、E、F 和 G 都是叶子节点，因为它们没有子节点。表 17.1 列出了关于树的术语。

表 17.1　　　　　　　　　　　　　关于树的术语

术　　语	定　　义
边	连接两个节点的一条线
父节点	派生出给定节点的一个节点
根节点	没有父节点的一个节点
节点的度	给定节点的子节点的数目
树的度	子节点的最大数目
树的层	树的根位于第 0 层，根的子节点位于第 1 层

17.2.3 二叉树的表示

一棵二叉树可以使用数组或链表存储到计算机中。二叉树的数字表示需要将根存储在第 O 个索引。对于存储在第 n 个索引的每一个节点，其左子节点将存储在第（$2n+1$）个索引位置，右子节点将存储在第（$2n+2$）个索引位置。

例如，在图 17.6 所示的树中，根节点将存储在第 0 个索引位置。

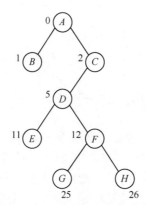

图 17.6　二叉树的数组表示的索引计算

根节点的左子节点（B）所存储的索引位置，通过以下公式计算：

$$2n+1 = 2 \times 0 + 1 = 1$$

根节点的左子节点（C）所存储的索引位置，通过以下公式计算：

$$2n+2 = 2 \times 0 + 2 = 2$$

也就是说，B 将会存储在第 1 个索引位置中，C 将会存储在第 2 个索引位置中。

类似地，C 的左子节点所存储的索引位置，通过以下公式计算：

$$2n+1 = 2 \times 2 + 1 = 5$$

D 的左子节点将会存储在第 11 个索引位置，并且其右子节点将会存储在第 12 个索引位置。最后，F 的左子节点和右子节点将会分别存储在第 25 个和第 26 个索引位置。图 17.6 中树的数组表示如下所示。

A	B	C			D						E	F		G	H
0	1	2	3	4	5	6	7	8	9	10	11	12	•••	25	26

就像上面的数组所清晰地展示的那样，这种表示方法会导致空间的浪费。如果给定的树不是一棵完全平衡树，将会有很多空间浪费掉。注意，对于完全平衡树，这种数组表示将不会浪费空间。

还有另一种存储二叉树的方法，就是使用一个双向链表。在这种表示中，节点的左子节点的地址存储在 previous 指针中，其右子节点的地址存储在 next 指针中。图 17.7 给出了图 17.6 中树的链表表示。

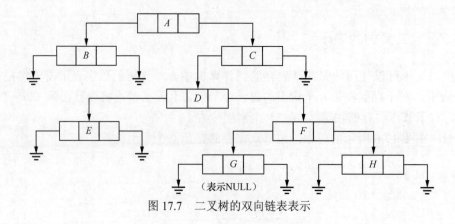

图 17.7 二叉树的双向链表表示

17.2.4 树的遍历——中序、前序和后序

可以以中序、前序和后序这 3 种方式来遍历一棵树。

在中序遍历中，以树的根节点作为算法的输入。该算法按照如下方式工作。以根节点的左子节点作为同一算法的输入（递归）。然后，对根进行处理。接着，以根节点的右子节点作为相同算法的输入（递归）。大致思路如算法 17.1 所示。其实现将会在下一节中给出。尽管通过一种相对应的非递归过程能够完成这个任务，但本章不会讨论它。

算法 17.1

```
In-order(root)
    {
      if((root->left == NULL)&& (root->right == NULL))
      {
      print (root->data);
      }
    else
      {
      In-order(root ->left);
      print (root->data);
      In-order(root->right);
      }
  }
```

在前序遍历中，以树的根节点作为算法的输入。该算法按照如下方式工作。先处理根节点的数据。然后，通过以根节点的左子节点作为相同（递归）算法的输入获得输出。接着，以右子节点作为相同（递归）算法的输入。大致思路如算法 17.2 所示。下一节将会给出其实现。尽管通过一种对应的非递归过程能够完成这个任务，但本章并不会讨论它。

算法 17.2

```
In-pre(root)
    {
      if((root->left == NULL)&& (root->right == NULL))
      {
      print (root->data);
      }
    else
```

```
        {
        print (root->data);
        pre-order(root ->left);
        pre-order(root->right);
        }
    }
```

在前序遍历中，以树的根节点作为算法的输入。该算法按照如下方式工作。首先，以根节点的左子节点作为相同（递归）算法的输入获得输出。然后，以右子节点作为相同（递归）算法的输入获得输出。接着，处理根节点。

大致思路如算法 17.3 所示。下一节将会给出其实现。尽管通过一种相对应的非递归过程能够完成这个任务，但本章不会讨论它。

算法 17.3

```
In-post(root)
    {
    if((root->left == NULL)&& (root->right == NULL))
        {
        print (root->data);
        }
    else
        {
        post-order(root ->left);
        post-order(root->right);
    print (root->data);
    }
    }
```

17.3　二叉搜索树

树的一个优点是它在不同的搜索中能起到帮助作用。二叉树的一个变体叫作二叉搜索树，它帮助以 $O(\log_2 n)$ 的时间（平均情况下）找到一个元素。二叉搜索树是一种二叉树，其中，每个节点都满足如下两个特性：

$$node \rightarrow data > (node \rightarrow left) \rightarrow data$$

$$node \rightarrow (data) < (node \rightarrow right) \rightarrow data$$

图 17.8 所示的树是二叉搜索树，而图 17.9 所示的树不是二叉搜索树。

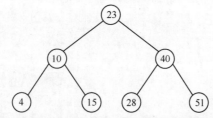

图 17.8　二叉搜索树的一个示例，注意，每个左子节点所拥有的值小于右子节点的值，
并且其右子节点的值大于节点的数据

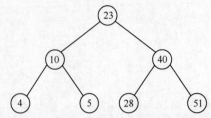

图 17.9　不是二叉搜索树的一个示例，注意，10 的右子节点的数据（5）要比 10 小

17.3.1　创建和插入

创建二叉搜索树很简单，使第 1 个值成为根节点的数据部分即可。要在树中插入一个新的值，需要创建一个新的节点，找到其对应的位置并且将新的节点放到其正确的位置。在二叉搜索树中插入一个新的节点的算法如算法 17.4 所示。

算法 17.4

```
Init( value)
    {
    root = node();
    root->data = value;
    root->right = NULL;
    root->left = NULL;
    }
Insert( value)
    {
    ptr = root;
    root1 = root;
    while( ptr ! = NULL)
        {
        if( value > ptr->data)
            {
            root1=ptr;
        ptr = ptr->right;
        }
    else
        {
        root1=ptr;
        ptr = ptr->left;
        }
    }
if (value > root1->data)
    {
    Node1 = node();
    Node1 = data;
    Node1->left = NULL;
    Node1 ->right = NULL;
    root1->right = Node1;
    }
else
    {
    Node1 = node();
    Node1 = data;
    Node1->left = NULL;
    Node1 ->right = NULL;
```

```
    root1->left = Node1;
    }
}
```

为了理解这个过程，我们考虑示例 17.1。这个示例之后还给出了在二叉搜索树中插入节点的算法的实现。

示例 17.1：在图 17.10 所示的二叉搜索树中，插入 47。

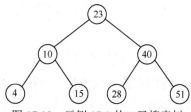

图 17.10　示例 17.1 的二叉搜索树

解答：这个过程如图 17.11（a）到（d）所示。希望读者遵照这个步骤，并且将它们和算法中给出的步骤对应。

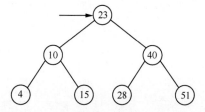

（a）从根节点开始搜索。因为要搜索的值大于根节点，所以搜索右子树

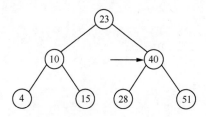

（b）右子树的根节点是 40，因为要搜索的值（47）大于根节点，所以搜索这个节点的右子树

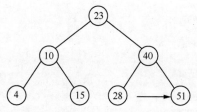

（c）右子树的根节点是 51，因为要搜索的值（47）小于 ptr 的值，所以搜索这个节点的左子树

图 17.11

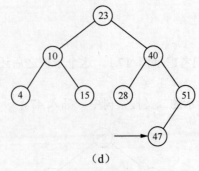

（d）

图 17.11（续）

示例 17.2：编写一个程序，将用户输入的值插入一棵二叉搜索树中。

解答：代码如程序清单 17.1 所示。

程序清单 17.1　BST.py

```
class node:
    def __init__(self, data=None):
        self.data=data
        self.left=None
        self.right=None
class BST:
    def __init__(self,data):
        self.root=node(data)
    def InsertNode(self, val):
        ptr=self.root
        root1=self.root
        while(ptr!=None):
            if (val>ptr.data):
                root1=ptr
                ptr=ptr.right
            elif (val<ptr.data):
                root1=ptr
                ptr=ptr.left
        if (ptr==None):
            if (val<root1.data):
                Node=node(val)
                ptr=node()
                ptr.left=None
                ptr.data=val
                ptr.right=None
                root1.left=ptr
            else:
                Node = node(val)
                ptr=node()
                ptr.right=None
                ptr.data=val
                ptr.right=None
                root1.right=ptr
    def traverse(root):
        ptr=root
        if (ptr.left!=None):
            BST.traverse(ptr.left)
        print(" ",str(ptr.data),end='')
        if (ptr.right!=None):
            BST.traverse(ptr.right)
```

```
new_bst=BST(10)
print('\nTree\t:')
BST.traverse(new_bst.root)
new_bst.InsertNode(20)
new_bst.InsertNode(5)
print('\nTree\t:')
BST.traverse(new_bst.root)
new_bst.InsertNode(2)
new_bst.InsertNode(1)
new_bst.InsertNode(15)
new_bst.InsertNode(17)
print('\nTree\t:')
BST.traverse(new_bst.root)
```

输出如下。

```
Tree  :
10
Tree  :
5   10   20
Tree  :
1   2   5   10   15   17   20
```

17.3.2　遍历

如上一节所介绍的，可以按照 3 种方式来遍历一棵二叉树，分别是中序遍历、前序遍历和后序遍历。示例 17.3 实现了二叉树的中序遍历、前序遍历和后序遍历。

示例 17.3：编写一个程序来实现二叉树的中序遍历、前序遍历和后序遍历。

解答：代码如程序清单 17.2 所示。

程序清单 17.2　Tree_Traversal.py

```
class node:
    def __init__(self, data=None):
        self.data=data
        self.left=None
        self.right=None
class BST:
    def __init__(self,data):
        self.root=node(data)
    def InsertNode(self, val):
        ptr=self.root
        root1=self.root
        while(ptr!=None):
            if (val>ptr.data):
                root1=ptr
                ptr=ptr.right
            elif (val<ptr.data):
                root1=ptr
                ptr=ptr.left
        if (ptr==None):
            if (val<root1.data):
                Node=node(val)
                ptr=node()
                ptr.left=None
                ptr.data=val
                ptr.right=None
                root1.left=ptr
```

```
            else:
                Node = node(val)
                ptr=node()
                ptr.right=None
                ptr.data=val
                ptr.right=None
                root1.right=ptr
    def inorderTraverse(root):
        ptr=root
        if (ptr.left!=None):
            BST.inorderTraverse(ptr.left)
        print(" ",str(ptr.data),end='')
        if (ptr.right!=None):
            BST.inorderTraverse(ptr.right)
    def preorderTraverse(root):
        ptr=root
        print(" ",str(ptr.data),end='')
        if (ptr.left!=None):
            BST.preorderTraverse(ptr.left)
        if (ptr.right!=None):
            BST.preorderTraverse(ptr.right)
    def postorderTraverse(root):
        ptr=root
        if (ptr.left!=None):
            BST.postorderTraverse(ptr.left)
        if (ptr.right!=None):
            BST.postorderTraverse(ptr.right)
        print(" ",str(ptr.data),end='')

new_bst=BST(10)
new_bst.InsertNode(20)
new_bst.InsertNode(5)
new_bst.InsertNode(2)
new_bst.InsertNode(1)
new_bst.InsertNode(15)
new_bst.InsertNode(17)
print('\nIn-order Traversal of the BST\t:')
BST.inorderTraverse(new_bst.root)
print('\nPre-order Traversal of the BST\t:')
BST.preorderTraverse(new_bst.root)
print('\nPost-order Traversal of the BST\t:')
BST.postorderTraverse(new_bst.root)
```

输出如下。

```
In-order Traversal of the BST :
1   2   5   10   15   17   20
Pre-order Traversal of the BST :
10   5   2   1   20   15   17
Post-order Traversal of the BST :
1   2   5   17   15   20   10
```

17.3.3　最大元素和最小元素

通过找出树最右边的元素，可以求得最大的元素。指针一开始指向根节点，然后迭代地指向右子树的根节点，直到 ptr 达到最终的节点。类似的逻辑可用于解决其互补性的问题，以从树中找到最小的元素。

示例 17.4：编写一个程序，从一棵二叉搜索树中找到最大元素和最小元素。

解答： 代码如程序清单 17.3 所示。

程序清单 17.3　BST_max.py

```python
class node:
    def __init__(self, data=None):
        self.data=data
        self.left= None
        self.right=None
class BST:
    def __init__(self,data):
        self.root=node(data)
    def InsertNode(self, val):
        ptr=self.root
        root1=self.root
        ##flag=None;
        ##print(' Ptr =', str(ptr.data),' Root 1 :',str(root1. data))
        while(ptr!=None):
            if (val>ptr.data):
                root1=ptr
                ptr=ptr.right
                ##flag='right'
                ##print('Right')
            elif (val<ptr.data):
                root1=ptr
                ptr=ptr.left
                ##flag='left'
                ##print('left')
        if (ptr==None):
            if (val<root1.data):
                Node=node(val)
                ptr=node()
                ptr.left=None
                ptr.data=val
                ptr.right=None
                root1.left=ptr
                ##print('Inserted ',str(val))
            else:
                Node = node(val)
                ptr=node()
                ptr.right=None
                ptr.data=val
                ptr.right=None
                root1.right=ptr
            ##print('Inserted ',str(val))
    def maximum(root):
        ptr=root
        max1=ptr.data
        while(ptr.right!=None):
            ptr=ptr.right
        max1=ptr.data
        print('Maximum \t:',str(max1))
    def minimum(root):
        ptr=root
        min1=ptr.data
        while(ptr.left!=None):
            ptr=ptr.left
        min1=ptr.data
        print('Minimum \t:',str(min1))
    def traverse(root):
```

```
        ptr=root
        if (ptr.left!=None):
            BST.traverse(ptr.left)
        print(" ",str(ptr.data),end='')
        if (ptr.right!=None):
            BST.traverse(ptr.right)

new_bst=BST(10)
new_bst.InsertNode(20)
new_bst.InsertNode(5)
new_bst.InsertNode(2)
new_bst.InsertNode(1)
new_bst.InsertNode(15)
new_bst.InsertNode(17)
BST.maximum(new_bst.root)
BST.minimum(new_bst.root)
```

输出如下。

```
Maximum  : 20
Minimum  : 1
```

17.4　小结

本章介绍了一种叫作树的最重要数据结构。由于树是图的一个子集，本章还给出了图的定义和表示。此外，本章给出的程序使用链表来表示一棵树，因为如果树不是一棵完全平衡树，那么其基于数组的实现将变得很低效。可以用不同的方式来遍历树。

本章介绍了中序、后序和前序遍历。最重要的一种数叫作二叉搜索树，本章介绍了这种树。本章介绍并且展示了在一棵二叉搜索树中搜索一个元素以及插入一个元素的算法和程序。希望读者查阅资料，了解从一棵二叉搜索树中删除节点的算法。本书附录部分还介绍了一些重要的图算法。此外，这只是这一主题的开始，请进一步深入了解树以及通过树解决问题的思路。

17.4.1　术语

- **图**：一个集合 (V, E)，其中，V 是一个有限的、非空的顶点集合。集合 E 包含了元组 (x, y)，其中 x 和 y 属于集合 V。
- **树**：一种非线性数据结构。树基本上是一个图，只不过没有形成任何回路，也没有分离的边或顶点。
- **边**：连接两个节点的一条线。
- **父节点**：派生出给定节点的一个节点。
- **根节点**：没有父节点的一个节点。
- **节点的度**：给定节点的子节点的数目。
- **树的度**：子节点的最大数目。
- **树的层**：树的根位于第 0 层，根的子节点位于第 1 层
- **二叉搜索树**：其中每个节点都满足如下特性的二叉树。

$$node \rightarrow data > (node \rightarrow left) \rightarrow data$$

node (data) < (node→right) data

17.4.2 知识要点

- 如果树是平衡树，在二叉搜索树中插入节点的时间复杂度是 $O(\log_2 n)$。
- 可以使用数组来表示树。在这种表示中，根节点放置在第 0 个索引的位置，位于第 n 个索引位置的一个节点，其右子节点位于第 $(2n+2)$ 个索引位置，其左子节点位于第 $(2n+1)$ 个索引位置。
- 树的链表表示在空间上更加高效。
- 对于一棵二叉树，如果它是平衡的，求最大元素/最小元素的复杂度为 $O(\log_2 n)$。
- 对于一棵二叉树，如果它是扭曲的，求最大元素/最小元素的复杂度为 $O(\log_2 n)$。

17.5 练习

选择题

1. 如下的哪种说法是正确的？ ____
   （a）每一棵树都是一个图　　　　　（b）每个图都是一棵树
   （c）树没有回路　　　　　　　　　（d）树不能是分离的

2. 如果 G 是所有图的集合，T 是所有树的集合，BST 是所有二叉搜索树的集合，那么如下哪一个关系式为假？ ____
   （a）$G \subseteq T$　　　　（b）$T \subseteq G$　　　　（c）$BST \subseteq T$　　　　（d）$BST \subseteq G$

3. 拥有 n 个节点的一棵平衡树的深度是____。
   （a）$O(n)$　　　　（b）$O(\log_2 n)$　　　　（c）$O(1)$　　　　（d）以上都不对

4. 拥有 n 个节点的一棵扭曲的树的深度是____。
   （a）$O(n)$　　　　（b）$O(\log_2 n)$　　　　（c）$O(1)$　　　　（d）以上都不对

5. 树可以用于如下的哪种应用？ ____
   （a）搜索　　　　（b）排序　　　　（c）优先级队列　　　　（d）以上都对

6. 二叉树中插入节点的最佳时间复杂度为____。
   （a）$O(1)$　　　　（b）$O(\log_2 n)$　　　　（c）$O(n)$　　　　（d）以上都不对

7. 在一棵二叉树中插入节点，平均情况下的复杂度是____。
   （a）$O(1)$　　　　（b）$O(\log_2 n)$　　　　（c）$O(n)$　　　　（d）以上都不对

8. 在一棵二叉树中插入节点，最糟糕情况下的复杂度是____。
   （a）$O(1)$　　　　（b）$O(\log_2 n)$　　　　（c）$O(n)$　　　　（d）以上都不对

9. 根据 n 个数字的有序列表创建的一棵 BST，在其中插入一个元素的 BST 是____。
   （a）$O(1)$　　　　（b）$O(n)$　　　　（c）$O(\log_2 n)$　　　　（d）以上都不对

10. 给定一棵平衡 BST，插入一个元素的复杂度是____。
    （a）$O(1)$　　　　（b）$O(n)$　　　　（c）$O(\log_2 n)$　　　　（d）以上都不对

17.6　附加题

1. 根据如下数字列表，创建一棵 BST。
   （a）2, 23, 14, 29, 35, 28, 19, 1, 3, 7, 16, 15
   （b）1, 2, 3, 4, 5, 6, 7
   （c）10, 8, 6, 4, 2, 1
   （d）10, 15, 18, 17, 16, 19, 14, 21
   （e）1, 2, 3, 4, 10, 9, 8, 7

2. 附加题 1 中哪些树是平衡二叉树？

3. 附加题 1 中哪些树是扭曲的？

4. 附加题 1 中的（b）部分是一个序列，找出该序列的第 n 个元素并插入第 n 个元素的复杂度是多少？

5. 在附加题 1 的（d）部分中，插入一个元素的平均复杂度是多少？

6. 写出附加题 1 中（a）到（e）部分的中序遍历。

7. 写出附加题 1 中（a）到（e）部分的后序遍历。

8. 写出附加题 1 中（a）到（e）部分的前序遍历。

9. 在附加题 1 中，使用（a）部分的中序和后序遍历来重新创建该树。

10. 在附加题 1 中，使用（b）部分的中序和后序遍历来重新创建该树。

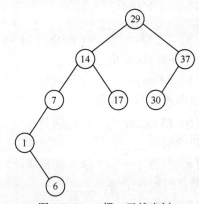

图 17.12　一棵二叉搜索树

11. 写出图 17.12 所示的树的中序遍历。

12. 写出图 17.12 所示的树的前序遍历。

13. 写出图 17.12 所示的树的后序遍历。

14. 写出图 17.12 所示的树的深度优先遍历。

15. 在图 17.12 所示的树中插入如下节点，并且在每一步都显示一棵新的树。
   （a）2　　　　　　　（b）5　　　　　　　（c）32　　　　　　　（d）31
   （e）29

17.7 编程实践

1. 编写程序，根据用户输入的数字序列来创建一棵二叉树。
2. 编写一个程序，按照如下方式遍历图 17.12 所示的树。
   （a）中序遍历　　　　（b）后序遍历　　　（c）先序遍历
3. 编写一个程序，从一棵二叉搜索树中找出一个给定的元素。
4. 编写一个程序，从一棵二叉搜索树中找出最大的元素。
5. 编写一个程序，从一棵二叉搜索树中找出最小的元素。
6. 编写一个程序，从一棵二叉搜索树中找出第二大的元素。
7. 编写一个程序，求二叉树中所有元素的总和。
8. 编写一个程序，求一棵二叉搜索树的深度。
9. 编写一个程序，找出二叉树中一个元素的兄弟节点。
10. 编写一个程序，找出二叉树中一个元素的父节点。
11. 编写一个程序，找出二叉树中一个给定元素的所有祖先节点。
12. 编写一个程序，找出二叉树中一个给定元素的所有子节点。
13. 编写一个程序，从一棵给定的二叉树中删除一个元素。
14. 编写一个程序，求给定二叉树中一个节点的左子树的最右子节点。
15. 编写一个程序，求给定二叉树中一个节点的右子树的最左子节点。

第 18 章　NumPy 简介

学完本章，你将能够
- 理解动态类型的缺点；
- 理解 NumPy 的重要性；
- 创建一维和多维数组；
- 理解广播；
- 理解数组的重要性以及其结构。

18.1　简介

Python 最重要的特性之一就是动态类型。在 C 中，程序员要先声明变量的类型，然后才能够使用它。尽管有一些类型转换也是可能的，但通常程序员无法改变程序中变量的类型。例如，如果程序员声明了一个整数类型的变量 num，并且给它赋了某个值，就不能再把字符串（如 say）赋给它了。

```
int num;
num=5;
printf("%d", num);
num="Harsh";//error
```

然而，在 Python 中，程序员不需要声明变量的类型。例如，在如下的代码中，把 5 赋给了 num 并且输出了 num。在后面的语句中，把"Harsh"赋值给了 num，并且输出 num 中存储的值。注意，这段代码能够正确地执行。

```
num = 5
print( num ) num = 'Harsh' print( num )
```

这是因为动态类型的特性，这使 Python 和其他的语言区分来开。然而，这也造成了一些成本。每次给变量赋值的时候，都必须声明能够应用于该变量的操作，这需要时间。如果在某些特定的情况下变量的类型并不会改变，那么几乎就不需要这样的常规操作了。这和那些处理数学和科学以及统计计算的程序也是相关的。在这种情况下，通过将变量转换为预定义的类型并且操作它们，可以使代码变得更加高效。本章重点介绍在这种情况下能够为我们提供帮助的库。这个库就是 NumPy。

本章按照以下方式组织：18.2 节介绍 NumPy 以及如何创建基本的数组（这一节还介绍了该库所提供的数据类型），18.3 节介绍生成序列的一些基本的函数，18.4 节介绍一些重要的聚合函数，18.5 节介绍广播的概念，18.6 节介绍结构化数组，18.7 节是本章小结。

18.2 NumPy 简介以及基本数组的创建

NumPy 是一个 Python 库，它表示数字化的 Python（Numerical Python）。NumPy 包含了多维数组对象，以及处理这些数组的程序。这个库由 Travis Oliphant 创建。NumPy 几乎具备其前身 Numeric 和 Numarray 的所有功能。NumPy 最大的一个优点是，当和 SciPy（Scientific Python）以及 Matplotlib 一起使用时，能够执行和 Matlab 中类似的操作。注意，NumPy 是开源的，而 Matlab 则不是。可以将 Numpy 安装到计算机上。可以下载 Anaconda，这是 SciPy 及其他相关库的一个免费发布版。

使用 NumPy，可以对多维数组执行数学和逻辑操作，诸如傅里叶变换这样的变换，以及与线性代数和随机数相关的操作。操作多维数组的能力也很重要，因为在包括机器学习在内的各种算法中，经常要用到。

ndarray 是 NumPy 中最重要的对象，因为它用于创建数组。数组的索引是基于 0 的。数组的元素分配到了连续的内存位置。这些元素以行为主的方式（例如，在 C 中）或以列为主的方式（例如，在 Fortran）来组织。在 Python 中，使用 numpy.array 函数可以创建一个基本的数组。该函数接受如下参数。

- Object：返回一个数组或嵌套的序列。
- dtype：表示数组的数据类型。
- copy：如果这个参数为 true，复制该对象。
- order：表示数组可以是以行为主（C）或以列为主（F）或任意的顺序（A）。
- subok：表示返回的数组必须是一个基类数组。
- ndmin：指定了最小维数。

为了理解相关概念，我们先来看一些简单的示例。在下面的代码中，首先，把 NumPy 库作为 np 导入。然后，使用 np 的 array 函数来创建了一个数组([7, 14, 21, 28, 35])。最后，显示了 array1 的值。

```
>>>import numpy as np
>>>array1 = np.array([7, 14, 21, 28, 35])
>>>array1
array([ 7, 14, 21, 28, 35])
```

我们来看另外一个例子。在如下代码中，把 NumPy 库作为 np 导入。然后，使用 np 的 array 函数创建了一个二维数组([1, 2, 3], [4, 5, 6], [7, 8, 9])。这个数组的第 1 行是[1, 2, 3]，第 2 行是[4, 5, 6]，第 3 行是[7, 8, 9]。最后，显示了变量 array2 的值。

```
>>>array2=np.array([[1,2,3],[4,5,6],[7,8,9]])
>>>array2
array([[1, 2, 3],
[4, 5, 6],
[7, 8, 9]])
```

通过在 np 的 array 函数中指定数据类型（dtype = str），可以创建字符串类型的一个数组。如下代码展示了这个过程：

```
>>>array2=np.array([[1,2,3],[4,5,6],[7,8,9]], dtype=str)
```

```
>>>array2
array([['1', '2', '3'],
['4', '5', '6'],
['7', '8', '9']], dtype='<U1')
```

最明显的问题之一是，为什么需要使用这些数组来代替 Python 所提供的数组呢？首先，因为 NumPy 提供了各种广泛的数据类型。这个包所提供的各种数据类型使手边的任务更容易完成。

NumPy 提供的一些重要的数据类型如下。

- `bool_`：布尔类型。
- `int_`：默认整数类型。
- `intc`：和 C 中用法相同。

NumPy 还提供了 int8、int16、int32 和 int64 等数据类型。int8 使用 8 位，因此可以存储 $-2^7 \sim 2^7-1$（即 $-128 \sim 127$）的数字。int16 占用 16 位，因此，可以存储 $-32\,768 \sim +32\,767$ 的数值。类似地，int32 和 int64 分别占用 32 位和 64 位。对应的无符号整数分别为 uint8、uint16、uint32 和 uint64。int 和 uint 之间的区别是，在前者中，为符号保留了一位；在后者中，所有的位都用于存储数字，因此无符号整数可以存储更大的值。例如，uint8 可以存储的值是从 0 到 255。浮点数的数据类型如下所示。

- `float_`：float64 的简写。
- `float16`：有 10 位小数。
- `float32`：有 23 位小数。
- `float64`：有 52 位小数。

复数的数据类型如下：

- `complex_`；
- `complex64`；
- `complex128`。

这里要说明的是，数据类型对象描述了固定的内存块的相关信息。数据类型对象拥有如下相关信息：

- 数据的类型；
- 大小；
- 顺序；
- 和子数组相关的形状和数据类型。

18.3　生成序列的函数

在了解了 NumPy 数组的基础知识之后，我们来看看创建有用的数组的时候要用到的一些重要函数。

18.3.1 arange()

arange()函数用于输出一个序列，它拥有一些初始值（start），一些最终值（stop），连续项之间的差（step），以及数据类型（dtype）。该函数的语法如下所示。

```
numpy.arange(start, stop, step, dtype)
```

每个参数的描述如下。

- start：序列的起始值。
- stop：序列生成到这个值为止（并不包含这个值本身）。
- step：连续值之间的差。
- dtype：数据类型。

在下面的代码中，给出了arrange()函数的例子，它生成从3开始的一个数学序列，最后一项为23（小于25），连续两项之间的差为2。元素的数据类型为int。

```
>>a=np.arange(3,25,2, int)
>>a
array([3, 5, 7, 9, 11, 13, 15, 17, 19, 21, 23])
```

arrange()可以只接受一个参数。np.arange(6)将会生成以0为起始值的一个序列，连续项之间的差为1，最后一项为5，如下所示。

```
>>b=np.arange(6)
>>b
array([0, 1, 2, 3, 4, 5])
```

在arange()函数中，也可以同时指定数据类型，从而改变元素的默认数据类型。

```
>>c=np.arange(6, dtype=float)
>>c
array([0., 1., 2., 3., 4., 5.])
```

18.3.2 linspace()

linspace()函数将给定的范围划分为指定数目的分段，并且返回由此形成的序列。该函数接受如下参数。

- start：序列的起始值。
- stop：最终值（包含这个值，除非endpoint = False）。
- num：项数。
- endpoint：如果endpoint为False，那么stop值不会包含在序列中。
- dtype：序列中元素的数据类型。如果没有指定，那么会通过start和stop值推断出数据类型。

示例18.1：在如下代码所生成的序列中，序列的第1个数字是11，最后一个值是27。序列中一共有11个元素。

解答：

```
>>d=np.linspace(11, 27, 11)
>>d
array([11., 12.6, 14.2, 15.8, 17.4, 19., 20.6, 22.2,
23.8, 25.4, 27.])
```

如果参数 endpoint 为 False，最终的值（在这个例子中是 27）将不会包含到序列中。

```
>>e=np.linspace(11, 27, 11, endpoint=False)
>>e
array([11., 12.45454545, 13.90909091, 15.36363636,
16.01010102, 18.27272727, 19.72727273, 21.10101010,
22.63636364, 24.09090909, 25.54545455])
```

通过给 retstep 参数赋值 True，可以看到 step 的值。例如，在通过将范围 11～27 分隔为 11 个部分所生成的序列中，间隔是 1.454 545 454 545 454 6（这是通过最后一个参数得到的结果）。

```
>>f=np.linspace(11, 27, 11, endpoint=False, retstep=True)
>>f
(array([11., 12.45454545, 13.90909091, 15.36363636,
16.01010102, 18.27272727, 19.72727273, 21.10101010,
22.63636364, 24.09090909, 25.54545455]),
1.454 545 454 545 454 6)
```

18.3.3　logspace()

logspace() 函数生成一个序列，它生成一个对数等分向量的序列。也就是说，序列的元素将在 basestart 到 basestop 之间，而 base 的值由参数提供。base 的默认值为 10。dtype 表示元素的数据类型。和前面的函数中的例子一样，endpoint= False 将不会包括 basestop。

```
logspace (start, stop, num, endpoint, base, dtype)
```

18.4　聚合函数

numpy 模块包含了很多的聚合函数。各种函数的简短说明如下所示。

- numpy.sum：求得参数（例如，一个列表或一个数组）的元素之和。
- numpy.prod：求得参数（例如，一个列表或一个数组）的元素之积。
- numpy.mean：求得参数（例如，一个列表或一个数组）的元素平均数。
- numpy.std：求得参数的元素的标准差。
- numpy.var：求得参数的元素的方差。
- numpy.max：求得参数中的最大元素。在列表或一维数组的情况中，将会显示最大元素。然而，在二维数组的情况下，应该指明想要求得哪个轴上的最大元素。这里，axis=0 表示列，而 axis=1 表示行。
- numpy.min：求得参数中的最小元素。在列表或一维数组的情况中，将会显示最小元素。然而，在二维数组的情况下，应该指明想要求得哪个轴上的最小元素。这里，axis=0 表示列，而 axis=1 表示行。
- numpy.argmin：求得最小元素的位置（索引）。
- numpy.argmax：求得最大元素的位置（索引）。
- numpy.median：求得参数的中位数元素的位置（索引）。

- numpy.percentile：求得参数的元素的百分位数。
- numpy.any：求得给定参数的任意元素。
- numpy.all：求得给定参数的所有元素。

程序清单 18.1 和程序清单 18.2 展示了上述函数，它生成了 50 个值的一个集合。这些值介于 0～100[np.random.random(50)乘以 100]。使用上述函数，求得了最大值、最小值、最大参数、最小参数、平均值、中位数、标准差、方差、第一个四分位数和第三个四分位数。

程序清单 18.1　numpy1.py

```
import numpy as np
Values1=100*(np.random.random(50))
print(Values1)
```

输出如下。

```
[36.24869211  5.98919815 34.65722643 35.04381187 76.05250016 59.6547211
 40.17007731  9.75382458 41.82064809 65.19638881 16.36136511 98.22504982
 23.70931704 37.02903099 48.08281919 34.80689666 30.89180586 65.38504701
 94.44993937 98.5081768  22.56434414 31.92712049 86.11681225 92.31639372
 48.24472538  0.93947867 47.98903634 14.76455715  7.74724624 94.8486853
 40.67137668 58.06606412 95.63914661 48.46036714 41.19380891 77.86193222
 92.96424277  8.85101623 63.74487443 11.45379829  0.90026266 48.91196311
 38.85426166 96.31390189 40.15828114 19.44126775 25.73511929 71.15935313
 13.31540661 33.41719947]
```

程序清单 18.2　numpy2.py

```
import numpy as np
Values1=100*(np.random.random(50))
Max=np.max(Values1)
Max_Index=np.argmax(Values1)
Min=np.min(Values1)
Min_Index=np.argmin(Values1)
Sum=np.sum(Values1)
Prod=np.prod(Values1)
Mean=np.mean(Values1)
SD=np.std(Values1)
Variance=np.var(Values1)
Med=np.median(Values1)
Per25=np.percentile(Values1,25)
Per75=np.percentile(Values1,75)
print("Max\t:",Max,"\nIndex\t:",Max_Index,"\nMin\t:",Min,"\nIndex\t:",Min_Index,"\nAverage\t:",
    Mean,"\nStad Deviation\t:",SD,"\nVariance\t:",Variance,"\nMedian t:",Med,"\nPercentile 25\t:",
    Per25,"\nPercentile75\t:",Per75)
```

输出如下。

```
Max  : 99.8534028512
Index : 15
Min  : 0.0892749410473
Index : 32
Average  : 53.3430471879
Stad Deviation  : 29.5561768206
Variance : 873.567588252
Median   : 49.6289801762
Percentile 25  : 32.4866550288
Percentile 75  : 79.5887755051
```

可以使用 Matplotlib 模块（下一章将介绍该模块）将这些数据可视化。程序清单 18.3 用于绘制上述数据的直方图，如图 18.1 所示。

程序清单 18.3　numpy3.py

```
import numpy as np
import matplotlib.pyplot as plt
Values1=100*(np.random.random(50))
plt.hist(Values1)
plt.title('Values Generated')
plt.xlabel('Values')
plt.ylabel('Number')
plt.show()
```

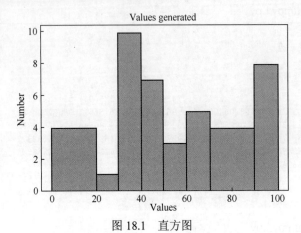

图 18.1　直方图

如前所述，上述函数也可以用于二维数组。程序清单 18.4 生成了一个拥有 3 行 3 列的二维数组，从而展示了上述函数的用法。这些值介于 0～1。使用上述函数，求得了其最大值、最小值、最大参数、最小参数、平均值、中位数、标准差、方差、第 25 个百分位数和第 75 个百分位数。

程序清单 18.4　numpy4.py

```
import numpy as np
B=100*(np.random.random(50))
Max=np.max(B)
Max_Index=np.argmax(B)
Min=np.min(B)
Min_Index=np.argmin(B)
Sum=np.sum(B)
Prod=np.prod(B)
Mean=np.mean(B)
SD=np.std(B)
Variance=np.var(B)
Med=np.median(B)
Per25=np.percentile(B,25)
Per75=np.percentile(B,75)
print("Max\t:",Max,"\nIndex\t:",Max_Index,"\nMin\t:",Min,"\nIndex\t:",Min_Index,"\nAverage\t:",
    Mean,"\nStadDeviation\t:",SD,"\nVariance\t:",Variance,"\nMedian\t:",Med,"\nPercentile 25\t:",
    Per25,"\nPercentile 75\t:",Per75)
```

输出如下。

```
Max  : 0.960839776764
Index : 3
Min  : 0.0795636675955
Index : 1
```

```
Average  : 0.533217195093
Stad Deviation  : 0.345312622379
Variance  : 0.119240807174
Median  : 0.653392931307
Percentile 25  : 0.180674642779
Percentile 75  : 0.884705912786
```

让我们应用上述函数来部分地解决一个流行的问题。旅行商问题是一个经典的问题，它要找出覆盖给定图的所有顶点的最短回路。解决这个问题的方法有很多种，但是大多数解决方法需要大量的时间。

然而，使用动态编程的方法可以找出给定矩阵的最简矩阵。可以通过如下方式求得最简矩阵。首先，求出所有列的最小元素。然后，从特定列的每一个元素中减去该列的最小元素。这一步的结果将会是这样的一个矩阵，在其每一列中至少有一个 0。类似地，求出每一行的最小元素。接着，从一行的每个元素中减去该行的最小元素。这一步的结果导致所得到的矩阵至少每一行有一个 0。最终的矩阵因此称为最简矩阵。在 Python 中，这个任务很容易完成。如下代码实现了这个过程的第一步。希望读者自行针对矩阵的每一行重复这一任务。

```
Min_Indeces_Col=np.argmin(B,axis=0)
Min_Col=np.min(B,axis=0)
print(Min_Col)
print(Min_Indeces_Col)

print(B-Min_Col)
print(np.sum(Min_Col))
```

18.5　广播

如果将两个具有相同维度的数组相加，结果数组的一个元素将是两个数组中对应元素之和。例如，如果 $A=[1,2,3]$，$B=[3,4,5]$。那么 $A+B=[4,6,8]$。

同理，如果

$$A = \begin{bmatrix} 1 & 2 & 1 \\ 0 & 3 & 2 \\ 4 & 2 & 5 \end{bmatrix}$$

$$B = \begin{bmatrix} 2 & 1 & 3 \\ 1 & 1 & 1 \\ 2 & 3 & 4 \end{bmatrix}$$

那么

$$A + B = \begin{bmatrix} 3 & 3 & 4 \\ 1 & 4 & 3 \\ 6 & 5 & 9 \end{bmatrix}$$

这里要说的是，上述的结果是显而易见的。然而，Python 不仅在加法和减法中对元素一个一个地进行算术运算，还在乘法和除法中这样操作。程序清单 18.5 展示了两个一维数组逐元素相加、相减、相乘和相除的结果。注意，在每种情况下，都通过对相对应的元素进行算术运算而得到最终的结果数组。

程序清单 18.5　numpy5.py

```
import numpy as np
A=np.array([1,2,3])
B=np.array([7,8,9])
Sum=A+B
Diff=A-B
Prod=A*B
Div=A/B
print("Sum\t:",Sum,"\n Difference\t:",Diff,"\n Product\t:",Prod,"\n Div\t:",Div)
```

输出如下。

```
Sum : [ 8 10 12]
Difference : [-6 -6 -6]
Product : [ 7 16 27]
Div : [ 0.14285714 0.25 0.33333333]
```

只要应用运算的两个数组具有相对应的合适维度，上述例子就会给出期望的结果。如果要将两个维度不同的数组相加，会怎么样呢？Python 有一种方式来处理这种情况。这叫作广播（broadcasting）。这里需要指出的是，广播并不始终有效。在如下情况中，它是有效的。例如，如果将一个行数组（假设为[1, 2, 3]）和一个列数组（假设为[[7], [8], [9]]）相加，那么将会应用如下过程。

$$\begin{bmatrix} 1 & 2 & 3 \\ 1 & 2 & 3 \\ 1 & 2 & 3 \end{bmatrix} + \begin{bmatrix} 7 & 7 & 7 \\ 8 & 8 & 8 \\ 9 & 9 & 9 \end{bmatrix} = \begin{bmatrix} 8 & 9 & 10 \\ 9 & 10 & 11 \\ 10 & 11 & 12 \end{bmatrix}$$

也就是说，通过将行矩阵的第一行复制到所有其他的行，从而将行矩阵转换为一个二维矩阵。这里，行数将会等于列矩阵中元素的个数。同样，也会将列矩阵的元素复制到所有其他的列，将其转换为一个二维矩阵。这里，列数将会等于行矩阵中的元素数目。类似地，逐元素相减、相乘和相除的结果也可以这样计算出来。

$$\begin{bmatrix} 1 & 2 & 3 \\ 1 & 2 & 3 \\ 1 & 2 & 3 \end{bmatrix} - \begin{bmatrix} 7 & 7 & 7 \\ 8 & 8 & 8 \\ 9 & 9 & 9 \end{bmatrix} = \begin{bmatrix} -6 & -5 & -4 \\ -7 & -6 & -5 \\ -8 & -7 & -6 \end{bmatrix}$$

$$\begin{bmatrix} 1 & 2 & 3 \\ 1 & 2 & 3 \\ 1 & 2 & 3 \end{bmatrix} \times \begin{bmatrix} 7 & 7 & 7 \\ 8 & 8 & 8 \\ 9 & 9 & 9 \end{bmatrix} = \begin{bmatrix} 7 & 14 & 21 \\ 8 & 16 & 24 \\ 9 & 18 & 27 \end{bmatrix}$$

代码如程序清单 18.6 所示。

程序清单 18.6　numpy6.py

```
import numpy as np
A=np.array([1,2,3])
B=np.array([7,8,9])
C=B[:,np.newaxis]
C= np.array([[7],[8],[9]])
Sum=A+C
```

```
Diff=A-C
Prod=A*C
Div=A/C
print("Sum\t:\n",Sum,"\nDifference\t:\n",Diff,"\nProduct\t:\n",Prod,"\nDiv\t:\n",Div)
```

输出如下。

```
Sum :
[[ 8  9 10]
 [ 9 10 11]
 [10 11 12]]
Difference :
[[-6 -5 -4]
 [-7 -6 -5]
 [-8 -7 -6]]
Product   :
[[ 7 14 21]
 [ 8 16 24]
 [ 9 18 27]]
Div :
[[ 0.14285714  0.28571429  0.42857143]
 [ 0.125       0.25        0.375     ]
 [ 0.11111111  0.22222222  0.33333333]]
```

如果要将一个行数组和一个二维数组相加，通过将行数组的元素复制到其他的行，从而将第一个数组转换为一个二维数组，这个二维数组的行数将会和第二个矩阵的行数相同，然后再执行加法运算。也就是说，

$$\begin{bmatrix} 1 & 2 & 3 \\ 1 & 2 & 3 \\ 1 & 2 & 3 \end{bmatrix} + \begin{bmatrix} 1 & 2 & 3 \\ 4 & 5 & 6 \\ 7 & 8 & 9 \end{bmatrix} = \begin{bmatrix} 2 & 4 & 6 \\ 5 & 7 & 9 \\ 8 & 10 & 12 \end{bmatrix}$$

类似地，也可以逐元素进行减法、乘法和除法运算。程序清单 18.7 实现了这些运算。

程序清单 18.7　numpy7.py

```
import numpy as np
A=np.array([1,2,3])
D=[[1,2,3],[4,5,6],[7,8,9]]
Sum=D+A
Diff=D-A
Prod=D*A
Div=D/A
print("Sum\t:\n",Sum,"\nDifference\t:\n",Diff,"\nProduct\t:\n",Prod,"Div\t:\n",Div)
```

输出如下。

```
Sum :
Sum :
 [[ 2  4  6]
  [ 5  7  9]
  [ 8 10 12]]
Difference :
 [[0 0 0]
  [3 3 3]
  [6 6 6]]
Product   :
 [[ 1  4  9]
  [ 4 10 18]
  [ 7 16 27]]
Div   :
```

```
[[1.  1.  1. ]
[4.  2.5 2. ]
[7.  4.  3. ]]
```

　　如果要将一个列数组和一个二维数组相加，通过将列数组的元素复制到其他的列，从而将其转换为一个二维数组，这个二维数组的列数和第二个数组的列数相同，然后再执行加法运算。程序清单 18.8 实现列数组和二维数组逐元素的加法、减法、乘法和除法。

程序清单 18.8　numpy8.py

```
import numpy as np
B=np.array([7,8,9])
D=[[1,2,3],[4,5,6],[7,8,9]]
Sum=D+B
Diff=D-B
Prod=D*B
Div=D/B
print("Sum\t:\n",Sum,"\nDifference\t:\n",Diff,"\nProduct\t:\n",Prod,"Div\t:\n",Div)
```

输出如下。

```
Sum  :
[[ 8 10 12]
[11 13 15]
[14 16 18]]
Difference :
[[-6 -6 -6]
[-3 -3 -3]
[ 0  0  0]]
Product     :
[[ 7 16 27]
[28 40 54]
[49 64 81]]
Div :
[[ 0.14285714  0.25    0.33333333]
[ 0.57142857  0.625  0.66666667]
[ 1.  1.  1.   ]]
```

由上面的讨论可以得出如下结论。
- 如果两个数组具有不同的维度，维度较小的那个数组要在所缺的维度上补齐。
- 如果两个数组中的一个是行矩阵（或列矩阵），要把行（或列）上的元素复制到其他的行（或列），然后再执行运算。
- 如果数组的维度不一致，将会出错。

18.6　结构化数组

　　结构化数组帮助我们创建这样一种数组，其元素是某一个结构。这不仅帮助我们轻松地维护信息，还方便了访问和操作信息。为了理解这一概念，举一个例子。假设公司要求你存储雇员的数据，包括他们的名字、年龄和薪酬。现在，你要创建 3 个不同的数组，分别是 name、age 和 salary，它们拥有如下数据。

```
name=['Harsh','Naved','Aman','Lovish']
age=[100,70,24,18]
salary=[75500.00,65500.00,55500.00,45500.00]
```

由于很难处理单个数组，因此我们创建一个结构化的数组来包含上述信息。为了做到这一点，使用如下语句创建这样一个数组，它的每个元素是一个元组，其中包含 3 个值：name 是一个大小为 10 的 Unicode 字符串；age 是一个 4 字节的整数；salary 是一个 8 字节的浮点数。

代码如程序清单 18.9 所示。

程序清单 18.9　numpy9.py

```
import numpy as np
name=['Harsh','Naved','Aman','Lovish']
age=[100,70,24,18]
salary=[75500.00,65500.00,55500.00,45500.00]
data=np.zeros(4,dtype={'names':('name','age','salary'),'formats':('U10','i4','f8')})
data['name']=name
data['age']=age
data['salary']=salary
print(data)
print("Access the arrays as following:")
print(data['name'])
print(data['age'])
print(data['salary'])
print(data[1])
print(data[-1]['name'])
```

输出如下。

```
[('Harsh', 100, 75500.) ('Naved',  70, 65500.) ('Aman',  24, 55500.)
 ('Lovish',  18, 45500.)]
Access the arrays as following:
['Harsh' 'Naved' 'Aman' 'Lovish']
[100  70  24  18]
[75500. 65500. 55500. 45500.]
('Naved', 70, 65500.)
Lovish
```

一旦创建了结构化的数组，就可以以通常的方式来访问数据了。例如，要显示一个特定属性的值，可以直接在方括号中使用一个单引号来引用该属性的名称。

对于 data['name']，输出如下。

```
['Harsh', 'Naved', 'Aman', 'Lovish']
```

对于 data['age']，输出如下。

```
[100, 70, 24, 18]
```

对于 data['salary']，输出如下。

```
[ 75500., 65500., 55500., 45500.]
```

对于 data[1]，输出如下。

```
('Naved', 70, 65500.0)
```

这些结构化数组可以用来访问数据中较复杂的信息。例如，要查看列表中最后一位雇员的名称，可以使用如下语句

```
data[-1]['name']
```

输出如下。

`'Lovish'`

18.7 小结

NumPy 库帮助程序员以更高级的方式来处理多维数组。这个库允许程序员创建各种类型的数组。这个库提供了各种广泛的聚合函数，以处理元素和分析数据。这里需要注意，和传统的矩阵不同，数组的元素可以以一种独特的方式操作，这在本章最后一节中进行了介绍。本章还介绍了多维数组的重要性及其用法。下一章将使用 Matplotlib 库来可视化数据并分析结果。

知识要点

- NumPy 是一个 Python 库，它表示数字化 Python（Numerical Python）。
- NumPy 包含多维数组对象，以及处理这些数组的程序。
- Ndarray 帮助创建一个数组。数组的索引都是基于 0 的。
- 数组的元素分配到了连续的内存位置。
- 数组的元素可以行为主排列（在 C 中的情况），或者以列为主排列（在 Fortran 中的情况）。
- 使用 numpy.array 函数可以创建一个基本的数组。
- linspace()、logspace()和 arange()函数用于创建拥有特定序列的数组。
- 结构化数组帮助我们处理这样的数组，它以一个结构作为其元素。
- 广播帮助对具有不同维度的数组应用算术运算。
- 广播并不始终有效。

18.8 练习

选择题

1. 如下的哪种情况是动态类型冗余？ ____
   - （a）当变量类型不会改变的时候
   - （b）当一个对象需要保存多种类型的数据的时候
   - （c）以上都对
   - （d）以上都不对
2. NumPy 表示____。
   - （a）Numeric Python　　　　　　（b）Numeric
   - （c）Number Python　　　　　　（d）以上都不对
3. NumPy 主要处理____。
   - （a）多维数组　　　（b）图形　　　　（c）动画　　　　（d）以上都不对

4. 如下哪一项是 NumPy 的前身？____

　　（a）Numeric　　　　（b）Number　　　（c）Matlab　　　（d）以上都不对

5. 如下的哪个库为 Python 提供了类似 Matlab 的功能？____

　　（a）NumPy　　　　　（b）re　　　　　　（c）math　　　　（d）以上都不对

6. 考虑如下代码。

```
A = np.array([4, 2, 1])
B = np.array([3, 9, 27]) C = B[:np.newaxis]
sum = A+C
```

如下哪个选项是 sum 的结果？____

　　（a）[[7, 5, 4], [13, 11, 10], [31, 29, 28]]

　　（b）这两个数组无法相加

　　（c）[7, 11, 28]

　　（d）[[0, 0, 0], [0, 0, 0], [0, 0, 0]]

7. 在选择题 6 中，如果 `diff = A-C`，如下的哪一个选项是 diff？____

　　（a）[[1, −1, 2], [−5, −7, −8], [−23, −25, −26]]

　　（b）这两个数组无法相减

　　（c）[1, −7, −26]

　　（d）[[0, 0, 0], [0, 0, 0], [0, 0, 0]]

8. 在选择题 6 中，如果 `prod = A*C`，如下的哪一个选项是 prod？____

　　（a）[[12, 6, 1], [36, 18, 9], [108, 54, 27]]

　　（b）这两个数组无法相乘

　　（c）[12, 18, 27]

　　（d）[[0, 0, 0], [0, 0, 0], [0, 0, 0]]

9. 如果 `A = [3, 4, 5]` 且 `B = [[0, 1, 2],[3, 4, 5], [6, 7,8]]`，则 A−B 等于____。

　　（a）两个数组无法相减　　　　　　（b）[[3, 3, 3,], [0,0,0], [−3, −3, −3]]

　　（c）[0, 0, 0]　　　　　　　　　　　（d）[[0, 0, 0], [0, 0, 0], [0, 0, 0]]

10. 在 Python 中，一个数组可以用元组作为其元素。关于这一表述，如下哪种说法是正确的？____

　　（a）这样的数组叫作结构化数组

　　（b）一个数组必须只有一种数据类型

　　（c）这在列表（而不是数组）中才是可能的

　　（d）以上都不对

11. 在 Python 中，关于广播，如下哪种说法是正确的？____

　　（a）当数组的维度不一致的时候，使用它

　　（b）数组并不始终有效

　　（c）以上都对

　　（d）以上都不对

12. 在 Python 中，使用哪个函数来生成一个序列？____

　　（a）arange　　　　（b）linspace　　　（c）logspace　　　（d）以上都对

13. NumPy 中的聚合函数可以用来求取_____。

　　（a）平均值　　　　（b）中位数　　　（c）最大值　　　（d）最小值

14. 如下关于 Numpy 的说法正确的是？_____

　　（a）它是处理多维数组的库

　　（b）它对于统计分析很有用

　　（c）它和 Matplotlib 一起使用时功能更强大

　　（d）以上都对

15. 我们可以使用如下哪一个库来为给定的数据创建直方图？_____

　　（a）re　　　　　　（b）Matplotlib　　（c）以上都对　　（d）以上都不对

18.9　理论回顾

1. 说明 NumPy 模块的重要性。
2. 说明如何使用 NumPy 生成包含 0 的一个一维数组。说明如何创建一个二维数组。
3. 为 NumPy 中的聚合函数编写一个简短的说明。说明用于求取如下各项的函数：
   - 平均值；
   - 最大值；
   - 最小值；
   - 标准差；
   - 中位数；
   - 百分位数。
4. 说明在 NumPy 中如何生成数组。说明如下函数的语法和用法：
   - linspace；
   - logspace；
   - arange。
5. 在 NumPy 中，什么是广播？说明广播的规则。
6. 什么是结构化数组？如何在 Python 中创建结构化数组？
7. 说明 Python 中的动态类型的概念。
8. 说明拥有变量的数据类型的必要性。
9. 说明通过给定数据生成直方图的过程。
10. 说明 NumPy 在生成算术序列和几何序列中的用法。

18.10　编程实践

1. 请用户输入 n 的值。现在创建一个数组 a，它包含了从 0 到 $n-1$ 的整数。
2. 根据上面的数组，创建另一个数组 b，它包含最初数组中的所有偶数。
3. 根据上面的数组，创建另一个数组 c，它包含最初数组中的所有奇数。

4. 现在，把 b 和 c 相加，并且将所得数组中的每个元素都除以 2。检查结果是否和 a 相同。

5. 创建包含 500 个随机数的一个一维数组。

6. 求出编程实践 5 中数字的平均数、标准差、中位数、第一个四分位数和第三个四分位数。

7. 以 10 为单位创建上述数据的直方图。

8. 用通常的方法实现线性搜索。另外，使用 NumPy 中指定的方法完成该任务，并且比较二者的运行时间。

9. 用通常的方法对数组中的元素排序。另外，使用 NumPy 中指定的方法完成该任务，并且比较二者的运行时间。

10. 创建 500 个随机数的数组。使用循环求出数字的乘积，并且使用 NumPy 中指定的方法完成该任务，并且比较二者的运行时间。

11. 使用以下方法，从以上数组中求出最大元素：

    （a）使用 NumPy 的 maximum 函数

    （b）使用时间复杂度为 $O(n)$ 的循环

    （c）使用时间复杂度为 $O(\log_2 n)$ 的分而治之法

12. 创建一个 n 行 m 列的二维数组，它的元素满足以下条件。

    （a）全为 1 　　　　　　　　　　　（b）全为 0

    （c）对角线上的元素为 1 　　　　　（d）对角线上的元素为 0-(m-1)

    （e）全为随机数

13. 创建一个 7 行 7 列的二维数组，以便一个元素 a[I][j]（位于第 i 行第 j 列上的元素）是$(i+j)^2$。

14. 求对角线上的元素之和（参考编程实践 13）。

15. 求每一行中最大的元素（参考编程实践 13）。

16. 求每一列中最大的元素（参考编程实践 13）。

17. 对每一行中的元素排序（参考编程实践 13）。

18. 对每一列中的元素排序（参考编程实践 13）。

19. 通过这个数组，创建一个数组，它拥有交替的行和交替的列（参考编程实践 13）。

20. 根据最初的数组，创建另一个数组，将其第 4 行移到最上边（参考编程实践 13）。

21. 创建一个数组，它拥有学院中的学生的姓名、年龄和学号。

22. 创建一个结构化数组，它有一个元组作为其元素，该元组包含姓名、年龄和学号。现在，对这个结构化数组执行如下任务。

    （a）显示所有学生的名字 　　　　　（b）显示所有学生的年龄

    （c）显示所有学生的学号 　　　　　（d）显示最后一名学生的名字

    （e）显示年龄最大的一名学生的名字　（f）显示年龄最小的一名学生的名字

    （g）显示所有拥有用户输入的一个年龄的学生的名字

第 19 章　Matplotlib 简介

学完本章，你将能够

- 理解 Matplotlib 的重要性；
- 创建线图、曲线图等；
- 理解子图；
- 使用 Matplotlib 创建三维绘制。

19.1　简介

上一章介绍了用于处理数据的方法和过程。第 18 章介绍了帮助完成各种任务的 Numpy。然而，能够将数据可视化也是很重要的。可视化使人们对结果有更深刻的认识，并且能够帮助揭示底层的样式。Matplotlib 就是用于绘制各种类型的图形并可视化数据的一个包。本章主要介绍 Matplotlib 的 pyplot 包。

Matplotlib 的 pyplot 集合提供了一组函数，用来帮助程序员执行和绘图相关的各种任务。这些函数为 Python 程序员提供了类似 Matlab 的功能。pyplot 为绘图、创建绘图区域、指定标签等提供了函数。pyplot 保持多个当前子图和区域，因此能够在所需的轴上显示函数。后续各节将介绍一些最重要的 pyplot 函数，并且给出一些有趣的例子。

本章按照如下方式组织：19.2 节介绍基本的绘图，19.3 节介绍子图的绘制，19.4 节介绍 3D 绘图，19.5 节是本章小结。

19.2　绘制函数

我们首先来看看如何绘制一个列表的值。要生成一个基本的绘图，需要将有 n 个值的一个列表 L（其索引为 0 到 $n-1$）传递给 plot 函数。在一般的绘图中，x 轴将表示从 0 到 $n-1$ 的值，y 轴将表示列表的值。xlabel 函数将一个标签和 x 轴关联起来。xlabel 函数的参数是一个字符串。ylabel 将 y 轴和一个标签关联起来。show 函数显示图。也可以使用 savefig 函数来保存图。savefig 函数接受两个参数——要绘制的图和 dpi。在如下的示例中，把列表 L = [1, 4, 8, 10] 传递给了 plot 函数。把字符串"x-Axis"传递给了 xlabel 函数，把"y-Axis"传递给了 ylabel 函数。注意，在图中，x 轴拥有从 0 到 3 的值（即列表的索引），y 轴的范围是从 0 到 10（从 0 到列表的最大值）。可以使用 axis 函数来修改坐标值范围，它以一个列表作为参数。该函数的参数如下：

- x_{min}；
- y_{min}；

- x_{max}；
- y_{max}。

使用 savefig 将图保存为一个 png 文件。该函数接受两个参数——图的名字和 dpi。
图 19.1 展示了程序清单 19.1 的输出。

程序清单 19.1 plot1.py

```
import matplotlib.pyplot as plt
plt.plot([1,4,8,10])
plt.xlabel("x-Axis")
plt.ylabel("y-Axis")
plt.show()
plt.savefig("line.png",dpi=80)
```

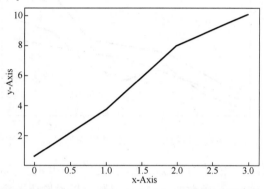

图 19.1 如果传递给 plot 函数一个列表，根据列表的索引绘制出其值

在上面的例子中，plot 函数接受一个参数。然而，它也可以接受表示 X 和 Y 的值的两个参数。如下示例（程序清单 19.2）绘制了 $y = 2x^2 - 3$（如图 19.2 所示）。

程序清单 19.2 plot2.py

```
import matplotlib.pyplot as plt
X=[-5,-4,-3,-2,-1,0,1,2,3,4,5]
Y=[]
for x in X:
    Y.append(2*x*x-3)
plt.plot(X,Y)
plt.xlabel("x-Axis")
plt.ylabel("y-Axis")
plt.show()
plt.savefig("line.png",dpi=80)
```

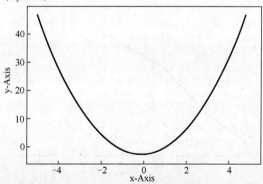

图 19.2 plot 函数也可以接受两个参数，使用生成器或解析式可以得到第 2 个参数的值

我们也可以给 plot 传递一个二维数组，在这种情况下，每一行（或列表）的第 1 个元素将单独绘图，并且每一行的第 2 个元素也将单独绘图。图 19.3 展示了程序清单 19.3 的输出。

程序清单 19.3　plot3.py

```
import matplotlib.pyplot as plt
X=[[2,3,1],[4,6,3],[6,9,7],[8,10,5],[9,11,7],[10,18,12],[11,23,14]]
plt.plot(X)
plt.show()
```

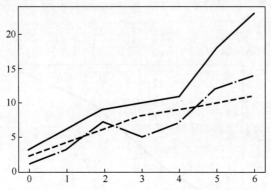

图 19.3　plot 函数可以接受一个二维数组作为参数，绘制多条线段

plot 函数还可以有一个额外的参数，用于指定绘图的颜色。默认的颜色为蓝色，并且可以像下面这样修改它。plot 函数的 color 参数可以设置为一个特定的值，例如'red'（color = 'red'），用想要的颜色来生成一个绘图。在如下的示例中，根据 axis 函数的参数，x 轴将会从 0 扩展到 6，y 轴将从 0 扩展到 15。程序清单 19.4 的输出和程序清单 19.1 的输出相同，只有绘图的颜色和轴不同（如图 19.4 所示）。

程序清单 19.4　plot4.py

```
import matplotlib.pyplot as plt
plt.plot([1,4,8,10], color='red')
plt.xlabel("x-Axis")
plt.ylabel("y-Axis")
plt.axis([0,6,0,15])
plt.show()
plt.savefig("line.png",dpi=80)
```

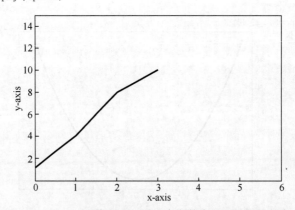

图 19.4　plot 函数也可以用一个参数来设置绘图的颜色

如果只想绘制点图而不是线图,可以把一个额外的参数 0 传递给 plot 函数,如程序清单 19.5 所示。类似地,s 和^参数可以表示绘制方块图或三角图。程序清单 19.5 的输出如图 19.5 所示。

程序清单 19.5　plot5.py

```
import matplotlib.pyplot as plt
plt.plot([1,3,4],[7,8,3],'o')
plt.show()
```

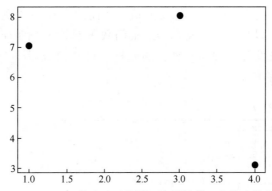

图 19.5　plot 函数也可以使用一个额外的 o 参数来绘制圆

程序清单 19.6 的输出如图 19.6 所示。

程序清单 19.6　plot6.py

```
import matplotlib.pyplot as plt
plt.plot([1,3,4],[7,8,3],'o')
plt.plot([1,2,3,4],[2,1,3,5],'s')
plt.plot([1,5,6],[9,10,11],'^')
plt.show()
```

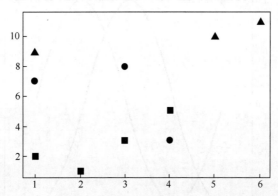

图 19.6　plot 函数可以使用额外的参数 s 或^绘制方块图或三角图

如下示例显示了使用 Matplotlib 的 sine 函数和 cos 函数绘制的过程。在前面的示例中,已经介绍过了 plot、show 和 savefig 函数。在如下代码中,x 轴分为 256 个部分(从 −22/7 到 22/7)。linespace 函数帮助完成这一任务。使用了 Numpy 的 sin 函数计算了 x 的正弦值。类似地,使用 cos 函数计算了余弦值。两条曲线绘制在了相同的区域。程序清单 19.7 的输出如图 19.7 所示。

程序清单 19.7   plot7.py

```
from matplotlib import pyplot as plt
import numpy as np
X = np.linspace(-np.pi, np.pi, 256, endpoint=True)
C, S = np.sin(X), np.cos(X)
plt.plot(X,C)
plt.plot(X,S)
plt.show()
plt.savefig("SinCos.png",dpi=72)
```

可以通过将 color 属性设置为想要的值，从而改变绘图的颜色。linestyle 也可以设置。pyplot 也可以提供 xlim 与 ylim 函数来设置 x 轴和 y 轴的线条。可以使用 xticks 与 yticks 来设置 x 轴和 y 轴上的坐标。这些函数以一个列表作为参数，列表包含了要显示在轴上的值。

程序清单 19.8   plot8.py

```
import matplotlib.pyplot as plt
import numpy as np
plt.figure(figsize=(8, 6), dpi=80)
plt.subplot(1, 1, 1)
X = np.linspace(-np.pi, np.pi, 256, endpoint=True)
C, S = np.cos(X), np.sin(X)
plt.plot(X, C, color="blue", linestyle="-")
plt.plot(X, S, color="red", linestyle="-")
plt.xlim(-4.0, 4.0)
plt.xticks(np.linspace(-4, 4, 9, endpoint=True))
plt.ylim(-1.0, 1.0)
plt.yticks(np.linspace(-1, 1, 5, endpoint=True))
plt.savefig("SinCos.png", dpi=180)
plt.show()
```

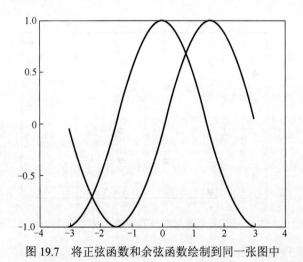

图 19.7   将正弦函数和余弦函数绘制到同一张图中

程序清单 19.8 中的代码输出了 Numpy 的 log 函数的绘图。和前面的唯一的区别是，下面的示例使用 Numpy 的 log 函数而不是 sin 和 cos 函数。程序清单 19.9 的输出如图 19.8 所示。

程序清单 19.9 plot9.py

```
import matplotlib.pyplot as plt
import numpy as np
plt.figure(figsize=(8,  6),   dpi=80)
plt.subplot(1, 1, 1)
X = np.linspace(0.1,2, 100, endpoint=True)
L = np.log(X)
plt.plot(X, L, color="blue", linestyle="-")
plt.xlim(0, 2)
plt.xticks(np.linspace(0, 2, 100, endpoint=True))
plt.ylim(-1.0, 1.0)
plt.yticks(np.linspace(-1, 1, 21, endpoint=True))
#  Save   figure   using   80   dots   per   inch
plt.savefig("Log.png",   dpi=180)
# Show result on screen plt.show()
plt.show()
```

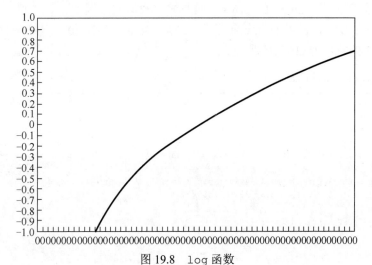

图 19.8 log 函数

Matplotlib 的 imshow 函数显示图像。如下示例绘制了-2π到2π的复数的幅度和相位。图 19.9 给出了程序清单 19.10 的输出。

程序清单 19.10 plot10.py

```
import matplotlib.pyplot as plt
import numpy as np
x = np.linspace(-2*np.pi, 2*np.pi, 100)
xx = x + 1j * x[:, np.newaxis]
out = np.exp(xx)
plt.subplot(121)
plt.imshow(np.abs(out),extent=[-2*np.pi, 2*np.pi, -2*np. pi, 2*np.pi])
plt.title('Magnitude  of  exp(x)')
plt.subplot(122)
plt.imshow(np.angle(out),extent=[-2*np.pi,2*np.pi,-2*np. pi, 2*np.pi])
plt.title('Phase  (angle)  of  exp(x)')
plt.show()
```

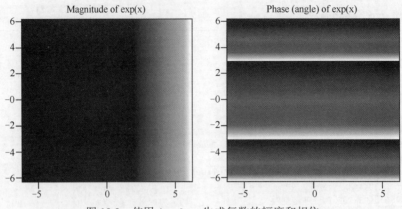

图 19.9　使用 implot 生成复数的幅度和相位

下面介绍如何使用 Numpy 的 power 函数来比较函数（例如 x^2、x^3 和 x^4）。plot 函数有一个 label 参数，它表明了曲线的类型。x 轴的范围是 1 到 20，y 轴的范围是 0 到 800。程序清单 19.11 的输出如图 19.10 所示。

程序清单 19.11　plot11.py

```python
import matplotlib.pyplot as plt
import numpy as np
x = np.linspace (0, 10, 50) y1 = np.power(x, 2) y2=np.power(x,3)
y3 = np.power(x, 4)
plt.plot(x, y1, label='$x^2$') plt.plot(x, y2, label='$x^3$') plt.plot(x, y3, label='$x^4$') plt.
    xlim((1 , 20))
plt.ylim((0 , 800)) plt.xlabel('x-Axis') plt.ylabel('y / Powers')
plt.title('First :$x^2$ Second:$x^3$ Third:$x^4$')
#plt.legend()
plt.savefig("powers.png",dpi=80)
plt.show()
```

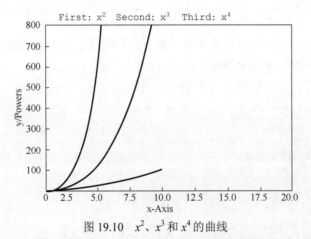

图 19.10　x^2、x^3 和 x^4 的曲线

pyplot 函数也可以用于绘制直方图。hist 函数可以用于完成这一任务。hist 函数以数据作为一个参数。该函数的 color 参数指定直方图的颜色。如果可选的 commutative 参数为 True，会绘制一个并列的直方图。柱形的数目表示 x 轴的分段。程序清单 19.12 展示了这个函数。输出如图 19.11 所示。

程序清单 19.12 plot12.py

```
import matplotlib.pyplot as plt
import numpy as np
data = np.random.randn(100)
f,(ax1, ax2)= plt.subplots(1,2,figsize=(6,3))
ax1.hist(data,bins=10,normed=True,color='blue')
ax2.hist(data,bins=10,normed=True,color='red',cumulative=True)
plt.savefig('histogram.png')
plt.show()
```

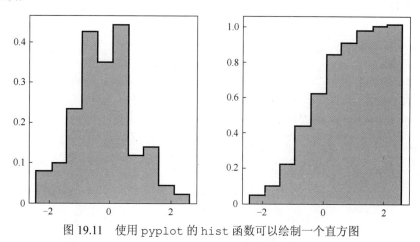

图 19.11　使用 pyplot 的 hist 函数可以绘制一个直方图

　　imshow 函数绘制作为参数传递的数据。在 imgshow 函数中，作为参数传递 random 函数生成的矩阵（10 行 10 列）。随后调用 Matlpotlib 的 colorbar 函数，并且最终显示图。程序清单 19.13 展示了该函数的用法，输出如图 19.12 所示。

程序清单 19.13 plot13.py

```
import matplotlib.pyplot as plt
import numpy as np
Img = np.random.random((10,   10))
plt.imshow(Img)
plt.colorbar()
plt.savefig('imageplot.png')
plt.show()
```

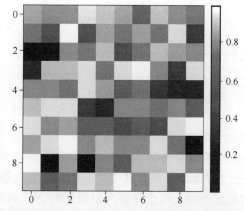

图 19.12　colorbar 函数可以用于绘制所需的图

　　Matplotlib 也可以用于绘制一个三维函数。要绘制一张三维图，将 subplot 函数的 projection 属性设置为 3d。在下面的示例中，x 设置为包含 500 个随机数的一个集合，y 轴的值是 x 轴的值的正弦，z 轴的值是 $\sqrt{1-(x^2+y^2)}$。plot_wireframe 函数接受 4 个参数，分别是 x、y、z 和 linewidth。程序清单 19.14 展示了该函数的用法，输出如图 19.13 所示。

程序清单 19.14　plot14.py

```
import matplotlib.pyplot as plt
import numpy as np
import mpl_toolkits.mplot3d
ax=plt.subplot(111, projection='3d')
X=np.random.random(500)
Y=np.sin(X)
X,Y = np.meshgrid(X,Y)
temp=np.absolute(1-(X**2 + Y**2))
Z=np.sqrt(temp)
plt.xlim(-1 ,1)
plt.ylim(-1,1)
ax.plot_wireframe(X, Y, Z, linewidth=0.1)
plt.savefig('wire.png')
plt.show()
```

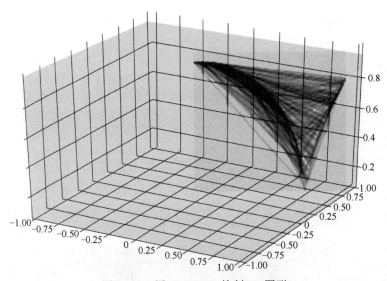

图 19.13　用 Matplotlib 绘制 3D 图形

19.3　绘制子图

　　假设你想要比较两个不同的试验的结果。让两个数组并列放置，可能很容易比较结果。在这种情况下，子图就派上了用场。思路是在单个图中使用较小的 axes，实际上，在给定图中的任何类型的布局中都这么做。这个任务可以以多种方式完成。最简单的方式之一就是在 Matplotlib 中使用 matplotlib.axes 函数，这依赖于可以使用 matplotlib.axes

函数来创建标准轴这一事实。该函数还接受一个包含 4 个数的列表，这 4 个数分别表示左边、底部、宽度和高度。创建一个子图的机制如下所示。前两个坐标指定了新轴的原点，假设最初的轴的长度是一个单位。例如，在图 19.14 中，子图的原点是（0.5, 0.5），子图的轴的长度是最初的轴长度的 40%。因此，在这个例子中，axes 函数的参数是（0.5, 0.5, 0.4, 0.4）。

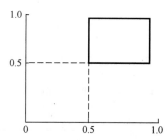

图 19.14   （最初的）轴的范围是 0.0 到 1.0（对于 x 轴和 y 轴都是如此）；子图的原点是
（0.5, 0.5），子图的轴的长度是最初的轴长度的 40%

也可以使用 axes 函数手动生成子图。代码如程序清单 19.15 所示，输出如图 19.15 所示。

程序清单 19.15   plot15.py

```
import matplotlib.pyplot as plt
import numpy as np
axis1=plt.axes()
axis2=plt.axes([0.5,0.5,0.4,0.4])
plt.show()
```

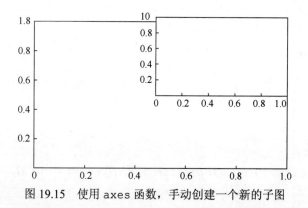

图 19.15   使用 axes 函数，手动创建一个新的子图

要通过添加另一个水平轴将给定的图分为两个图（也就是说，在垂直方向上将图划分为两个子图），可以使用 add_axes 函数。该函数接受列表中的 4 个参数，如下面的示例所示。两个子图分别绘制于两条轴上。这两条轴都是使用 add_axes 函数创建的。使用 Numpy 的 sin 函数在第一条轴上绘制了一条正弦曲线，在第二条轴上绘制了一条余弦曲线。使用 linspace 函数获取 x 的值（最大值为 50，每一格表示 10 个整数）。代码如程序清单 19.16 所示，绘制的图如图 19.16 所示。

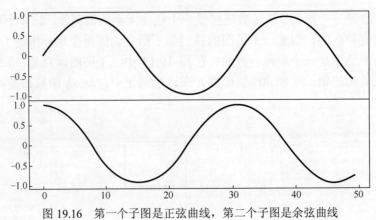

图 19.16 第一个子图是正弦曲线，第二个子图是余弦曲线

程序清单 19.16 plot16.py

```
import matplotlib.pyplot as plt
import numpy as np
fig=plt.figure()
axis1=fig.add_axes([0.0,0.5,0.8,0.4])
axis2=fig.add_axes([0.0,0.1,0.8,0.4])
X=np.linspace(0,10,50)
axis1.plot(np.sin(X))
axis2.plot(np.cos(X))
plt.show()
```

matplotlib.pyplot 的 subplot 函数能够创建带网格的子图。该函数接受 3 个参数，分别是行的数目、列的数目和索引。如下示例展示了一个网格中的 9 个子图。注意，9 个函数的参数如下所示：

- (3, 3, 1)
- (3, 3, 2)
- (3, 3, 3)
- (3, 3, 4)
- (3, 3, 5)
- (3, 3, 6)
- (3, 3, 7)
- (3, 3, 8)
- (3, 3, 9)

子绘图的索引也显示了出来。代码如程序清单 19.17 所示，图 19.17 和图 19.18 展示了输出。

程序清单 19.17 plot17.py

```
import matplotlib.pyplot as plt
import numpy as np
X=np.linspace(-np.pi, np.pi, 100)
for i in range(1,10):
    plt.subplot(3,3,i)
    Y=np.sin(X+i*(np.pi/2))
    plt.plot(X,Y)
plt.show()
```

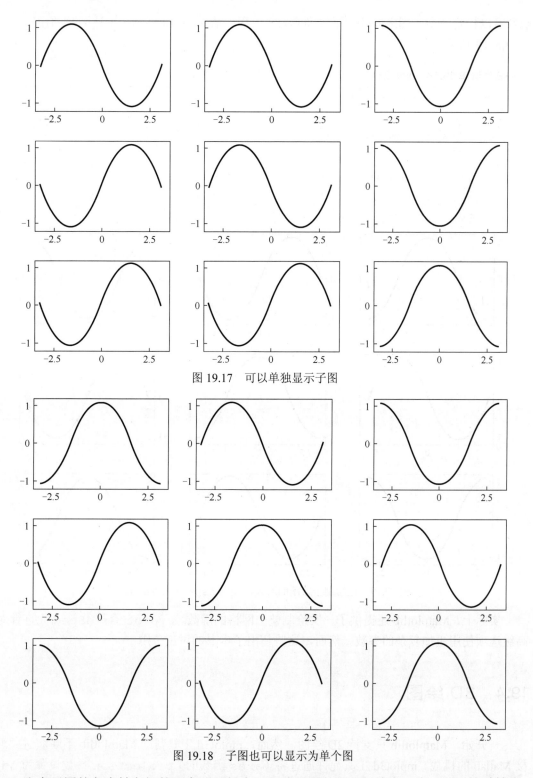

图 19.17 可以单独显示子图

图 19.18 子图也可以显示为单个图

注意子图的各个轴之间的距离不是很大，因此子图并不是很清晰。为了处理这种情况，可以使用 pyplot.figure 中的 add_subplot 函数来创建轴。使用 subplots_adjust

函数可以指定各个子图之间的水平轴和垂直轴。程序清单 19.18 展示了上述函数的用法，输出如图 19.19 所示。

程序清单 19.18　plot18.py

```
import matplotlib.pyplot as plt
import numpy as np
fig=plt.figure()
fig.subplots_adjust(hspace=0.4, wspace=0.4)
X=np.linspace(-np.pi, np.pi, 100)
for i in range(1,10):
    axis=fig.add_subplot(3,3,i)
    Y=np.sin(X+i*(np.pi/2))
    axis.plot(X,Y)
plt.show()
```

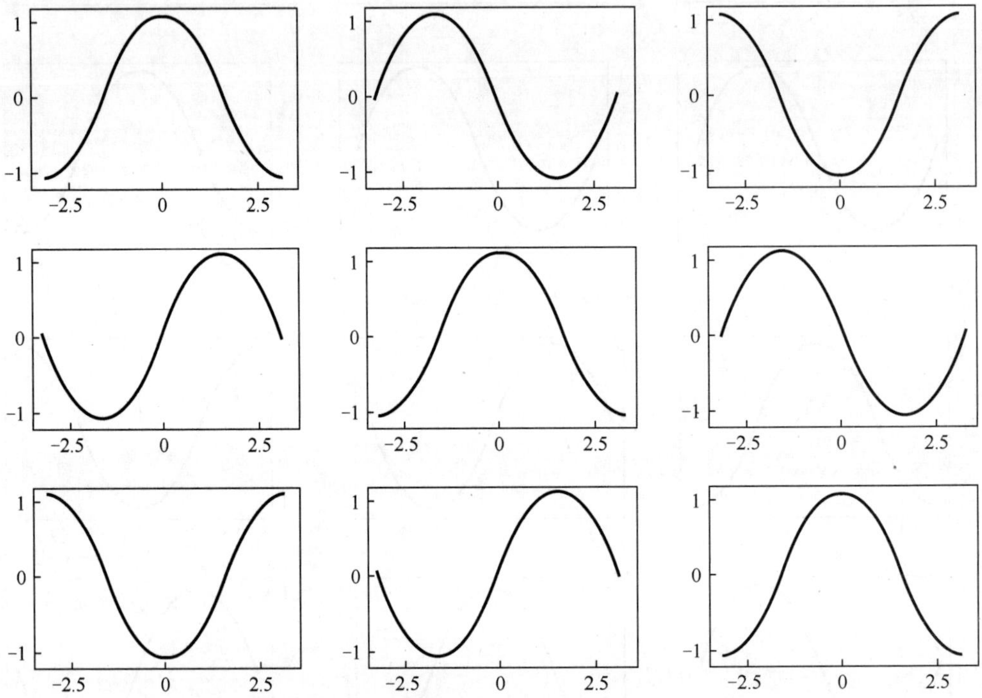

图 19.19　在绘制子绘图的时候，使用 hspace 和 wspace

实际上，Matplotlib 还提供了一次绘制整个网格的函数。pyplot.GridSpec 允许针对高级选项使用更加复杂的参数。然而，这些超出了本书的讨论范围。

19.4　3D 绘图

一开始，Matplotlib 只支持 2D 绘图。然而，mplot3d 工具帮助 Matplotlib 不断演进并迎接 Matlab 的挑战。mplot3d 工具允许通过将（axes 函数的）projection 参数设置为 3d，从而创建一个 3D 空间。程序清单 19.19 展示了 3D 绘图的例子。注意，如下代码中使用的大多数函数已经介绍过了。在代码之后，给出了其输出（如图 19.20 所示）。

程序清单 19.19　plot19.py

```
import matplotlib.pyplot as plt
from mpl_toolkits import mplot3d
fig = plt.figure()
axis=plt.axes(projection='3d')
plt.show()
```

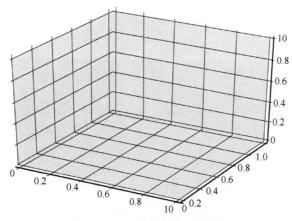

图 19.20　一个基本的 3D 绘图

该工具帮助程序员通过给 `pyploy.axes` 的 `scatter3D` 函数传递 *x*、*y* 和 *z* 值以绘制高级的图形。该函数还有两个额外的参数——a 和 `cmap`。参数 `cmap` 可以设置为 `Greens`、`binary` 或任何其他的值（参见如下的提示）。在如下的例子中，*Z* 的范围从 0 到 20，共有200 个值。*x* 轴表示这些角度值的正弦，*y* 轴表示 Z^2。程序清单 19.20 展示了函数的用法，输出如图 19.21 所示。

提示

cmap 的可能的值如下所示：

```
Accent, Accent_r, Blues, Blues_r, BrBG, BrBG_r, BuGn, BuGn_r, BuPu,
BuPu_r, CMRmap, CMRmap_r,Dark2, Dark2_r, GnBu, GnBu_r, Greens,
Greens_r, Greys, Greys_r, OrRd, Oranges_r, PRGn, PRGn_r, Paired,
Paired_r, Pastel1, Pastel1_r, Pastel2, Pastel2_r, PiYG, PiYG_r, PuBu,
PuBuGn, PuBuGn_r, PuBu_r, PuOr, PuOr_r, PuRd, PuRd_r, Purples,
Purples_r, RdBu, RdBu_r, RdGy, RdGy_r, RdPu, RdPu_r, RdYlBu, RdYlBu_r,
RdYlGn, RdYlGn_r, Reds, Reds_r, Set1, Set1_r, Set2, Set2_r, Set3,
Set3_r, Spectral, Spectral_r, Vega10, Vega10_r, Vega20, Vega20_r,
Vega20b, Vega20b_r, Vega20c, Vega20c_r, Wistia, Wistia_r, YlGn,
YlGnBu, YlGnBu_r, YlGn_r, YlOrBr, YlOrBr_r, YlOrRd, YlOrRd_r, afmhot,
afmhot_r, autumn, autumn_r, binary, binary_r, bone, bone_r, brg, brg_r,
bwr, bwr_r, cool, cool_r, coolwarm, coolwarm_r, copper, copper_r,
cubehelix, cubehelix_r, flag, flag_r, gist_earth, gist_earth_r,
gist_gray, gist_gray_r, gist_heat, gist_heat_r, gist_ncar,
gist_ncar_r, gist_rainbow, gist_rainbow_r, gist_stern, gist_stern_r,
```

gist_yarg, gist_ yarg_r, gnuplot, gnuplot2, gnuplot2_r, gnuplot_r, gray, gray_r, hot, hot_r, hsv, hsv_r, inferno, inferno_r, jet, jet_r, magma, magma_r, nipy_spectral, nipy_spectral_r, ocean, ocean_r, pink, pink_r, plasma, plasma_r, prism, prism_r, rainbow, rainbow_r, seismic, seismic_r, spectral, spectral_r, spring, spring_r, summer, summer_r, terrain, terrain_r, viridis, viridis_r, winter, winter_r

程序清单 19.20　plot20.py

```python
import matplotlib.pyplot as plt
import numpy as np
from mpl_toolkits import mplot3d
axis=plt.axes(projection='3d')
Z=np.linspace(0,20,200)
X=np.sin(Z)
Y=[z*z for z in Z]
axis.scatter3D(X, Y, Z, c=Z,cmap='Greens');
plt.show()
```

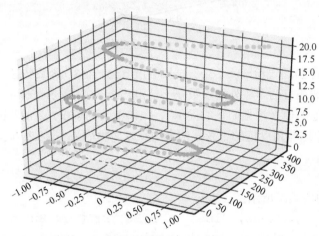

图 19.21　x 轴表示 z 轴上角度值的正弦，而 y 轴表示 z 轴上角度值的平方

在下面的示例中，X 和 Y 拥有从−5 到 5 的 20 个值。也就是说，

```
X= [-5, -4.47368421, -3.94736842, -3.42105263, -2.89473684,
-2.36842105, -1.84210526, -1.31578947,-0.78947368,
-0.26315789,0.26315789, 0.78947368, 1.31578947, 1.84210526,
2.36842105,2.89473684, 3.42105263, 3.94736842, 4.47368421, 5.]
```

Y 和 X 相同。Z 等于 X 的平方与 Y 的平方之和开平方，即

```
Z=[ 7.07106781, 6.32674488, 5.58242196, 4.83809903,
4.0937761 ,3.34945317, 2.60513025, 1.86080732, 1.11648439,
0.37216146,0.37216146, 1.11648439, 1.86080732, 2.60513025,
3.34945317,4.0937761 , 4.83809903, 5.58242196, 6.32674488,
7.07106781]
```

可以使用 set_xlable 函数来设置 x 轴的标签，同样，可以使用 set_ylabel 与 set_zlabel 函数分别设置 y 轴和 z 轴的标签，程序清单 19.21 的输出如图 19.22 所示。

程序清单 19.21　plot21.py

```
import matplotlib.pyplot as plt
import numpy as np
from mpl_toolkits import mplot3d
X=np.linspace(-5,5,20)
Y=np.linspace(-5,5,20)
X,Y=np.meshgrid(X,Y)
Z=np.sqrt(X*X+Y*Y)
fig=plt.figure()
axis=plt.axes(projection='3d')
axis.contour3D(X,Y,Z,50,cmap='Greens')
axis.set_xlabel('x-axis')
axis.set_ylabel('y-axis')
axis.set_zlabel('z-axis')
plt.show()
```

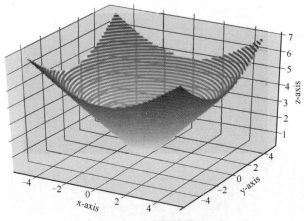

图 19.22　$Z=\sqrt{X^2+Y^2}$ 的绘图

注意，整个图可以沿着 xOy 平面旋转任意的角度，并且可以沿着 z 轴逆时针方向旋转任意的角度。pyplot.axes 的 view_init 函数帮助完成这一任务。该函数接受两个参数——xOy 平面的角度和 z 轴（逆时针）的角度。程序清单 19.22 和程序清单 19.21 基本相同，只有负责旋转图形的最后一行代码不同。图 19.23 展示了其输出。

程序清单 19.22　plot22.py

```
import matplotlib.pyplot as plt
import numpy as np
from mpl_toolkits import mplot3d
X=np.linspace(-5,5,20)
Y=np.linspace(-5,5,20)
X,Y=np.meshgrid(X,Y)
Z=np.sqrt(X*X + Y*Y)
fig=plt.figure()
axis=plt.axes(projection='3d')
axis.contour3D(X,Y,Z,50,cmap='Greens')
axis.set_xlabel('x-axis')
axis.set_ylabel('y-axis')
axis.set_zlabel('z-axis')
axis.view_init(60,30)
plt.show()
```

wireframe 函数帮助我们让绘图更加容易可视化。程序清单 19.23 绘制了上述示例的一个线框图。同样,可以使用 plot_surface 函数绘制该函数的平面图(见程序清单 19.24)。
在上述讨论的基础上,希望读者能够理解下面的不同输出结果(如图 19.24 和图 19.25 所示)。

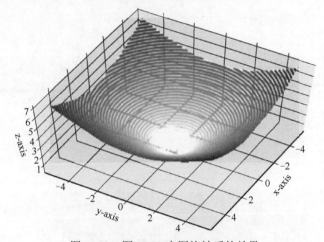

图 19.23　图 19.22 中图旋转后的效果

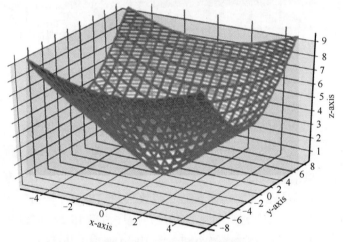

图 19.24　wireframe 函数的用法

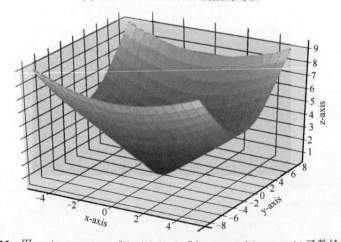

图 19.25　用 axis.contour3D (X,Y,Z,50,cmap='Greens') 函数绘制上图

程序清单 19.23 plot23.py

```python
import matplotlib.pyplot as plt
import numpy as np
from mpl_toolkits import mplot3d
X=np.linspace(-5,5,20)
Y=np.linspace(-8,8,20)
X,Y=np.meshgrid(X,Y)
Z=np.sqrt(X*X + Y*Y)
fig=plt.figure()
axis=plt.axes(projection='3d')
axis.contour3D(X,Y,Z,50,cmap='Greens')
axis.set_xlabel('x-axis')
axis.set_ylabel('y-axis')
axis.set_zlabel('z-axis')
axis.plot_wireframe(X, Y, Z, color='red')
#axis.view_init(60,30)
plt.show()
```

程序清单 19.24 plot24.py

```python
import matplotlib.pyplot as plt
import numpy as np
from mpl_toolkits import mplot3d
X=np.linspace(-5,5,20)
Y=np.linspace(-8,8,20)
X,Y=np.meshgrid(X,Y)
Z=np.sqrt(X*X + Y*Y)
fig=plt.figure()
axis=plt.axes(projection='3d')
axis.contour3D(X,Y,Z,50,cmap='Greens')
axis.set_xlabel('x-axis')
axis.set_ylabel('y-axis')
axis.set_zlabel('z-axis')
axis.plot_surface(X, Y, Z, rstride=1, cstride=1,cmap='viridis', edgecolor='none')
#axis.view_init(60,30)
plt.show()
```

19.5 小结

绘图是很重要的。它对于将数据可视化以分析结果并发现样式很重要。Matlab 之所以如此流行，一部分原因就在于它能够展示出各种令人着迷的图形。在 Python 中，使用 Matplotlib 也可以做到同样的事情。本章介绍了使用 Matplotlib 绘制图形的方式。本章首先介绍了基本的绘图。使用 Matplotlib 库，可以很容易地绘制线条、正弦曲线、余弦曲线等。Matplotlib 还支持子图。使用 `matplotlib.axes` 函数就可以做到这一点。还可以使用 `subplot` 函数来创建子图。正如前面所介绍的，Matplotlib 不仅支持 2D 绘图，这个包现在还支持 3D 绘图。这使该软件包在市场上能够和 Matlab 分庭抗礼。要绘制 3D 图形，需要将一个额外的参数 `projection` 设置为 3d。

19.5.1 术语

pyplot: Matplotlib 的 pyplot 集合提供了一组函数，用来帮助程序员执行和绘图相关的各种任务。

19.5.2 知识要点

- 可视化使人们对结果有更深刻的认识，并且帮助揭示底层的样式。
- 可以使用 savefig 函数将 pyplot 创建的绘图另存为一个 png 文件。
- 如果只想要绘制点而不是线，那么可以给 plot 函数传递一个额外的参数 "o"。类似地，通过传递 "s" 和 "^" 可以绘制方块图与三角图。
- 可以通过将 color 属性设置为想要的值，从而更改绘图的颜色。
- Matplotlib 的 imshow 函数可用于显示图像。
- hist 函数用来绘制直方图。
- 要绘制一张 3D 图，将 subplot 函数的 projection 属性设置为 3d。
- 要通过创建另一条水平轴将给定的图一分为二（即垂直地将图形分为两个子图），可以使用 add_axes 函数。
- 使用 subplots_adjust 函数可以指定各种子图之间的水平和垂直距离。
- 使用 set_xlabel 函数可以设置 x 轴的标签。
- wireframe 函数帮助更加容易地将图可视化。

19.6 练习

选择题

1. 可视化很重要，因为____。
   （a）它给出了对结果的深刻认识　　　（b）它帮助发现底层样式
   （c）它可以用于报表　　　　　　　　（d）以上都对

2. Matplotlib 的哪一个集合为创建绘图区域提供了一个绘图函数？____
   （a）Pyplot　　　（b）PyPy　　　（c）PIL　　　（d）以上都不对

3. 如下哪一项可以作为 pyplot 绘图函数的一个参数？____
   （a）[[1,2], [3,4], [5,6]　　　　　（b）[1,2,3,4]
   （c）[[1,2,3,4],[4,5,6,7]　　　　　（d）以上都不对

4. 以下代码将绘制一个____。
   ```
   X=[-5,-4,-3,-2,-1,0,1,2,3,4,5]
   Y= [2*x*x-3 for x in X]
   plt.plot(X,Y)
   ```
   （a）抛物线　　　（b）椭圆　　　（c）双曲线　　　（d）以上都不对

5. 如下哪一项用来显示一条曲线？____
   （a）show　　　（b）display　　（c）以上都对　　　（d）以上都不对

6. 哪个函数用来保存 pyplot 绘制的图？____

    （a）savefig   （b）save   （c）saveimg   （d）以上都不对

7. 如下哪一项不能作为 pyplot 的 plot 函数的一个参数传递？____

    （a）color   （b）List   （c）以上都对   （d）以上都不对

8. plot 函数能够使用如下的哪个参数绘制圆形？____

    （a）o   （b）s   （c）delta   （d）以上都不对

9. 对于 pyplot 中绘图的说法，以下正确的是____。

    （a）在相同的图上可以绘制多条曲线

    （b）可以手动地将图分隔为子图

    （c）可以使用 subplot 函数在一个绘图中看到各种不同的绘图

    （d）以上都对

10. 在 pyplot 中，哪个函数用来绘制一个直方图？____

    （a）hist   （b）mist   （c）jist   （d）以上都不对

19.7　理论回顾

1. 说明可视化的重要性。可视化如何帮助分析结果？
2. 说出 Python 中能够帮助绘图的一个包。
3. 说明如何使用 pyplot 绘制一个列表的值。
4. 说明在单个图中如何绘制多条线段。
5. 在 Python 中如何绘制子图？说明轴的分隔方法，以及 subplot 函数的用法。
6. 说明在 Matplotlib 中如何进行 3D 绘图。
7. 在 pyplot 中如何改变图形的颜色？说明 cmap 的重要性。
8. 除了 pyplot 之外，哪个包可以用来在 Python 中绘制图形？

19.8　编程实践

1. 创建包含了等差数列的一个列表。请用户输入等差数列的第一项、公差以及项数。使用 plot 函数绘制这些值所在的曲线。
2. 创建包含了等比数列的一个列表。请用户输入等比数列的第一项、公比以及项数。使用 plot 函数绘制这些值所在的曲线。
3. 创建包含调和级数的一个列表。请用户输入 a 和 d 的值，以及项数，然后绘制这些值所在的曲线。
4. 绘制上述曲线的点图。
5. 现在，在同一个图中绘制上述曲线和点图，并比较它们。
6. 创建子图以显示编程实践 1、编程实践 2 和编程实践 3 中的曲线。
7. 在编程实践 6 中，调整子图之间的水平距离和垂直距离。

8. 有 4 种类型的抛物线，分别是向上、向下、向左和向右。顶点位于原点的抛物线的方程如下所示。

向上：$x^2 = 4ay$

向下：$x^2 = -4ay$

向左：$y^2 = 4ax$

向右：$y^2 = -4ax$

如果 x 值的范围是[10, 10]，并且使用相应的方程来计算 y 的值（可以使用解析式来计算 y 的值），在单个图上绘制上述抛物线。

9. 现在，创建上述每一个抛物线的子图。

10. 使用图证明 $\sin^2\theta + \cos^2\theta = 1$。

11. 绘制 $\tan\theta$ 的曲线，并且证明点的不连续性。

12. 绘制长轴长度为 10、短轴长度为 5 的一个椭圆。

13. 绘制半径为 10、圆心位于(5,5)的一个圆。

14. 现在，绘制 10 个圆，它们的半径为 10，圆心的 x 坐标从 0 变化到 10，圆心的 y 坐标始终为 8。

15. 绘制一条双曲线。要求用户输入一个坐标，并且在图上显示该坐标。程序应该显示这个点是在曲线之内还是在曲线之外。

第 20 章　图像处理简介

学完本章，你将能够
- 理解图像处理的重要性；
- 打开一幅图像，将其读入一个对象，并且将该对象写入一个文件；
- 理解裁剪的概念；
- 从图像提取统计信息；
- 执行旋转、变换和缩放。

20.1　简介

时光荏苒，处理图像和操作图像已经变得越来越重要。图像处理很重要，不只是因为识别人和物体，而且因为它用于诸如医疗、开矿、网络等很多的领域。图像处理的重要性可以以这样一些事实来衡量，它广泛地用于磁共振成像（Magnetic Resonance Imaging，MRI）、X 光片、超声波、CT 等方面。除了上述的例子之外，图像护理还用于监控、指纹识别、人脸识别、鉴定、签名验证等方面。图像处理技术还用于天气预报、遥感和天文学研究等领域。图像处理技术是涉及层面较多且错综复杂的任务。有趣的是，人类比较善于人脸和物体识别。不可思议的神经网络能够在几分之一秒内就识别出物体。物体识别及其分类让从事计算领域的人们非常着迷。实际上，正是这些人随后模拟人类开发出了众多的分类器和识别器。

过去的几十年里，我们都见证了硬件和软件的显著增长。这是和机器学习技术领域的进步同步发展的。这些组合到一起，在该领域的发展中扮演了关键的角色。图像处理领域因此作为重要和独立的领域之一浮现了出来。

在数字图像处理中，操作的是图像。要开始进行图像处理，首先要从给定的图像中删除噪声。抗锯齿、锐化和模糊等都是使给定的图像更适合我们的视角（假设我们都是人类）的重要任务。从机器的视角来看，将给定的图像转换为二进制图像，去除冗余信息，以及减少取样率等，都很重要。因此，图像处理有两个主要的目标——改善人类的视觉和改善机器的视觉。

除了上述内容之外，机器学习技术已经成功地用来从磁共振成像和正电子发射型计算机断层显像（Positron Emission Computed Tomography，PET）等各种形式中识别出疾病。科学家已经成功地构建出用于上述图像的预测模型。然而，这需要一些正规的图像处理。图像需要分段，并且要使用各种特征提取技术，以完成上述任务。

在处理图像之前，需要存储图像。图像可以存储为一个二维数组，或者一个三维数组。如果图像存储为一个二维数组，那么 512 像素×512 像素大小的图像将需要一个 512×512 的矩阵，因此需要 262 144 位（bit）的内存。现在，如果每个像素需要 8 位整数，那么整个所需的内存将会是 2 097 152 位。在三维数组的情况下，还需要为每个像素存储颜色深度（如 R、G、B 的值）。

本章按照如下方式来组织：20.2 节介绍 Python 中基本的图像操作，20.3 节介绍 contour() 函数，20.4 节介绍裁剪，20.5 节介绍图像的统计信息，20.6 节介绍诸如变换、旋转和缩放等基本的转换，20.7 节是本章小结。

20.2 打开、读取和写入图像

所有零散的工具都包含在 SciPy.misc() 中。如下讨论使用一个 8 位的灰度级的、512 × 512 的图像，可以使用 ascent() 函数来访问该图像。读者也可以使用 face() 函数完成任何下面的任务。

20.2.1 打开图像

要打开并操作图像，需要包含 misc 和 pyplot 库（这要在导入了 Matplotlib 库之后）。在如下代码中，对象 a 包含了一幅爬楼梯的图像。可以使用 imsave 函数[①]来保存该图像。该函数接受两个参数，分别是存储图像的文件的名称和对象（在这个例子中，就是 a）。可以使用 pyplot 的 imshow() 函数，后面跟着调用 show() 函数，从而显示该图像，具体代码如程序清单 20.1 所示。显示的图像如图 20.1 所示。

程序清单 20.1　image1.py

```
import scipy.misc as sm
import matplotlib.pyplot as plt
import imageio
a=sm.ascent()
imageio.imwrite('ascent.png', a)
#sm.imsave('ascent.png', a)
plt.imshow(a)
plt.show()
```

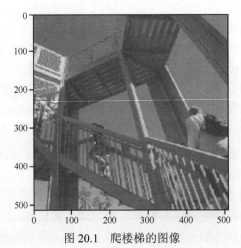

图 20.1　爬楼梯的图像

---

① imsave 函数在 SciPy 1.0.0 中已弃用，并且从 1.2.0 版本中已经删除。需要调用 imageio 或 OpenCV 来保存图像。——译者注

20.2.2 读取图像

要读取上述的图像，可以使用 imread 函数[①]。imread 函数接受一个 png 文件作为参数，并且创建一个二维数组。可以显示数组的 shape 和 dtype，如程序清单 20.2 所示。输出是（512, 512），数据类型是 unit8。

程序清单 20.2 image2.py

```
import imageio
ascent_array=imageio.imread('ascent.png')
type(ascent_array)
print(ascent_array.shape)
print(ascent_array.dtype)
```

输出如下。

```
(512, 512)
uint8
```

20.2.3 把图像写入一个文件中

上面的程序所获取的数组可以再次转换为一个文件。数组（在上面的例子中，就是 ascent_array）的 tofile() 函数将数组转换为一个原始文件。该函数接受一个参数，就是要创建的文件的名称。文件的数据存储到一个对象中。注意，在给定的示例中，获取的图像的 shape 是 262 144。

在图像处理中常用的函数如表 20.1 所示。

表 20.1 在图像处理中常用的函数

函　　数	说　　明
imageio.imwrite	用于将一个对象另存为图像
imageio.imread	用于读取图像并将其放入一个二维数组中
tofile	用于将一个二维数组转换为一个原始文件
fromfile	从一个.raw 文件读取数据

20.2.4 显示图像

可以使用 imshow 函数来显示图像。当图像的 shape 是 $(m, n, 3)$ 的时候，可选的 cmap 参数并没有使用。在这样的一个例子中，数组的值解释为 RGB。然而，对于一个 (m, n) 数组，该参数描述图像的颜色映射。在下面的例子中，cmap 设置为 grey 以显示灰度图像，并且将其设置为 jet 以显示彩色图像。本章还给出了 cmap 的枚举值。imshow 函数也可以接受 vmin 和 vmax 参数。图 20.2 展示了程序清单 20.3 的输出。该图也可以以灰度形式显示（如图 20.3 所示）。

---

① imread 函数也已经弃用。需要调用 imageio 或 OpenCV 来读取文件。——译者注

程序清单 20.3　image3.py

```
import scipy.misc as sm
import matplotlib.pyplot as plt
import imageio
import numpy as np
ascent_array=imageio.imread('ascent.png')
ascent_array.tofile('ascent.raw')
ascent_raw = np.fromfile('ascent.raw', dtype=np.uint8)
print(ascent_raw.shape)
plt.imshow(ascent_array, plt.cm.jet)
plt.show()
#plt.imshow(ascent_array, plt.cm.gray, vmin=30, vmax=200)
#plt.show()
```

可以给 pyplot 函数的 axis 传递 off，以删除数轴。

```
plt.axis('off')
plt.show()
```

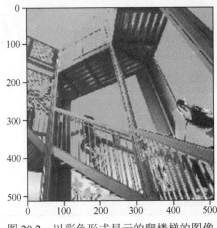 

图 20.2　以彩色形式显示的爬楼梯的图像　　　图 20.3　以灰度形式显示的爬楼梯的图像

20.3　contour()函数

使用 contour 函数可以显示多边形的边，如程序清单 20.4 所示。contour 函数用于绘制轮廓线，fcontour 函数用于绘制填充的轮廓线。图 20.4 展示了程序清单 20.4 的输出。

程序清单 20.4　image4.py

```
import matplotlib.pyplot as plt
import imageio
a=imageio.imread('ascent.png')
plt.contour(a)
plt.show()
```

实际上，读者可以看到 contour 的各种参数的输出，并观察其区别。在程序清单 20.5 中，在第 1 次迭代中传入 (10, 20)，在第 2 次迭代中传入 (20, 30)，依次类推。输出如图 20.5 所示。

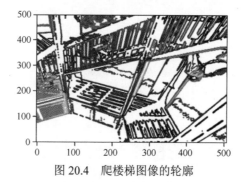

图 20.4 爬楼梯图像的轮廓

程序清单 20.5 image5.py

```python
import matplotlib.pyplot as plt
import imageio
a=imageio.imread('ascent.png')
for i in range (1,21):
    plt.subplot(5,4,i)
    plt.contour(a,[10*i,10*i+10])
plt.show()
```

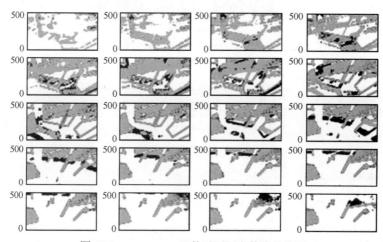

图 20.5 contour 函数对不同参数值的绘图

20.4 裁剪

可以通过创建一个遮罩并且将该范围的值设置为 0，从而提取图像的一部分。例如，如果要从给定图像中提取一个圆形区域，必须采用如下步骤。首先，创建和图像对应的一个二维数组。然后，创建遮罩。注意，在后面的两个程序清单中，程序清单 20.6 排除了圆以外的区域（输出如图 20.6 所示），而程序清单 20.7 排除了圆以内的区域（输出如图 20.7 所示）。

程序清单 20.6 image6.py

```python
import matplotlib.pyplot as plt
import imageio
import numpy as np
import scipy.misc as sm
```

```
ascent1=sm.ascent()
ascent1[100:120] = 255
lx, ly=ascent1.shape
X, Y=np.ogrid[0:lx, 0:ly]
mask=((X - lx / 2) ** 2) + ((Y - ly / 2) ** 2) > lx * ly / 4
ascent1[mask] = 0
ascent1[range(400), range(400)] = 255
plt.imshow(ascent1)
plt.show()
```

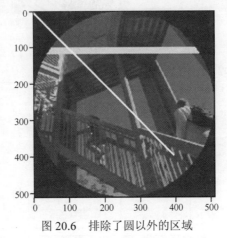

图 20.6　排除了圆以外的区域

程序清单 20.7　image7.py

```
import matplotlib.pyplot as plt
import imageio
import numpy as np
import scipy.misc as sm
ascent1=sm.ascent()
ascent1[100:120] = 255
lx, ly = ascent1.shape
X, Y = np.ogrid[0:lx, 0:ly]
mask = ((X - lx / 2) ** 2) +((Y - ly / 2) ** 2) < lx * ly / 4
ascent1[mask] = 0
ascent1[range(400), range(400)] = 255
plt.imshow(ascent1)
plt.show()
```

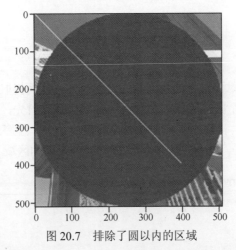

图 20.7　排除了圆以内的区域

20.5 图像的统计信息

使用 Numpy 很容易提取和给定的图像相关的统计信息。max() 函数返回最大值，min() 函数返回最小值，mean 函数返回平均值，最后，std 函数返回标准差。考虑一下程序清单 20.8 并观察输出。

程序清单 20.8 image8.py

```python
import matplotlib.pyplot as plt
import imageio
import numpy as np
import scipy.misc as sm
ascent2=sm.ascent()
print(ascent2.mean())
print(ascent2.max(), ascent2.min())
print(ascent2.std())
```

输出如下。

```
87.4798736572
255 0
48.7744598771
```

20.6 基本变换

考虑图像处理涉及的任何任务。这些任务将需要我们对给定的图像做一些事情，例如，至少要平移它、旋转它或缩放它。此外，在动画中，也需要这样的变换。如果要改变给定图像的位置和形状，本节所讨论的变换将会派上用场。变换针对适用于线段或曲线的点而定义。变换广泛地用于动画、游戏等领域。我们先讨论 3 种基本的变换：

- 平移；
- 旋转；
- 缩放。

20.6.1 平移

平移是一个点或一条曲线的移动。通过将 x 坐标和 y 坐标改变一个固定的值而完成平移操作。这里需要指出的是，并不一定要将 x 坐标和 y 坐标移动相同的值。一个点的平移很容易理解。一条线的平移如图 20.8 所示。

注意，线段的形状和大小保持不变，只是其 x 坐标和 y 坐标发生了变化。也就是说，对于每一个 (x, y)，满足以下关系式。

$$x' = x + t_x$$

图 20.8 线段 L 沿着给定的方向平移。平移后的线段是 L'

$$y' = y + t_y$$

其中，x 表示旧的 X 坐标；Y 表示旧的 Y 坐标；x' 表示新的 X 坐标；y' 表示新的 Y 坐标；t_x 表示 x 坐标增加的值；t_y 表示 y 坐标增加的值。

上面的操作也可以用矩阵的方式描述。

$$\boldsymbol{M} = \begin{pmatrix} x \\ y \end{pmatrix} \qquad \boldsymbol{M}' = \begin{pmatrix} x' \\ y' \end{pmatrix} \qquad \boldsymbol{T} = \begin{bmatrix} t_x \\ t_y \end{bmatrix}$$

$$\boldsymbol{M}' = \boldsymbol{M} + \boldsymbol{T}$$

在有多次平移的情况下，将对应的矩阵相加以得到平移矩阵。即

$$\begin{bmatrix} x' \\ y' \end{bmatrix} = \begin{bmatrix} x \\ y \end{bmatrix} + \begin{bmatrix} t_{x1} \\ t_{y1} \end{bmatrix} + \begin{bmatrix} t_{x2} \\ t_{y2} \end{bmatrix}$$

$$\begin{bmatrix} x' \\ y' \end{bmatrix} = \begin{bmatrix} x \\ y \end{bmatrix} + \begin{bmatrix} t_{x1} + t_{x2} \\ t_{y1} + t_{y2} \end{bmatrix}$$

$$\boldsymbol{M}' = \boldsymbol{M} + \boldsymbol{T}'$$

其中，

$$\boldsymbol{T}' = \boldsymbol{T}_1 + \boldsymbol{T}_2$$

20.6.2 旋转

旋转是指一条线或者曲线围绕一个固定的点沿圆周的方向移动某个角度。固定的点叫作旋转中心，通过这个旋转中心，和 x 轴与 y 轴垂直的一条线叫作旋转轴。注意，x 坐标和 y 坐标可以看作给定线段沿着 x 轴和 y 轴的投影。也就是说，

$$x = r \cos a$$
$$y = r \sin a$$

在旋转了角度 b 之后，角度变成了 $(a + b)$，因此，最终坐标的映射变成了：

$$y' = r \sin(a + b)$$
$$= r \sin a \cos b + r \cos a \sin b = x \cos b + y \sin b$$
$$x' = r \cos(a + b)$$
$$= r \cos a \cos b - r \sin a \sin b = x \cos b - y \sin b$$

上述操作可以用矩阵描述。

$$\boldsymbol{M} = \begin{bmatrix} x \\ y \end{bmatrix}$$

$$\boldsymbol{M}' = \begin{bmatrix} x' \\ y' \end{bmatrix}$$

$$\text{CIS} = \begin{bmatrix} \cos\theta & -\sin\theta \\ \sin\theta & \cos\theta \end{bmatrix}$$

$$\boldsymbol{M}' = \boldsymbol{M}\text{CIS}$$

要同时使用平移和旋转，使用如下变换。

$$X' = t_x + (x - t_x)\cos b - (y - t_y)\sin b$$
$$Y' = t_y + (x + t_x)\cos b + (y - t_y)\sin b$$
$$\boldsymbol{M}' - \boldsymbol{T} = (\boldsymbol{M} - \boldsymbol{T})\text{CIS}(b)$$

rotate 函数以角度作为参数，可以用来旋转图像。图 20.9 和图 20.10 展示了最初的图像和旋转后的图像。

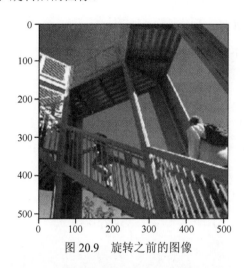

图 20.9　旋转之前的图像

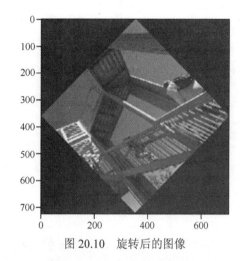

图 20.10　旋转后的图像

当必须把相同的图像旋转两次的时候，可以通过将图像旋转一个 $\alpha + \beta$ 的角度来完成这一任务，其中 α 是第一次旋转的角度，而 β 是第二次旋转的角度。证明如下。

$$\begin{bmatrix} x' \\ y' \end{bmatrix} = \begin{bmatrix} \cos\alpha & -\sin\alpha \\ \sin\alpha & \cos\alpha \end{bmatrix} \bullet \left(\begin{bmatrix} \cos\beta & -\sin\beta \\ \sin\beta & \cos\beta \end{bmatrix} \bullet \begin{bmatrix} x \\ y \end{bmatrix} \right)$$

$$= \left(\begin{bmatrix} \cos\beta & -\sin\beta \\ \sin\beta & \cos\beta \end{bmatrix} \bullet \begin{bmatrix} \cos\alpha & -\sin\alpha \\ \sin\alpha & \cos\alpha \end{bmatrix} \right) \bullet \begin{bmatrix} x \\ y \end{bmatrix}$$

$$= \begin{bmatrix} \cos\alpha\cos\beta - \sin\alpha\sin\beta & -(\cos\alpha\cos\beta + \sin\alpha\sin\beta) \\ \sin\alpha\cos\beta + \cos\alpha\sin\beta & -\sin\alpha\sin\beta + \cos\alpha\cos\beta \end{bmatrix}$$

$$= \begin{bmatrix} \cos(\alpha+\beta) & -\sin(\alpha+\beta) \\ \sin(\alpha+\beta) & \cos(\alpha+\beta) \end{bmatrix} \bullet \begin{bmatrix} x \\ y \end{bmatrix}$$

$$\boldsymbol{M}' = \text{CIS}(\alpha+\beta) \bullet \boldsymbol{M}$$

20.6.3　缩放

缩放是通过将曲线或图像的 x 坐标和 y 坐标乘以同样的因子，从而改变其大小。对于 x 轴和 y 轴来说，因子不一定要相同。在下面的公式中，沿着 x 轴的缩放是 s_x，沿着 y 轴的缩放是 s_y。

因为 $x' = xs_x,\ y' = ys_y$

$$\begin{bmatrix} x' \\ y' \end{bmatrix} = \begin{bmatrix} s_x & 0 \\ 0 & s_y \end{bmatrix} \bullet \begin{bmatrix} x \\ y \end{bmatrix}$$

所以 $\boldsymbol{M}' = \boldsymbol{S}(s_x, s_y) \bullet \boldsymbol{M}$

当平移之后进行缩放的时候，可以使用如下数学公式来构造最终的矩阵。

$$x' = t_x + (x - t_x)s_x,\ y' = t_y + (y - t_y)s_y$$
$$\boldsymbol{M}' - \boldsymbol{T} = \boldsymbol{S}(s_x, s_y)(\boldsymbol{M} - \boldsymbol{T})$$

当使用两次缩放的时候，可以通过使用一个缩放因子来完成，它是两个单独的缩放因子之积。也就是说，因为

$$\begin{bmatrix} x' \\ y' \end{bmatrix} = \begin{bmatrix} s_{x1} & 0 \\ 0 & s_{y1} \end{bmatrix} \bullet \left(\begin{bmatrix} s_{x2} & 0 \\ 0 & s_{y2} \end{bmatrix} \bullet \begin{bmatrix} x \\ y \end{bmatrix} \right)$$

$$= \left[\begin{bmatrix} s_{x1} & 0 \\ 0 & s_{y1} \end{bmatrix} \bullet \begin{bmatrix} s_{x2} & 0 \\ 0 & s_{y2} \end{bmatrix} \right] \bullet \begin{bmatrix} x \\ y \end{bmatrix}$$

$$= \begin{bmatrix} s_{x1}s_{x2} & 0 \\ 0 & s_{y1}s_{y2} \end{bmatrix} \bullet \begin{bmatrix} x \\ y \end{bmatrix}$$

所以 $\boldsymbol{M}' = \boldsymbol{S}(s_{x1}s_{x2}s_{y1}s_{y2})$

图 20.11 显示了最初的图像，图 20.12 显示了缩放后的图像。

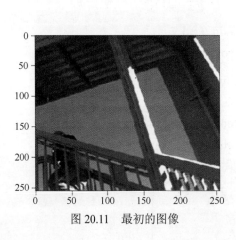

图 20.11　最初的图像

图 20.12　缩放后的图像

20.7　小结

本章介绍了 Python 中的图像处理。首先介绍了图像处理，理解图像可以存储为多维数组是很重要的。能够存储图像，通过数组创建图像，以及能够将图像保存为文件，这些都很重要。此外，读者必须理解变换的概念，进而才能对给定的图形应用变换。底层的数学

帮助我们理解复杂的背景，并且帮助程序员设计出一种解决方案以应对挑战。能够裁剪图像并从中提取统计信息也同样重要。本章介绍了所有上述的内容，并且为读者在需要图像处理的各个区域中运用 Python 奠定了基础。希望读者自行搜索相关资料，以更好地理解相关的主题。

20.7.1 术语

- 平移：一个点或一条曲线的移动。
- 旋转：一条线段或曲线围绕一个固定点沿圆周的方向移动一定的角度。
- 缩放：通过将曲线或图像的 x 坐标和 y 坐标乘以一个因子以改变其大小。

20.7.2 知识要点

- 要从一个对象读取图像，可以使用 imread 函数。
- 数组的 tofile() 函数将数组转换为一个原始文件。
- 使用 contour 函数可以显示多边形的各条边。
- 通过创建遮罩并且将该区域的值设置为 0，可以提取图像的一部分。
- 使用 Numpy 可以提取给定图像相关的统计信息。max() 函数返回最大值，min() 函数返回最小值，mean 函数返回平均值，std 函数返回标准差。
- rotate 函数以角度作为参数，可以用于旋转图像。
- 当你必须旋转同一图像两次时，可以通过将图像旋转 $\alpha+\beta$ 的角度来完成这一任务，其中 α 是第一次旋转的角度，β 是第二次旋转的角度。

20.8 练习

选择题

1. 如下哪一个库在 Python 中用于处理图像？ ____
   - （a）re
   - （b）Python 图像处理库
   - （c）Pillow
   - （d）以上都不对
2. 图像可以存储为____。
   - （a）二维数组
   - （b）三维数组
   - （c）以上都对
   - （d）以上都不对
3. 在 Python 中，存储为一个二维数组的图像，可以通过如下的哪种工具来处理？ ____
   - （a）NumPy
   - （b）re
   - （c）以上都对
   - （d）以上都不对
4. 如下哪几项构成了图像处理中的基本变换？ ____
   - （a）平移
   - （b）旋转
   - （c）缩放
   - （d）以上都对
5. 如下哪些函数可以用于旋转一幅图像？ ____
   - （a）rotate
   - （b）rot
   - （c）rota
   - （d）以上都不对
6. 如下哪项是使用 Python 图像处理库能够完成的？ ____

　　（a）裁剪　　　　　　（b）旋转　　　　　（c）缩放　　　　　（d）以上都对

7. 图像处理用于____。

　　（a）医疗诊断　　　　（b）天气预报　　　（c）动画　　　　　（d）以上都对

8. 如下哪些项拥有旋转功能或者能够在 Python 中旋转图像？____

　　（a）ndimage　　　　 （b）ndarray　　　 （c）以上都对　　　 （d）以上都不对

9. 如下哪项是能够使用 contour 函数获取的？____

　　（a）给定图像中的多边形的变　　　　　　（b）统计信息

　　（c）以上都对　　　　　　　　　　　　　（d）以上都不对

10. 如下哪一项在 Python 中用于绘制图形（包括 2D 和 3D 图形）？____

　　（a）Matplotlib　　　（b）NumPy　　　　（c）Scipy　　　　　（d）以上都不对

20.9　理论回顾

1. 说明图像处理的一些应用。

2. 图像是如何存储到数组中的？数组如何用来把图像写入一个文件，并且随后再读取出它？

3. 说明 3 种基本的变换。写出执行这 3 种变换的包含矩阵的数学公式。

4. 证明如果两个平移矩阵相加，所得到的矩阵将会产生和单独平移相同的效果。

5. 什么是旋转中点？

6. 说明裁剪。在 Python 中如何执行裁剪？

7. 说明提取图像的统计信息的过程。

8. 什么是轮廓？在 Python 中，如何提取一个多边形的边？

9. 说明 Python 图像处理库的重要性。该库可以和 NumPy 和 SciPy 一起使用吗？

20.10　编程实践

　　编写程序读取一幅图像，并且执行如下任务。

1. 将该图像存储到一个数组中，并且提取出其统计信息。

2. 找出图像中多边形的边。

3. 沿逆时针方向旋转该图像 30°。

4. 缩放图像，在 x 轴上的缩放因子为 2，在 y 轴上的缩放因子为 3。

5. 将图像平移 t_x 和 t_y（由用户输入）。

6. 将图像修改为灰度图像。

7. 将图像的大小缩小为其一半。

8. 裁剪图像，生成合适大小的一个方块。

9. 裁剪图像，生成合适大小的一个椭圆。

10. 将一个文本存储到图像中。

附录 A Python 中的多线程

A.1 简介

现代操作系统可以同时运行多个进程。在多进程系统中，各个进程分配到不同的内存空间。然而，为了进行通信，这些进程可以共享一些内存空间。如果一个系统只有一个 CPU，它可以在这些进程之间分配 CPU 时间。CPU 在这些进程之间跳转，并且给每个进程一片处理时间。有很多种方式来执行这种调度，例如，先到先服务（first come first serve）、最短任务优先（shortest job first）、轮询（round robin）等。多进程帮助我们实现高效能，并且可以更好地利用资源。在诸如同步等问题已经处理之后，单个进程的某些部分就可能独立地运行，由此就产生了多线程的思想。从字面意义上讲，多线程（multithreading）是计算机操作系统的一种能力，它就像通过单个进程单元或 CPU 在同时运行数个程序或 App 一样。

当期望一个进程处理两个或多个并行任务的时候，通常要实现一个线程。实际上，每个进程都是一个执行的线程，一个线程可以产生多个线程。使用多线程，单个程序可以并发地执行其子任务。一个最简单的示例就是字处理程序中的拼写检查、语法检查和单词统计工具。这里的字处理程序是主进程，而这些工具是不同的线程，它们可以并行地运行。图 A.1 展示了进程和线程之间的区别。

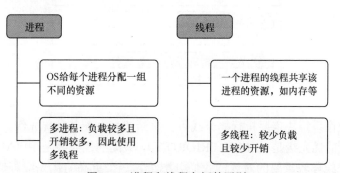

图 A.1 进程和线程之间的区别

Python 支持多线程。在多线程系统中，线程是最小的执行单位。一个进程的线程共享相同的内存空间。此外，一个进程的状态也由线程共享。线程还可以共享全局变量。如果一个线程修改了全局变量，其他的线程也可以访问更新后的值。可以通过调度或者通过给线程分配 CPU 时间，让这些线程并发运行。在第一种情况下，这些线程可能只表现为一个函数的扩展。然而，详细查看可以看到区别，主要是在返回行为方面。

可以将线程分为两类。用户可以创建线程，甚至内核也可以创建线程。内核是操作系统的一部分。在任何情况下，不同的线程可以完成不同的任务，提高 CPU 的利用率。也就是说，多线程的优势在于资源利用率。拥有多个处理器的计算机可以更充分地利用多线程的优点。此外，正如上面所介绍的，处理输入的时间是可以充分利用的。下面展示了多线程的优点：

- 更高的资源利用率；
- 高效；
- 减少吞吐量；
- 内存共享。

A.2　Java 的多线程模块

Python 的多线程模块受到 Java 多线程模块的启发。本节介绍一下 Java 的多线程模块。

在 Java 中，使用 thread 类或 runnable 接口来创建一个线程。当一个线程开始其生命周期的时候，这个新的线程就产生了。这种状态叫作创建状态。当一个新的线程产生后，它变成了运行状态。也就是说，线程开始准备好完成它负责的任务。在执行的过程中，可能有一种情况是线程要等待某些信号，例如 I/O。这种状态称为等待状态（waiting state）。这里需要说明的是，这种等待也可以是定时的。最终，一个线程终止了（terminated）。线程的状态如图 A.2 所示。

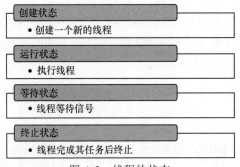

图 A.2　线程的状态

可以根据操作系统决定要执行哪个线程，来给线程分配某种优先级。在 Java 中，和线程相关联的最低的优先级是 1（MIN_PRIORITY），最高的优先级是 10（MAX_PRIORITY）。实际上，当一个线程较重要的时候，我们分配给它一个更高的优先级。然而，这方面的最终决策取决于操作系统。

A.3　Python 中的线程

Python 有两个模块 `threads` 和 `threading` 来方便线程的使用，然而，更多地使用 `threading`，而 `threads` 已经被废弃了。

在 Python 3 中，`threads` 改名为 `thread`。`thread` 模块带有很多函数，可以完成各种任务。使用 `start_new_thread` 方法可以开始一个新的线程。

`start_new_thread` 方法开始一个新的线程。该方法的参数是 `function`、`args` 和 `kwargs`。`function` 是函数的名称，`args` 是参数的列表，`kwargs` 是关键字参数的字典。

如下程序展示了 `start_new_thread` 函数的用法。首先，需要从 `_thread` 模块导入该函数。然后，定义一个函数，例如 funl。随后，跟着任意多个线程的调用。注意，该函数中还捕获了异常，因此，当调用一个特定的线程的时候，会捕获所需的异常（或者该调用导致一次常规的执行）。

```
def fun(num):
print('Hi there\n Number\t:' +num)
from _thread import start_new_thread try:
start_new_thread(fun,(1,))
start_new_thread(fun,(2,))
except Exception:
print('Caught exception')
```

使用计数器可以监控线程。创建了一个全局的计数器，在每次调用 `start_new_thread` 的时候，它都会递增。如前所述，`thread` 模块已经废弃了，因此 `threading` 模块提供了各种接口来完成各种不同的任务。与创建线程相关的重要知识点如下所示。

- 可以通过 `active_count()` 函数显示当前激活的线程对象的数目。
- 通过调用者的线程中的 `current_thread()` 函数，可以返回当前线程对象。
- 使用 `get_ident()` 函数可以看到线程标识符。如 Python 官网所述：

线程标识符是一个非零的整数。它的值没有直接的含义，它被当作一个魔幻饼干使用，例如，用来索引和线程相关的数据的一个字典。当一个线程退出且创建另一个线程的时候，线程标识符可以循环使用。

- 通过 `enumerate()` 函数可以查看所有运行的线程的列表。这个列表包括主线程和所有其他的线程。
- 使用 `main_thread()` 可以查看主线程。`settrace()` 可以为所有线程设置轨迹。
- 使用 `stack_size` 函数可以设置栈的大小。

线程也可以拥有其本地数据。和一个线程相关的数据可以存储到 `local` 类的一个实例中。可以像下面这样创建 `threading.Local` 的一个实例。

```
data = threading.local
data.x = 1
```

A.4 和 thread 类相关的重要方法

本节简单介绍和 `thread` 类相关的一些重要方法，为在所需的代码中使用它们打下基础。

- `_init_()` 和 `run()`

通过实例化 `thread` 类可以在 Python 中创建线程。可以用两种方式来表示开始一个线程的活动。一种方法是将该对象传递给 _init_()，这是 thread 类的构造方法，这种情况下，不应该覆盖 thread 类的其他方法。另一种方法是覆盖 run() 方法。

● start()和 isalive()

在创建了一个线程之后，可以通过调用 start() 方法来开始所需的活动。调用 start() 方法将会调用单独执行的线程。初始化的线程将会处于活动状态。isalive() 方法检查线程是否是活动的。

● join()

如果一个线程调用了另一个线程的 join() 方法，调用的线程将会被阻塞，直到被调用的线程终止。

A.5　线程的类型

线程可以是一个守护线程、哑线程或者一个常规线程。下面简单地介绍线程的类型。

如果一个线程是守护线程，那么当程序只剩下这个守护线程的时候，程序会退出。可以通过 daemon 属性设置标志。也就是说，线程是可以突然切换的。主线程对应于负责控制 Python 程序的初始线程。主线程不能是守护线程。

然后，还有哑线程。这些线程是在后台值守的，并且总是活动的。这些线程不能被其他的任何线程连接。

```
class threading.thread(group=None, target=None, name=None, args=(), kwargs={}, *, daemon=None)
```

这个构造方法的参数如下。

● group 应该为 none，当实现 threadGroup 类的时候，它为了未来的扩展而保留。
● target 是可调用对象，可以由 run() 方法调用该对象。
● name 是线程名。
● args 是目标调用的参数元组。
● kwargs 是目标调用的关键字参数的一个字典。

A.6　小结

本附录介绍了多线程。首先，本附录介绍了线程的重要性以及线程和进程的区别，讨论了多线程的优点，涉及资源利用率高和高效两个方面。Python 线程模型很大程度上是基于 Java 线程模型的。因此，本附录先简单介绍了 Java 线程模型。然后，介绍了线程类及其重要方法，以便读者了解在 Python 中如何实现多线程。请读者参考本书最后给出的资料以进一步深入了解线程这一主题。这里要指出，本附录的目的并不是介绍线程的各个方面，而只是简单介绍其概念和用法。

A.7 练习

1. 什么是多任务？
2. 指出不能使用线程的一些条件。
3. 线程和进程有何区别？
4. 多线程有哪些优点？
5. 在一个进程系统中，多线程有何用处？
6. 指出支持多线程的 3 种语言。
7. 说明 Java 多线程模型。
8. 说明在 Python 中如何实现线程。
9. 指出在 Python 中帮助实现多线程的库。
10. 指出通过其实现线程安全性的一种技术。
11. 多线程代码必须处理哪一种异常？
12. join()方法的功能是什么？
13. 所有的线程都在等待一个信号。哪一个方法负责通知所有的线程？
14. 在 Python 中如何停止一个线程（指出方法名）。
15. 有哪些不同类型的线程？

附录 B　正则表达式

我们在本书中所学习的关于字符串的函数和程序，能够帮助我们从一段给定的文本中搜索一种模式并提取它。然而，搜索、查找模式并提取一段文本，是很常用的任务，以至于 Python 为此任务专门提供了整个模块。re 模块帮助用户从一段给定的文本中搜索或提取一个模式。这个模块有点复杂，因此我们没有在本书正文中介绍。然而，re 模块又很重要，因此在这个附录中进行介绍。本附录并不会全面地介绍这一主题并分析这一主题的每一个方面，而是给出一个简单的介绍，为读者使用这一模块完成简单的任务打下基础。正则表达式很强大，并且可以用来从给定的文本中搜索诸如 Email 地址、电话号码等模式。此外，正则表达式还用于文本解析和编译器的开发。

B.1　简介

Python 为用户提供了 re 模块来处理正则表达式和搜索所需的文本。编写一个复杂的正则表达式是一项错综复杂的任务，需要不断地练习。然而，可以较快地编写出简单的表达式。实际上，只需要阅读完本节，就可以编写简单的正则表达式了。

首先，我们来考虑一个正则表达式中的字符。正则表达式中的字符包括以下几种类型：
- 字面值字符；
- 字符类；
- 修饰符。

字面值表示拥有单个字符的类，包括大写和小写的数字和特殊字符。特殊字符需要在字符本身的前面放置一个反斜杠（/）。

字符类在一对方括号中拥有一个或多个字符。表达式将会和该类中出现的任何字符进行匹配。实际上，我们甚至可以在类中表明一个范围。如下符号描述了一些标准的匹配：
- \w 表示字母字符；
- \W 表示非字母字符；
- \d 表示数字；
- \D 表示非数字；
- \s 表示空白；
- ^表示一个字符串的开始；$表示一个字符串的结束；
- 在正则表达式中，点(.)描述单个字符；
- 星号(*)表示其之前的字符出现 0 次或多次；
- +表示一个字符串出现 0 次或多次；
- ?表示其之前的字符串出现 0 次或 1 次；

- 要精确地匹配一个正则表达式的 n 次出现，使用$\{n\}$；
- 要匹配一个正则表达式的 n 次或多次出现，使用$\{n,\}$；
- 要匹配一个正则表达式的 n 和 m 之间的任意多次出现，使用$\{n, m\}$。

正则表达式通常在用来完成所述的任务之前进行编译。只有在给定的正则表达式编译之后，才进行比较。实际上，即使一个函数可以接受一个未编译的正则表达式，最好也使用已经编译过的正则表达式，因为这会大大减少搜索所花的时间。

正则表达式用一对单引号括起来，在前面加一个 r。例如，一个网站的名称可以是任意多个字母字符，其后面跟着一个点号，然后是一个域名。因此，这个正则表达式可以写成如下所示。

```
sitename= re.compile(r'[\w.]+@[\w.]+')
```

可以使用诸如 search 和 match 的函数，在一个字符串中搜索一个正则表达式。不管正则表达式是否编译了，都可以对其调用这些函数。

- match：在字符串开头查找表达式。
- search：在字符串中的每个位置查找表达式。

以上两个函数都接受 pos 和 endpos 参数，以表明在表达式中搜索的开始位置和结束位置。如果在给定的文本中找到了表达式，就返回一个匹配的对象；如果没有找到任何匹配，就返回 None。看看如下示例。

```
import re mailid=re.compile(r'[\w.]+@[\w.]+')
```

这里，import re 用于导入 re 模块。mailid=re.compile(r'[\w.]+@[\w.]+')用于创建一个名为 mailid 的正则表达式。注意，它是以 r 开头的，并且表达式放在一对单引号之中。Email 地址可以有任意多个字符，后面跟着一个 "."，然后是一个@，此后还可以跟着任意多个字母字符（并且可以是任意多次重复的）。编译之后，可以使用这个正则表达式来搜索所需的字符串。

```
text = 'The site of the university if harsh@jnu.ac.in'
mailid.search(text)
```

上面的语句的输出如下。

```
<_sre.SRE_Match object; span=(29, 44), match='harsh@jnu. ac.in'>
```

介绍完了基本知识，我们现在来从一个更新的、更容易的视角来深入了解下正则表达式。

B.2 search 函数和强大的正则表达式

在用户使用正则表达式的一个程序中，必须导入 re 模块。使用该模块所能执行的最简单的任务之一，就是使用模块的 search 函数来找到一个给定的模式。例如，程序清单 B.1 从 file1.txt 中找出所出现的 "Harsh" 字符串。

程序清单 B.1　search1.py

```
import re
f=open('text1.txt')
i=1
str=''
```

```
for line in f:
    line.strip()
    str+=line
    if re.search ('Harsh',line):
        print (i)
        print (line)
    else:
        print ('hi')
    i+=1
```

然而，re 的功能是很强大的。它可以用来执行更加复杂的任务，例如，找出所有以 har 开头的行。程序清单 B.2 使用^来完成这一任务。

程序清单 B.2   search2.py

```
import re
f=open('text1.txt')
i=1
str=''
for line in f:
    line.strip()
    str+=line
    if re.search ('^har',line):
        print (i)
        print (line)
    else:
        print ('hi')
        i+=1
```

也可以使用已有的字符串函数来完成上述任务。现在，假设有一个更难一点的任务，使用 re 模块，找出以 h 开头、后面依次跟着 4 个字符和一个 h 的所有单词。首先，导入所需的模块。

在一个正则表达式中，?匹配任意的字符。在匹配一个表达式的时候，问号是最常用的字符之一。例如，一个 H...h 将会匹配以 H 开头且以 h 结尾的任何单词。也就是说，"H...h"将会匹配 Harsh、Haaah、H123h、H@12h 等。

程序清单 B.3 实现了上述逻辑。

程序清单 B.3   search3.py

```
import re
f=open('text1.txt')
for line in f:
    line=line.strip()
    if re.search('H...h',line):
        print(line)
```

此外，也可以指定字符是否能够重复，如程序清单 B.4 所示。正则表达式中的*和+表示不是匹配给定字符的单个实例，*表示 0 个或多个实例，而+表示一个或多个实例。

程序清单 B.4   search4.py

```
import re
f=open('text1.txt')
for line in f:
line = line.strip()
if re.search('^From:.+@', line) :
print(line)
```

注意，"."之后的一个"+"表示在 From 和@之间可以有任意多个字符。

如果我们想要提取匹配一个正则表达式的所有字符串，可以使用 findall()函数。

使用正则表达式提取数据

如果我们要用 Python 从一个字符串中提取数据，我们可以使用 findall()。例如，要从一个给定字符串表达式中提取所有的 Email 地址，可以使用'\S+@\S+.com'。

也就是说，如下代码将会创建一个列表，其中包含了所有以.com 结尾的 Email 地址。

```
list = findall('\S+@\S+.com', str)
list
```

注意，\S 是一个非空白字符，并且\S+表示任意多个非空白字符。后面必须跟着@。@之后，可以有任意多个非空白字符，后面再跟着一个.com。

同样，我们可以构造一个正则表达式来找出所有包含.edu 的 Email 地址。严格来讲，一个 Email 地址以一个大写字母或小写字母开头，后面跟着任意多个非空白字符，然后是一个@符号。@后面跟着任意多个非空白字符。因此，Email 地址的正则表达式是

```
[a-zA-Z0-9]+\S+@\S+[a-zA-Z]+
```

在字面上最常遇到的一个例子是这样的一个子字符串：以 0 个或多个小写字母、大写字母或者数字[a-zA-Z0-9]开头，后面跟着 0 个或多个非空白的字符（"\S"），然后是一个@字符，后面跟着 0 个或多个非空白的字符（"\S"），接着是一个大写字母或小写字母。代码如程序清单 B.5 所示。

程序清单 B.5　search5.py

```
import re
f=open('text1.txt')
i=0
for line in f:
    line = line.strip()
    emaillist=re.findall('[a-zA-Z0-9]+\S+@\S+[a-zA-Z]+',line)
    i+=1
    print(i)
    if len(emaillist) > 0:
        print(emaillist)
```

正则表达式还可以用于找出符合特定模式的所有表达式。例如，如果我们想要提取以这样一个模式：以 H 开头，后面跟着一个-，然后是一个冒号，接着是任意多个数字字符，接下来是一个点号，接下来是任意多个数字字符，可以使用如下的 re。

```
H-ABCD-lefthanddrive:  0.1234
H-XYZT-righthanddrive:  0.1111
H-NMOP-lefthand:  0.0101
H-KLMN-righthand:  0.0001
H-AAAA-leftdrive:  0.01010
H-C DCD-rightdrive:  1010.90990
```

假设我们想要这样的文本行：以 H-开头，后面跟着 0 个或多个字符（".*"），然后是一个冒号（":"），接着是一个空格（\s）。在空格之后，我们查找要么是数字（0~9）要么是句点的一个或多个字符，即"[0-9.]+"。注意，在方括号之中，句点和一个实际的句点匹配（即，它不是方括号之间的一个通配符）。代码如程序清单 B.6 所示。

程序清单 B.6　search6.py

```
import re
f=open('text1.txt')
for line in f:
    line=line.strip()
    if re.search('^H-.*:\s[0-9.]+', line):
        print(line)
```

执行上述代码，将会输出我们想要查找的字符串。将给定的文本划分为行的真正原因是避免需要同时解析和搜索。

也可以使用 findall() 来做相同的事情，如程序清单 B.7 所示。

程序清单 B.7　search7.py

```
import re
f=open('text1.txt')
for line in f:
    line=line.strip()
    pattern=re.findall('^H-.*:\s[0-9.]+', line)
    if len(pattern) > 0:
        print(pattern)
```

这段程序的输出如下所示。

```
['H-ABCD-lefthanddrive: 0.1234']
['H-XYZT-righthanddrive: 0.1111']
['H-NMOP-lefthand: 0.0101']
['H-KLMN-righthand: 0.0001']
['H-AAAA-leftdrive: 0.01010']
['H-C  DCD-rightdrive: 1010.90990']
```

有的时候，我们需要搜索的字符实际上是正则表达式中的特殊字符。在这种情况下，必须表明该字符是常规的，而并没有特殊的含义。我们可以通过在该字符前加上一个反斜杠，表示只想要匹配一个字符。

如前所述，本附录的目的是介绍正则表达式这一主题。实际上，使用正则表达式，我们可以构建字符串，以用来在给定文本搜索或匹配某些字符串。

B.3　小结

通常，我们需要在较大的文本中搜索一种特定的模式。要搜索的字符串可能是各种类型的。为了搜索给定的模式，Python 通过 re 模块为我们提供了正则表达式。

例如，在给定的文档中搜索 Email 地址的时候，或者在查找以 a 结尾的名字的时候，可以使用正则表达式。实际上，正则表达式不仅用来查找模式，还可以用来定义或修改模式。本附录介绍 re 模块并说明其用法。

需要记住的符号

有一些特殊的字符和字符序列需要记住。

^：表示一行的开始。

$：表示一行的结束。

. ：表示任意字符（一个通配符）。

\s：表示一个空白字符。

\S：表示一个非空白字符（和\s 相反）。

*：表示匹配之前的字符 0 次或多次。

*?：表示以非贪婪模式匹配之前的字符 0 次或多次。

+：表示匹配之前的字符 1 次或多次。

+?：表示以非贪婪模式匹配之前的字符 1 次或多次。

[abcde]：这个示例将会匹配 "a" "b" "c" "d" 或 "e"，而不会匹配其他字符。

[a-z0-9]：必须匹配一个小写字母或一个数字的单个字符。

[^A-Za-z]：表示除了一个大写字母或小写字母之外的任何单个字符。

()：忽略匹配的目的。但是，当使用 findall() 的时候，允许提取匹配的字符串的一个特定子集，而不是整个字符串。

\b：在单词的开始或结尾匹配空字符串。

\B：匹配空字符串，但是不在单词的开始或结尾匹配。

\d：匹配任意的数字字符，等同于集合[0-9]。

\D：匹配任意的非数字字符，等同于集合[^0-9]。

B.4 练习

1．什么是正则表达式？它们为什么有用？

2．正则表达式比字符串函数功能更强大吗？

3．编译的正则表达式和没有编译的正则表达式之间有何区别？

4．可以使用正则表达式从一个 Web 页面中查找模式吗？

5．说出 3 个用于从给定文本中查找一个字符串的函数。

B.5 编程实践

从一个新的 Web 站点获取 2000 个单词左右的一段文本。从这段文本中，找出以下信息：

（a）在 Yahoo 服务器上拥有电子邮箱的所有人的 Email 地址；

（b）住在约旦（电话号码以 011-开头）的所有人的电话号码；

（c）以 H 开头，H 之后有两位数字，数字之后有任意多个字符的编码；

（d）以 H 开头，以 h 结尾的所有名称；

（e）Ashish 后面跟着 3 个数字的字符。

附录 C 实践练习和编程问题

C.1 过程式编程

C.1.1 条件语句

1. 请用户输入一个 4 位数字，检查第 2 位是否比第 3 位多 1。
2. 在问题 1 中，如果给定的条件为假，将第 2 位的数字与第 3 位的数字交换位置，并且如果这两个位置的数字都不是 9，将这两个位置的数字都增加 1。如果某个位置的数字是 9，那么不要改变该位置的数字（即将不是 9 的那位数字增加 1）。
3. 请用户输入一个 3 位数，并且求和数字对应的字符。根据这些字符创建一个字符串，并且检查这些字符串中是否有首字母大写的。
4. 请用户输入其月薪、他每月的房屋的租金（或者每月出租房屋的收入），以及他每月在汽车、订阅报纸、食物上的花销。现在，检查剩下的金额是否够 500 元。
5. 请用户输入他的总存款。如果存款在 1 000 000 美元以上，那么这个人不需要交任何税。此外，这个人将从政府获得补贴。如果存款在 500 000 美元以上但在 1 000 000 美元以下，需要支付其存款的 30% 作为税收，并基于其纳税再额外征收 2% 的费用。计算一个人在此项税务上应该支付的总费用。
6. 请用户输入一个 3 位数，并且求出数位中的最大数。求出各位数字之和，检查数字之和是否是数位中最大数的 2 倍。
7. 请用户输入一个学生在 5 个科目上获得的分数。如果一个人的分数高于 90 分，其成绩为 A+；如果得分在 85 分以上、90 分以下，成绩为 A；如果得分在 80 分以上，成绩为 A-。类似地，如果得分高于 75 分，成绩为 B+；如果得分在 70 分以上，成绩为 B；如果得分在 65 分以上、70 分以下，成绩为 B-；如果得分在 60 分以上、65 分以下，成绩为 C+；如果得分在 55 分以上、60 分以下，成绩为 C；如果得分在 50 分以上、55 分以下，成绩为 C-。此外，对于每一个分数，对应的 CGPA 如下。

分数	CGPA
A+	9
A	8
A-	7
B+	6
B	5

分数	CGPA
B–	4
C+	3
C	2
C–	1

求出该学生的平均 CGPA。

8. 用户输入一个年份，验证它是否是 7 的倍数，不要使用模除运算符。

9. 用户输入一个数字，验证它是否既是 5 的倍数也是 7 的倍数，不要使用模除运算符。

10. 用户输入一个字符串，求出字符串中元音字母的个数。

C.1.2 循环

11. 请用户输入一个数字，求出将各位顺序反转后的数组。

12. 请用户输入一个十进制数，求出其相等的二进制数。

13. 请用户输入一个十进制数，求出其相等的八进制数。

14. 请用户输入一个十进制数，求出其相等的十六进制数。

15. 请用户输入一个 n 位数，判断其中哪个位的数字最大。

16. 请用户输入任意多个数字（他必须输入 0 表示停止），求出其中的最大数。

17. 在问题 16 中，求出其中的最小数。

18. 请用户输入 n 个数，求出它们的标准差和平均值。

19. 在问题 18 中，求出平均偏差。

20. 编写一个程序，得到通过网络搜索细胞自动机的模式。

C.1.3 函数

给你一段数据。这段数据有很多特征（列），最后一列表明了它属于哪个类（0 或 1）。每个特征的数据都可以划分为 X 和 Y，其中 X 是属于类 0 的数据，而 Y 是属于类 1 的数据。通过多个方法，可以计算一个特定特征的意义，其中一种方法是使用费希尔判别比（Fisher Discriminate Ratio，FDR）。

一个特征（一个列向量）的 FDR 通过以下公式来计算：

$$FDR = (\mu_x^1 - \mu_y^1)^2 / (\sigma_x^2 - \sigma_y^2)$$

其中，μ_x 是数据 X 的平均值，而 μ_y 是数据 Y 的平均值。X 的标准差是 σ_x，Y 的标准差是 σ_y。

21. 编写一个函数 segregate，它以特征和标签作为输入，并且求出向量 X 和 Y。

22. 编写一个 calculate_mean 函数，计算出输入向量的平均值。

23. 编写一个 calculate_standard_deviation 函数，计算出输入向量的标准差。

24. 编写一个 FDR 函数，计算一个特征的 FDR。

25. 编写一个程序，以 2D 数据作为输入，并且计算每一个特征的 FDR。

一个特定的特征的相关性也可以通过相关系数来计算。

一个特征（一个列向量）的相关系数可以使用如下公式来计算。

$$CC = \frac{X \cdot Y}{|X| \times |Y|}$$

其中，对于 $X = [x_1, x_2, \cdots, x_m]$，$|X| = \sqrt{x_1^2 + x_2^2 + \cdots + x_m^2}$。

同理，对于 $Y = [y_1, y_2, \cdots, y_n]$，$|Y| = \sqrt{y_1^2 + y_2^2 + \cdots + y_n^2}$。

26. 编写一个名为 segregate 的函数，它以特征和标签作为输入，并且求出向量 X 和 Y。

27. 编写一个 calculate_mod 函数，计算输入向量 X 的 $|X|$。

28. 编写一个 calculate_dot 函数，计算 $X \bullet Y$。

29. 编写一个 CORR 函数，计算一个特征的相关系数。

30. 编写一个程序，以 2D 数据作为输入，并且计算每一个特征的相关系数。

C.1.4 文件处理/字符串

31. 创建一个名为 data 的文件，插入来自一个文本文件的数据，这个文件包含了一个新闻网站中的 5 条新闻标题。

32. 现在，打开该文件并找出以元音字母开头的单词。生成单词的 5 个列表，其中的单词都是以元音开头的。

33. 绘制上述数据的直方图。

34. 令每个单词的首字母大写，并且将单词写入 5 个单独的文件中。

35. 现在，从每个文件中，找出以一个元音字母结尾的单词，并且将单词分别放入 5 个单独的文件中。

36. 检查这些单词中的哪一个是以元音字母开头并且以元音字母结尾的。

37. 从最初的文件中，找出重复次数最多的单词。

38. 对所有单词执行问题 37 中的任务，并且将每个单词的出现频率绘制成图。

39. 从最初的文件中，找出哪个字母字符使用的次数最多。

40. 请读者阅读网上关于霍夫曼编码的文件 node210.html，并且使用霍夫曼编码来编码文件。

41. 从最初的文件中，找出长度最长的字符串。

42. 从最初的文件中，找出包含 "cat" 子字符串的字符串。

43. 从最初的文件中，找出这样的字符串，它是文件中某个其他的字符串的子字符串。

44. 从最初的文件中，找出以大写字母开头的子字符串。

45. 从最初的文件中，找出所有的 Email 地址。

46. 找出位于 Yahoo 服务器上的所有 Email 地址。

47. 创建一个正则表达式，找出印度的电话号码，并且找出文件中的所有电话号码。

48. 从上面的列表中，找出属于某一特定地区的电话号码。

49. 找出 5 个标题中的所有单词。

50. 找出所以以辅音结尾并且包含一个元音的单词。

C.2　面向对象编程

C.2.1　类和对象

我们要为一个洗车公司开发软件。该公司想要使用一个软件来存储汽车的细节并开发票。在仔细思考之后，我们决定要创建一个名为 car 的类，它包含如下成员。

(a) 注册号码　　　(b) 款式　　　(c) 生产商

(d) 年份　　　(e) 车主姓名

(f) getdata()，用于接受用户输入的数据

(g) putdata()，用于显示数据

(h) init()，用于初始化成员

(i) del()，表示机构函数

(j) capacity()，表示引擎排量

1. 创建一个名为 car 的类，以方便开发所述的软件。

2. 生成这个类的两个实例，并且显示数据。第 1 个实例将使用 putdata() 函数显示输入的数据，第 2 个实例将使用 init() 方法显示赋值的数据。

3. 创建汽车的一个数组。请用户输入 n 个汽车数据，并且显示这些数据。

4. 找出注册号码包含 "HR51" 的汽车。

5. 找出生产商为 "Maruti" 的车。

6. 找出在 2007 年之前生产的汽车。

7. 找出车主姓名为 "Harsh" 的汽车。

8. 找出车主姓名以 A 开头且生产年份在 2014 年以后的汽车。

9. 找出拥有某种类型的引擎（由用户输入）的汽车。

10. 找出拥有最大引擎排量的汽车。

C.2.2　运算符重载

11. 创建一个名为 vector 的类，它包含 3 个数据成员。

- $x1$：向量的 x 分量。
- $y1$：向量的 y 分量。
- $z1$：向量的 z 分量。

这个类应该有一个名为 getdata() 的方法，它接受用户输入的数据；还有一个 putdata() 方法，它显示这些数据；还有一个构造方法 init。

12. 创建一个名为 vector 的类，并且生成两个实例 v_1 和 v_2。显示两个对象的数据。

13. 向量的模定义如下。如果 $v_1 = x_1 i + y_1 j + z_1 k$，那么 $|v_1| = \sqrt{x_1^2 + y_1^2 + z_1^2}$。创建向量的

一个数组。请用户输入 n 个向量的数据，并且找出拥有最大模的向量。

14. 从问题 13 的向量中，找出 y 分量为 0 的向量。

15. 通过将向量 v_1 和 v_2 的对应分量相减，可以将两个向量相减。如果 $v_1 = x_1 i + y_1 j + z_1 k$ 且 $v_2 = x_2 i + y_2 j + z_2 k$，那么 $v_1 - v_2 = (x_1 - x_2)i + (y_1 - y_2)j + (z_1 - z_2)k$。
    利用上述概念，为这个类重载–运算符。

16. 通过将向量 v_1 和 v_2 对应分量相加，可以将两个向量相加。如果 $v_1 = x_1 i + y_1 j + z_1 k$ 且 $v_2 = x_2 i + y_2 j + z_2 k$，那么 $v_1 + v_2 = (x_1 + x_2)i + (y_1 + y_2)j + (z_1 + z_2)k$。
    利用上述概念，为这个类重载+运算符。

17. 通过将两个向量的对应部分相乘所得的积相加，就可以计算两个向量的点积。也就是说，如果 $v_1 = x_1 i + y_1 j + z_1 k$ 且 $v_2 = x_2 i + y_2 j + z_2 k$，那么 $v_1 \bullet v_2 = (x_1 x_2)i + (y_1 y_2)j + (z_1 z_2)k$。
    利用上述概念，为该类重载"．"运算符。

18. 假设有一个自增运算符的定义如下。
    如果 $v_1 = x_1 i + y_1 j + z_1 k$，那么 $v_1 + + = (x_1 + +)i + (y_1 + +)j + (z_1 + +)k$。
    利用上述概念，对该类重载++运算符。

19. 假设有一个自减运算符的定义如下。
    如果 $v_1 = x_1 i + y_1 j + z_1 k$，那么 $v_1 - - = (x_1 - -)i + (y_1 - -)j + (z_1 - -)k$。
    利用上述概念，对该类重载–运算符。

20. 对于 vector 类，重载一元运算符(–)。

C.2.3 继承

21. 创建一个名为 Book 的类，它拥有如下成员：
    ● 书名：字符串；
    ● 作者：列表；
    ● 年份：出版的年份；
    ● ISSN：字符串；
    ● 出版商：出版商的名称。
    这个类应该有 getdata()、putdata()和 init()这几个方法。

22. 创建两个子类 TextBook 和 ReferenceBook，它们都拥有所需的数据成员。在上述两个子类中展示覆盖的用法。

23. 现在创建 TextBook 的 3 个子类，分别是 SocialScience、Engineering 和 Management。每个类都应该定义其自己的 getdata()和 putdata()版本。生成这些子类的实例，并且调用派生类的方法。

24. 创建一个名为 XBook 的类，它是 TextBook 和 ReferenceBook 的子类，展示这是如何导致二义性的。

25. 创建一个名为 ABC 的类，并且创建一个类方法以及该类的方法的一个实例。

C.2.4 异常处理

26. 创建一个名为 array 的类，它包含了一个数组，以及一个 max，这是数组所能拥有的最大的元素数目。它还有 getdata() 和 putdata() 方法，它们分别执行所需的任务。

27. 现在创建一个类来引发定制的异常。如果用户输入的元素比 max 所允许的数目多，就会引发这个异常。

28. 如果用户输入整数之外的任何内容，应该引发一个异常并且显示所需的消息。

29. 现在，请用户输入两个索引并且将位于该索引的两个数字相处。如果位于第 2 个索引处的数字为 0，应该引发一个异常。

30. 请用户输入 3 个索引。这 3 个索引包含了二次方程式 $ax^2 + bx + c = 0$ 中的 a、b 和 c 的值。求方程的根。如果 $b^2 - 4ac < 0$，应该引发一个异常。

C.3 数据结构

C.3.1 排序和搜索

1. 实现线性搜索和二分搜索。比较从 500 个随机数的列表中搜索一个元素的时间复杂度。

2. 重复 500 个整数的列表的试验，并且比较用两种算法搜索一个元素的时间复杂度。将元素数目增加 10 倍，运行的时间也会增加 10 倍吗？

3. 实现计数排序。

4. 实现木桶排序。

5. 实现选择排序，其时间复杂度为 $O(n\log_2 n)$。

6. 现在，接受其中包含 500 个整数的一个列表，并且比较选择排序和木桶排序的时间。

7. 对于木桶排序和计数排序，哪个方法花费的时间比较少？它们真的具有可比性吗？

8. 使用列表实现快速排序和合并排序。

9. 接受其中包含 5000 个随机整数的一个数组，并且比较运行快速排序和合并排序的时间。

10. 平均情况下，快速排序的时间复杂度是否更低一些？

C.3.2 栈和队列

11. 参考第 15 章，实现一个动态的栈，当发生溢出的时候，向其中添加一个单独的占位符。

12. 参考第 15 章，实现一个动态的栈，当发生溢出的时候，占位符的数目翻倍。

13. 实现一个动态栈,当发生溢出的时候,占位符的数目随机增加。
14. 使用栈将一个中缀表达式转换为一个后缀表达式。
15. 使用栈将一个中缀表达式转换为一个前缀表达式。
16. 使用栈,求出第 n 个斐波那契数列项。
17. 使用栈,通过将一个给定数字的位数逆转,求出所得到的数。
18. 使用队列实现优先级调度。
19. 使用队列实现先到先服务调度。
20. 使用队列实现先到先服务的时间分片。

C.3.3　链表

21. 编写一个程序,检查给定链表是否有回路。
22. 编写一个程序,将两个链表连接起来。
23. 编写一个程序,将两个链表合并。
24. 编写一个程序,从一个给定链表中删除重复的元素。
25. 编写一个程序,求出一个给定链表中第二大的元素。
26. 编写一个程序,求出比平均值大的元素(假设链表的数据部分只有整数)。
27. 编写一个程序,求出两个给定链表中的相同元素。
28. 编写一个程序,求出两个链表的合集。
29. 编写一个程序,按照降序排列一个链表中的元素。
30. 编写一个程序,按照第 16 章中的每种算法来分割一个链表。

C.3.4　图和树

可以使用一个二维数组来表示图。这个数组将包含 0 和 1。如果第 i 行第 j 列的元素为 1,表示从顶点 i 到顶点 j 有一条边。请用户输入一个图的顶点的数目,并且创建一个二维数组来描述图。

31. 求出图中边的数目(注意,一个二维数组中 1 的数目并不等于图中边的数目)。
32. 求出所连接的边最多的顶点。
33. 检查图是否有回路。
34. 请用户输入初始顶点和结束顶点,并且检查从初始顶点到结束顶点之间是否有一条路径。
35. 在问题 34 中,检查从初始顶点到结束顶点是否有多条路径,如果有,找出最短路径。
36. 现在,在值为 1 的地方请用户输入一个有限的数字,来表示从顶点 i 到顶点 j 的边的开销。求出从源顶点到所有其他顶点的最短路径。
37. 编写一个程序,找出图的生成树。
38. 编写一个程序,判断一个图是否是树。
39. 可以使用一个 n 行 2 列的二维数组来表示一棵树。在每一行中,如果第 1 列是 i,第二列是 j,这意味着从 i 到 j 有一条边。请用户输入所需的数据并且显示该树(只显示顶点以及与顶点相关的边的列表)。

40. 使用一个双向链表创建一棵二叉树。对这棵树，执行以下任务。

（a）编写一个程序，实现对二叉树的后序遍历。

（b）编写一个程序，实现对二叉树的先序遍历。

（c）编写一个程序，实现对二叉树的中序遍历。

（d）检查给定树是否是一棵二叉搜索树。

（e）在给定的二叉搜索树中，求出一个给定节点的右子树的最左节点。

（f）在给定的二叉搜索树中，求出一个给定节点的左子树的最右节点。

（g）编写一个程序，在一棵二叉搜索树中插入一个元素。

（h）编写一个程序，从一棵二叉搜索树中删除给定节点。

（i）编写一个程序，从给定列表创建一个堆。

（j）实现堆排序。

附录 D 实践练习——选择题

D.1 数据结构简介

D.1.1 简介

1. 在线性数据结构中，元素是____。
   （a）以线性方式存储的　　　　　　　　（b）以顺序方式访问的
   （c）二者都对　　　　　　　　　　　　（d）以上都不对

2. 在非线性数据结构中____。
   （a）元素按照非线性方式存储和访问　　（b）元素按照非线性方式访问
   （c）元素按照非线性方式存储　　　　　（d）以上都不对

3. ADT 包括____。
   （a）数据的声明　　（b）操作的声明　　（c）数据的定义　　（d）操作的定义

4. 在给定数组中的给定位置插入一个元素的时间复杂度是____。
   （a）$O(n)$　　　　　（b）$O(n^2)$　　　　（c）$O(\log_2 n)$　　　　（d）以上都不对

5. 从数组中的一个给定位置删除一个元素，时间复杂度是____。
   （a）$O(n)$　　　　　（b）$O(n^2)$　　　　（c）$O(\log_2 n)$　　　　（d）以上都不对

6. 如下哪种不是算法分析的类型？____
   （a）最坏情况　　　（b）最好情况　　　（c）平均情况　　　（d）边界情况

7. 线性搜索的时间复杂度是____。
   （a）$O(n)$　　　　　（b）$O(n^2)$　　　　（c）$O(n^3)$　　　　（d）以上都不对

8. 冒泡排序的时间复杂度是____。
   （a）$O(n)$　　　　　（b）$O(n^2)$　　　　（c）$O(n^3)$　　　　（d）以上都不对

9. 选择排序的时间复杂度是____。
   （a）$O(n)$　　　　　（b）$O(n^2)$　　　　（c）$O(n^3)$　　　　（d）以上都不对

10. 如果 $f(n) = 3n^2 + 5n + 2$，那么 $f(n)$ 为____。
    （a）$O(n)$　　　　（b）$O(n^2)$　　　　（c）$O(n^3)$　　　　（d）以上都不对

11. 如下哪一项是一个算法最基本的属性？____
    （a）正确性　　　（b）有限性　　　（c）确定性　　　（d）以上都对

12. 如下的哪一项是递归的，但是使用栈可以实现一种非递归算法？____
    （a）合并排序　　（b）快速排序　　（c）冒泡排序　　（d）插入排序

13. 以下哪一项是可遍历的? ____
    （a）合并排序　　（b）快速排序　　（c）冒泡排序　　（d）插入排序
14. 如下哪种数据结构不能有回路? ____
    （a）有向图　　（b）无向图　　（c）树　　（d）以上都不对
15. NumPy 依赖于如下的哪种数据结构? ____
    （a）数组　　（b）树　　（c）栈　　（d）队列

D.1.2　栈和队列[①]

16. 给定一个表达式$(a + b) - (c/d) \times f$。该表达式的后缀形式是____。
17. 给定一个表达式$(a + b) - (c/d) \times f$。该表达式的前缀形式是____。
18. 给定一个表达式$(a/(b + c)) - d$。该表达式的后缀形式是____。
19. 给定一个表达式$(a/(b + c)) - d$。该表达式的前缀形式是____。
20. 给定一个表达式$a + ((b/c) \times (d/f))$。该表达式的后缀形式是____。
21. 给定一个表达式$a + ((b/c) \times (d/f))$。该表达式的前缀形式是____。
22. 在动态堆栈中，如果在溢出的时候添加一个元素，复制操作的时间复杂度是____。
    （a）$O(n)$　　（b）$O(n^2)$　　（c）$O(\log_2 n)$　　（d）以上都不对
23. 在动态堆栈中，如果在溢出的时候元素的数目翻倍，复制操作的时间复杂度是____。
    （a）$O(n)$　　（b）$O(n^2)$　　（c）$O(\log_2 n)$　　（d）$O(n \log_2 n)$
24. 当把一个字符串反转的时候，可以使用如下的哪种数据结构? ____
    （a）数组　　（b）树　　（c）栈　　（d）队列
25. 在线性队列中，FRONT 和 REAR 的初始值是什么? ____
    （a）FRONT = 0, REAR = 0
    （b）FRONT = 0, REAR = – 1
    （c）FRONT = – 1, REAR = Not Defined
    （d）FRONT = –1, REAR = –1
26. 在线性队列中，以下哪种情况是不可能的? ____
    （a）FRONT = 0, REAR = 1　　　　（b）FRONT = 3, REAR = 2
    （c）FRONT = 2, REAR = 3　　　　（d）FRONT = – 1, REAR = – 1
27. 在如下哪种情况中，FRONT 和 REAR 的值是相同的? ____
    （a）空队列　　　　　　（b）只有一个元素
    （c）以上都对　　　　　（d）以上都不对
28. 在操作系统中实现 FIFO 调度的时候，使用的是哪种数据结构? ____
    （a）数组　　（b）树　　（c）栈　　（d）队列
29. 在假脱机中，使用的是哪种数据结构? ____
    （a）数组　　（b）树　　（c）栈　　（d）队列
30. 递归需要用到如下的哪种数据结构? ____

---

① 16～21 是否以填空题形式给出。

（a）数组　　　　　（b）树　　　　　（c）栈　　　　　（d）队列

D.1.3　链表

31. 在用链表实现栈的时候，用到如下的哪种操作？　____
 （a）在开始处插入　　　　　　　　（b）在结尾处插入
 （c）从开始处删除　　　　　　　　（d）从结尾处删除
32. 在用链表实现队列的时候，用到如下的哪种操作？　____
 （a）在开始处插入　　　　　　　　（b）在结尾处插入
 （c）从开始处删除　　　　　　　　（d）从结尾处删除
33. 对于循环列表来说，如下哪种说法是对的？　____
 （a）最后一个节点的指针指向第一个节点
 （b）在非空的队列中，没有 NULL 指针
 （c）第一个节点的指针可能指向最后一个节点
 （d）以上都对
 在链表中存储多项式的时候，创建了一个特殊的节点，它有两个数据成员和一个 next 指针。数据成员存储一个给定项的系数和次数。
34. 使用上面的表示方式，多项式相加的时间复杂度是____。
 （a）$O(n)$　　　　（b）$O(n^2)$　　　　（c）$O(\log_2 n)$　　　　（d）$O(n \log_2 n)$
35. 使用上面的表示方式，多项式相减的时间复杂度是____。
 （a）$O(n)$　　　　（b）$O(n^2)$　　　　（c）$O(\log_2 n)$　　　　（d）$O(n \log_2 n)$
36. 使用上面的表示方式，多项式相乘的时间复杂度是____。
 （a）$O(n)$　　　　（b）$O(n^2)$　　　　（c）$O(\log_2 n)$　　　　（d）$O(n \log_2 n)$
37. 在把一个链表反转的过程中，最有效的策略是____。
 （a）递归
 （b）按照和最初的链表的元素相反的顺序，创建一个新的链表
 （c）创建两个指针
 （d）使用一个临时数组
38. 使用第 37 题中的策略来反转列表的时候，时间复杂度是____。
 （a）$O(n)$　　　　（b）$O(n^2)$　　　　（c）$O(\log_2 n)$　　　　（d）$O(n \log_2 n)$
39. 查找链表中的回路的策略是____。
 （a）递归　　　　　　　　　　　　（b）一个新的链表
 （c）创建两个指针　　　　　　　　（d）使用一个临时数组
40. 第 39 题中的策略的时间复杂度是____。
 （a）$O(n)$　　　　（b）$O(n^2)$　　　　（c）$O(\log_2 n)$　　　　（d）$O(n \log_2 n)$

D.1.4　树

41. 有 n 个节点的一棵完全二叉树的高度是____。
 （a）n　　　　（b）$n \log_2 n$　　　　（c）$\log_2 n$　　　　（d）n

42. 有 n 层的一棵完全二叉树中的节点数目是____。
    （a）$2n$　　　　　（b）$n\log_2 n$　　　（c）n^2　　　　　（d）$2n$

43. 在拥有 n 个节点的一棵完全二叉树中搜索的复杂度是____。
    （a）$O(n)$　　　　（b）$O(n^2)$　　　（c）$O(\log_2 n)$　　　（d）$O(n\log_2 n)$

44. 在扭曲的二叉树中，最坏情况下的搜索复杂度是____。
    （a）$O(1)$　　　　（b）$O(n)$　　　（c）$O(\log_2 n)$　　　（d）$O(n\log_2 n)$

45. 在扭曲的二叉树中，最好情况下的搜索复杂度是____。
    （a）$O(n)$　　　　（b）$O(n^2)$　　　（c）$O(\log_2 n)$　　　（d）$O(1)$

46. 当在给定的树（如图 D.1 所示）中搜索一个元素的时候，最大比较次数是____。
    （a）4　　　　　　（b）3　　　　　　（c）5　　　　　　（d）1

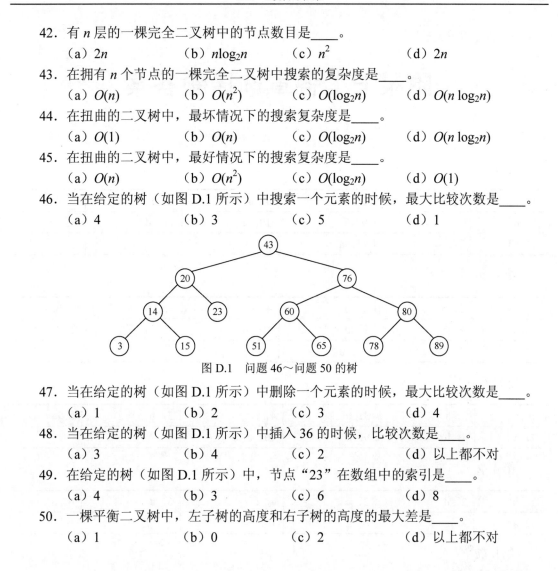

图 D.1　问题 46～问题 50 的树

47. 当在给定的树（如图 D.1 所示）中删除一个元素的时候，最大比较次数是____。
    （a）1　　　　　　（b）2　　　　　　（c）3　　　　　　（d）4

48. 当在给定的树（如图 D.1 所示）中插入 36 的时候，比较次数是____。
    （a）3　　　　　　（b）4　　　　　　（c）2　　　　　　（d）以上都不对

49. 在给定的树（如图 D.1 所示）中，节点"23"在数组中的索引是____。
    （a）4　　　　　　（b）3　　　　　　（c）6　　　　　　（d）8

50. 一棵平衡二叉树中，左子树的高度和右子树的高度的最大差是____。
    （a）1　　　　　　（b）0　　　　　　（c）2　　　　　　（d）以上都不对

D.2　选择题答案

1. a	2. a	3. a、b	4. a	5. a
6. d	7. a、b、c	8. a	9. a	10. d
11. a	12. a、b	13. c、d	14. c	15. a
22. b	23. d	24. c	25. a	26. b
27. c	28. a	29. a、d	30. c	31. b、d
32. b、c	33. a	34. a	35. a	36. b
37. c	38. a	39. c	40. c	41. c
42. d	43. c	44. b	45. d	46. a
47. d	48. a	49. b	50. a	

附录 E 各章选择题答案

第1章

1. c	2. b	3. b	4. c	5. c	6. d
7. b	8. c	9. b	10. a	11. d	12. d
13. d	14. d	15. a			

第2章

1. a	2. b	3. b	4. d	5. a	6. b
7. b	8. b	9. d	10. b	11. d	12. d
13. a	14. a	15. a			

第3章

1. a	2. a	3. b	4. a	5. b	6. a
7. a	8. b	9. b	10. b		

第4章

1. b	2. d	3. c	4. c	5. d	6. a
7. a	8. a	9. a	10. b		

第5章

1. d	2. a	3. a	4. c	5. d	6. d
7. c	8. c	9. a	10. d		

第6章

1. e	2. a	3. a	4. a	5. b	6. a
7. d	8. d	9. d	10. a		

第 7 章

1. c	2. a	3. d	4. a	5. c	6. c
7. b	8. c	9. a	10. b	11. c	12. a
13. b	14. a	15. b	16. a	17. a	18. b
19. c	20. a	21. b	22. c	23. b	24. d
25. d					

第 8 章

1. a	2. a	3. c	4. a	5. b	6. a
7. b	8. a	9. b	10. b	11. b	12. c
13. a	14. c	15. b	16. d	17. d	18. b
19. b	20. b	21. a	22. a	23. a	24. b
25. b、c					

第 9 章

1. a	2. d	3. a	4. a	5. a	6. a
7. a	8. b	9. a	10. a	11. b	12. a
13. d	14. d	15. a	16. d	17. b	18. b
19. b	20. d				

第 10 章

1. a	2. d	3. a	4. c	5. a	6. c
7. b	8. a	9. a	10. a	11. a	12. a
13. a	14. c	15. b	16. a	17. a	18. a
19. a	20. b				

第 11 章

1. a	2. c	3. b	4. b	5. a	6. a
7. a	8. c	9. a	10. b	11. a	12. a
13. c	14. b	15. a			

第 12 章

1. a	2. a	3. d	4. b	5. b	6. a
7. b	8. b	9. c	10. b	11. a	12. a

第 13 章

1. c	2. b	3. c	4. d	5. d	6. d
7. c	8. c	9. a	10. a		

第 14 章

1. d	2. d	3. a、b	4. c	5. a	6. b
7. d	8. d	9. b	10. a	11. d	12. d

第 15 章

1. a	2. a	3. a	4. a	5. c	6. b
7. a	8. a	9. b	10. a	11. b	12. b
13. a	14. c	15. d			

第 16 章

1. b	2. c	3. a	4. c	5. d	6. b
7. a	8. a	9. b	10. b	11. a	12. b
13. b	14. a	15. a			

第 17 章

1. a、c、d	2. a	3. b	4. a	5. d	6. a
7. b	8. c	9. b	10. c		

第 18 章

1. a	2. a	3. a	4. a	5. a	6. c
7. c	8. c	9. a	10. a	11. c	12. d
13. a、b、c、d	14. d	15. b			

第 19 章

1. d	2. a	3. d	4. a	5. a	6. a
7. c	8. a	9. d	10. a		

第 20 章

1. b	2. c	3. a	4. d	5. a	6. d
7. d	8. a	9. a	10. a		